李 力 等编

玻璃钢成型
疑难分析

化学工业出版社

·北京·

为了使玻璃钢成型加工技术水平进一步提高，帮助有关读者了解玻璃钢成型疵病分析与质量控制的问题，解答注塑制品生产中的疑难，在大量搜集、综合整理国内外有关资料的基础上，作者结合国内一线生产的实际情况编写了本书。

全书共分七章，内容由浅入深、通俗易懂、简明扼要，有较强的参考价值。介绍了解决玻璃钢制品疵病问题的条件；玻璃钢制品检测处理问题的工具；玻璃钢制品加工过程的问题分析；玻璃钢模具事故分析及故障处理；玻璃钢制品缺陷问题与解决方法；玻璃钢制品成型过程中难题解答及玻璃钢制品成型工艺和质量控制。

本书注重先进性、实用性和可操作性，章节以实例叙述为主，理论表述从简，是玻璃钢制品加工人员良好的参考书，更适合玻璃钢塑料材料研究与应用人员、制品设计人员、成型加工人员阅读参考。

图书在版编目（CIP）数据

玻璃钢成型疑难分析/李力等编. —北京：化学工业出版社，2016.10
ISBN 978-7-122-27880-7

Ⅰ.①玻… Ⅱ.①李… Ⅲ.①玻璃钢-塑料成型
Ⅳ.①TQ327.106.6

中国版本图书馆 CIP 数据核字（2016）第 197306 号

责任编辑：夏叶清　　　　　　　　　　　　装帧设计：关　飞
责任校对：宋　夏

出版发行：化学工业出版社（北京市东城区青年湖南街 13 号　邮政编码 100011）
印　　装：大厂聚鑫印刷有限责任公司
710mm×1000mm　1/16　印张 20¾　字数 398 千字　2016 年 10 月北京第 1 版第 1 次印刷

购书咨询：010-64518888（传真：010-64519686）　　售后服务：010-64518899
网　　址：http://www.cip.com.cn
凡购买本书，如有缺损质量问题，本社销售中心负责调换。

前　言

玻璃钢是近年来在我国飞速发展的一类加工材料,它广泛地应用于国民经济的各个领域,在国防军事、农业、工业、建筑、包装及人们日常生活中已成为重要的材料,并发挥着越来越重要的作用。

玻璃钢制品具有精度高、复杂度高、外形美观、价格低廉、经久耐用的特点。市场对玻璃钢制品的需求越来越大,各行各业都要求塑料加工企业有更新颖、更多样、质量更优异的塑料制品出现。玻璃钢适用范围广,有良好的装配性和互换性。因此,玻璃钢制品易于实行规范化、系列化、标准化。另外,注塑机操作简便易行、模具更换方便、生产周期短,注塑成型过程可完全自动化,加之生产效率高,经济效益好。

为了使玻璃钢加工技术水平进一步提高,帮助有关读者了解玻璃钢疵病分析与质量控制的问题,解答注塑制品生产中的疑难,在大量搜集、综合整理国内外有关资料的基础上,作者结合国内一线生产的实际情况编写了本书。全书共分七章,内容由浅入深、通俗易懂、简明扼要,有较强的参考价值。介绍了解决玻璃钢疵病问题的条件;玻璃钢检测处理问题的工具;玻璃钢加工过程的问题分析;玻璃钢模具事故分析及故障处理;玻璃钢缺陷问题与解决方法;玻璃钢成型过程中难题解答及玻璃钢成型工艺和质量控制。

本书在编写过程中,承蒙国家建材局上海玻璃钢研究所、中国玻璃钢工业协会、国家纤维质量监督检验中心、南京玻璃纤维研究设计院、全国建材科技期刊《玻璃纤维》等单位的专家与前辈和同仁的热情支持和帮助,并提供有关资料,对本书内容提出宝贵意见。欧玉春、童忠东等参加了本书的编写与审核,刘晓瑜、魏子佩、刘嘉奇、吴宝兴、杜雅、陈羽、张邦亭、陈德全、荣谦、沈永淦、崔春玲、王书乐、郭爽、丰云、蒋洁、王素丽、王瑜、王月春、韩文彬、俞俊、周国栋、朱美玲、高巍、高新、周雯、耿鑫、安凤英、来金梅、王秀凤、杨经伟、冯亚生、高洋、孙铁海、蒋峰等同志为本书的资料收集和编写付出了大量精力,在此一并致谢!由于时间仓促,书中纰漏之处在所难免,敬请各位读者批评指正。

编者
2016 年 5 月

目　录

第一章　解决玻璃钢成型疵病问题的条件 /1

第六章 玻璃钢制品成型过程中难题解答 /232

第七章　玻璃钢成型工艺和质量控制 /268

解决玻璃钢成型疵病问题的条件

谈到玻璃，有些人就联想到很脆，性能很差，一敲就碎这些字眼。的确，对于我们日常用的玻璃制品，它的性能就是这样的。但是如果将玻璃融化后拉成很细的丝（直径 $0.5\sim30\mu m$，相当于人的头发那么细），它的性能就完全变了，变得强度很高，而且很容易弯曲，如果将它和钢铁对比，它的强度比钢铁还要高几倍。所以用玻璃纤维来增强塑料，它的性能可以接近甚至超过钢铁。这种用玻璃纤维增强后的塑料，就叫玻璃钢。

第一节　玻璃钢的组成与分类

一、玻璃钢的定义

玻璃钢（fiber reinforced polymer，FRP）是以玻璃纤维和玻璃纤维制品作为增强材料，用合成树脂作为粘结剂制作而成的一种复合材料，被称为玻璃纤维增强塑料，因为玻璃纤维增强塑料的强度高，可以与钢铁相媲美，因此人们又称玻璃纤维增强塑料为玻璃钢。

玻璃钢制品的性能往往取决于合成树脂的种类，这是因为在玻璃钢中，合成树脂不仅将玻璃纤维黏合在一起形成一个整体，起着传递载荷的作用，而且也增强了玻璃钢的各种优良的综合性能，比如增强了玻璃钢的耐腐蚀性、电绝缘性等。

二、玻璃钢的组成

主要由两大部分组成，即基体材料和增强材料。增强材料是纤维增强复合材料的支撑骨架，它从根本上决定了玻璃钢制品的力学性能，同时对提高材料的收缩率，提高复合材料的热变形温度、电磁性能以及热物理性能也有一定的作用。而树脂基体可以将复合材料中的增强材料连接成一个整体，起着传递和均衡载荷的功能，使增强材料能充分发挥其力学性能优势。复合材料的耐热性、耐化学腐蚀性能、阻燃性、耐候性、电绝缘性、电磁性能等都取决于树脂基体。同时，树脂基体对复合材料的抗冲击性能和力学性能都有不同程度的影响。

1. 树脂基体

大量热固性和热塑性塑料都可作为复合材料树脂基体使用。常用的热固性树脂有：不饱和聚酯、乙烯基酯、环氧、酚醛、双马来酰亚胺以及聚酰亚胺树脂等。常用的热塑性树脂有：聚丙烯、聚碳酸酯、尼龙、聚醚砜等。

2. 增强材料

应用最广泛的是玻璃纤维无捻粗纱、玻璃布、连续毡极短切毡以及碳纤维、芳纶纤维等。

三、玻璃钢的基本类型与产品分类

1. 玻璃钢的基本类型

一般基本类型的玻璃钢有三种：

（1）准各向同性玻璃钢：这类玻璃钢是用短切纤维毡或模塑料制成的，制品中各向强度基本接近，纤维体积含量一般小于30%，适用于强度、刚度要求不高或荷载不很清楚而只能要求各向同性的产品。

（2）双向纤维增强的玻璃钢：这类玻璃钢是用双向织物铺展的，其玻璃纤维体积含量可达50%。在两个正交的纤维方向上，有较高的强度。它适用于矩形的平板或薄壳结构物。

（3）单向纤维增强的玻璃钢：这一类玻璃钢的玻璃纤维定向排列在一个方向，它是用连续纱或单丝片铺层的。在纤维方向上，有很高的弹性模量和强度，其纤维方向的强度可高达1000MPa，但在垂直纤维方向上，其强度很低。只有在严格的单向受力情况下，才使用这类玻璃钢。其纤维体积含量可以高达60%。

2. 玻璃钢产品分类

玻璃钢罐：玻璃钢储罐，盐酸储罐，硫酸储罐，防腐储罐，化工储罐，运输储罐，食品罐，消防罐等；

玻璃钢管：玻璃钢管道，玻璃钢夹砂管，玻璃钢风管，玻璃钢电缆管，玻璃钢顶管，玻璃钢工艺管等；

塔器：干燥塔，洗涤塔，脱硫塔，酸雾净化塔，交换柱等；

其他：角钢，线槽，拉挤型材，三通，四通。

四、玻璃钢的基本性质

1. 重量轻，强度高

玻璃钢的密度只有普通钢材的 $1/6 \sim 1/4$，比铝还要轻大概 $1/3$，然而它的机械强度却能达到或超过普通碳钢的水平，例如某些环氧和不饱和聚酯玻璃钢，其拉伸和弯曲强度均能达到 400MPa 以上。

2. 耐化学腐蚀性

了解化学的人都知道，玻璃钢与普通金属的电化学腐蚀机理是不同的，它不导电，也就是说在电解质溶液里不会有离子溶解出来，因而对大气、水和一般浓度的酸、碱、盐等介质有着良好的化学稳定性，特别在强的非氧化性酸和相当广泛的 pH 值范围内的介质中都有着良好的适应性，过去用不锈钢也对付不了的一些介质，如盐酸、氯气、二氧化碳、稀硫酸、次氯酸钠和二氧化硫等，现在用玻璃钢可以很好地解决。

3. 优良的电绝缘性

相信很多人都知道，玻璃钢的电绝缘性是很好的。所以，用玻璃钢制造的设备不用担心电化学腐蚀和杂散电流腐蚀，可放心地广泛用于制造仪表、电机及电器中的绝缘零部件，以提高电气设备的可靠性并延长其使用寿命；此外，玻璃钢在高频作用下有着良好的介电性和微波透过性，是制造多种雷达罩等高频绝缘产品的优良材料。由玻璃纤维作为原材料，采用高性能树脂作为黏合剂制作而成的玻璃钢罐（FRP 罐）具有玻璃钢的一切优点。

五、环氧树脂玻璃钢

环氧树脂玻璃钢是一种常用玻璃钢，其颜色为浅色。它具有较好的耐腐蚀性、机械强度高和黏结力强等特点，并具有一定的电绝缘性和耐碱能力。其原料环氧树脂为淡黄色高黏度透明体，它的种类很多，常用的型号有 6101、634、637、618 等。

六、不饱和聚酯玻璃钢

聚酯玻璃钢也是一种常用玻璃钢，其颜色为浅黄色。它具有一定的耐腐性能，机械强度较高和黏结力较强等特点，同时具有一定的低压电绝缘性能。

另外聚酯玻璃钢在固化过程中没有挥发物逸出，能常温压成型，具有固化施工方便的特点。其原料聚酯树脂为淡黄色透明体，它的种类很多，常用型号为306、307、196、198、199、7541、3301等，各种型号都有不同的耐腐蚀和耐温能力。

七、酚醛树脂玻璃钢

酚醛树脂玻璃钢也是一种常用玻璃钢，其颜色为深棕色，它具有很高的耐腐蚀性，但力学性能较差，适合在金属、水泥、木材、石槽等容器贴衬。其原料酚醛树脂是人工合成最早的一种树脂，约有60多年历史，常用型号有213、2130、101、102、103等。

八、呋喃树脂玻璃钢

呋喃树脂玻璃钢的颜色为黑色。其力学性能虽然较差，但具有突出的耐腐蚀性，既耐酸又耐碱，又有较高的耐热性，优于酚醛等其他树脂，这种玻璃钢适合在金属、水泥、木材、石槽等容器贴衬。其原料树脂种类有糠醇、糠醛、糠酮醛等呋喃树脂。

九、热塑性树脂与其他树脂

热塑性树脂是指具有受热软化、冷却硬化的性能，而且不起化学反应，无论加热和冷却重复进行多少次，均能保持这种性能的树脂。凡具有热塑性的树脂其分子结构都属线型。它包括全部聚合树脂和部分缩合树脂。

其他热塑性树脂包括 PE（聚乙烯）、PVC（聚氯乙烯）、PS（聚苯乙烯）、PA（聚酰胺）、POM（聚甲醛）、PC（聚碳酸酯）、聚苯醚、聚砜、橡胶等。热塑性树脂的优点是加工成型简便，具有较高的机械能。缺点是耐热性和刚性较差。松香变性热塑性树脂是由变性松香经甘油酯化后制成的不规则半圆粒状产品。

第二节　玻璃钢简易鉴别方法

1. 玻璃钢搅拌罐质量的鉴定

玻璃钢搅拌罐不是越厚就越好，现在很多厂家都是用中碱的材料来做，强度不够就加填料粉，加厚来做。其实按标准玻璃钢罐是不允许用中碱纱，中碱纤维布等来做的，只能用无碱材料来做，这样的罐体看起来是透光的，强度高，耐磨性能好。还有一点是要根据使用的介质来选用对应的内衬树脂。

2. 判别优劣玻璃钢保护管的方法

（1）高碱玻璃纤维往往比较脆、容易断；重压或是用铁锤砸压管材，用高碱纤维制作的管材往往横截面折断，断面无纤维牵连，截面比较干净；而用合格纤维制作的产品往往会有纤维牵连，架散（树脂和砂）而纤维结构还在。

（2）用钢锯在管材中间部分锯开，看夹砂是否密实，大量漏砂或是大量空泡者一定是伪劣产品。

（3）测定基本成本：称一下管材的重量，按纤维、树脂、石英砂1∶1∶1的成本核算，如果不在成本之上的就很有可能是伪劣产品。

3. 玻璃钢格栅质量鉴别

判断一个产品质量的优劣要从它使用的原材料入手。原材料的选用：玻璃钢格栅所使用的原材料包含树脂，玻璃钢纤维丝，填充物钙粉以1∶1∶1的比例配置而成。优质的玻璃钢格栅使用优质的树脂，不饱和邻苯树脂196，无色透明，低黏度，低放热，低收缩，高速固化，高速相容性，光泽度亮。生产出来的玻璃钢格栅平整光滑，光泽度好，强度大并且具有一定的韧性。而劣质树脂浑浊不堪，高黏度，高放热，高收缩，固化相对慢，相容性也较差，生产出的玻璃钢格栅多气孔，易断裂，强度差且韧性不好。

4. 玻璃钢浴盆的质量鉴别

玻璃钢（玻璃纤维增强塑料）浴盆是用玻璃纤维及其制品（玻璃带、玻璃布等）为增强材料，以不饱和树脂为胶黏剂，经过一定成型工艺制作而成的洁具。其特点是质轻壁薄、强度高、耐水耐热、耐化学腐蚀。玻璃钢浴盆有两种不同的成型方式：一种是用中碱或无碱玻璃纤维布，表面玻璃纤维毡与表面胶衣树脂、不饱和聚酯树脂手工复合而成的；另一种是用各种不同牌号的树脂与填充料经浇铸、振动而成的。但在生产过程中，它们都有一个共同的特点，即要有一个良好的模具。

合格的玻璃钢浴盆表面光洁明亮，色差均匀，极少气泡，无砸伤磨伤，无脱胶，无污斑和浸胶不良、固化不良、分层等现象。产品一般都须经过耐水煮、耐洗刷、耐老化、硬度等性能的检测方能出厂。伪劣的玻璃钢浴盆主要用高碱玻璃纤维布与树脂复合而成，表面无面毡，无胶衣树脂，或者用低劣树脂与品质极差的填充料做成。这种伪劣产品表面因无胶衣树脂或树脂质量质劣，硬度差，不耐水煮，不耐洗刷，如用手划即有伤痕。用肉眼仔细观察，会看到表面有泛白现象，气泡很多，光洁程度差，甚至完全无光泽。如用手触摸，有时会粘手，这是固化不良的表现。

这些伪劣产品往往用沸水一洗便失去光泽，时间一长即开裂起泡。另外，还要注意检查浴盆的底面，不可有明显的缺陷、裂纹以及有碍使用的损伤。

5. 耐碱玻纤网格布的质量鉴别

耐碱玻璃纤维网格布是内外墙保温最为理想的一种增强材料。强度高，黏结性能好，与聚苯（保温网）能有效结合，且能防止建筑材料中碱性材料的腐蚀，可以有效防止墙面开裂和增强抗压力。

玻璃纤维网格布是由玻璃纤维坯布经过特别表面处理而成，用途非常广泛，主要用于建筑行业，产品的表面处理以苯乙烯-二乙烯为基础，以确保产品的耐碱性及改善机械性能的耐久性，这些正是建筑行业所要求的。除此之外，以PVAC或者苯乙烯-丙烯酸为基础的表面处理方法可用于不同的用途。本产品可被广泛应用于外部绝缘构造系统（EIFS）、屋面体系、石膏板、大理石和马赛克产品等。

（1）最差的玻纤网格布市场价格通常便宜，其玻纤纤维通常是由一些啤酒瓶类的废玻璃制成，生产工艺为陶土坩埚拉丝，属国家禁止的生产工艺，表面涂层也非耐碱乳液。从直观上看：做工比较粗糙，一般在市场论卷卖较多，经常出现长度不足，重量不足，折两下就断裂，接点不牢容易移位，并且容易刺伤皮肤等现象。此类网格布一般在保温层中使用两个月后就失去强度，如果把砂浆敲掉将网格布取出，只要轻轻一碾，玻纤纱则会成粉末状。

（2）另外有一种玻纤网格布叫做仿铂金玻纤网格布，也叫混丝纱。这是一种仿造的比较好的玻璃纤维，但它在废玻璃的选用上通常是一些透明度好的平板碎玻璃，纤维直径相对比较细。从表面上有时也比较难判断它的真伪，但它的质量却无论如何都满足不了外墙外保温中真正耐碱网格布的要求。

（3）标准型品质的网格布，均采用铂金玻纤为基材，在材料的选用和织造的过程都是比较讲究的。所用的涂覆乳液都具有良好的耐碱性能。优异的耐碱性能与很高的经纬向抗拉力，使得产品具有手感好和施工服帖性好等优点，可较大程度地减少抹面砂浆的用量。

第三节　常用玻璃钢的成型加工特点

一、玻璃钢加工的性能

（1）轻质高强　相对密度在1.5～2.0之间，只有碳钢的1/5～1/4，可是拉伸强度却接近，甚至超过碳素钢，而比强度可以与高级合金钢相比。因此，在航空、火箭、宇宙飞行器、高压容器以及在其他需要减轻自重的制品应用中，都具有卓越成效。某些环氧FRP的拉伸、弯曲和压缩强度均能达到400MPa以上。

（2）耐腐蚀性能好　FRP是良好的耐腐材料，对大气、水和一般浓度的酸、碱、盐以及多种油类和溶剂都有较好的抵抗能力。已应用到化工防腐的各个方面，正在取代碳钢、不锈钢、木材、有色金属等。

（3）电性能好　是优良的绝缘材料，用来制造绝缘体。高频下仍能保护良好介电性。微波透过性良好，已广泛用于雷达天线罩。

（4）热性能良好　FRP热导率低，室温下为$1.25\sim1.67kJ/(m\cdot h\cdot K)$，只有金属的$1/1000\sim1/100$，是优良的绝热材料。在瞬时超高温情况下，是理想的热防护和耐烧蚀材料，能保护宇宙飞行器在2000℃以上承受高速气流的冲刷。

（5）可设计性好

① 可以根据需要，灵活地设计出各种结构产品，来满足使用要求，可以使产品有很好的整体性。

② 可以充分选择材料来满足产品的性能，如可以设计出耐腐的、耐瞬时高温的、产品某方向上有特别高强度的、介电性好的产品，等等。

（6）工艺性优良

① 可以根据产品的形状、技术要求、用途及数量来灵活地选择成型工艺。

② 工艺简单，可以一次成型，经济效果突出，尤其对形状复杂、不易成型的数量少的产品，更突出它的工艺优越性。

一般不能要求一种FRP来满足所有要求，FRP不是万能的，FRP也有以下一些不足之处。

（1）弹性模量低　FRP的弹性模量比木材大两倍，但比钢（$E=2.1\times10^6$）小10倍，因此在产品结构中常感到刚性不足，容易变形。

可以做成薄壳结构、夹层结构，也可通过高模量纤维或者做加强筋等形式来弥补。

（2）长期耐温性差　一般FRP不能在高温下长期使用，通用聚酯FRP在50℃以上强度就明显下降，一般只在100℃以下使用；通用型环氧FRP在60℃以上，强度有明显下降。但可以选择耐高温树脂，使长期工作温度在$200\sim300$℃是可能的。

（3）老化现象　老化现象是塑料的共同缺陷，FRP也不例外，在紫外线、风沙雨雪、化学介质、机械应力等作用下容易导致性能下降。

（4）层间剪切强度低　层间剪切强度是靠树脂来承担的，所以很低。可以通过选择工艺、使用偶联剂等方法来提高层间黏结力，最主要的是在产品设计时，尽量避免使层间受剪。

二、各种树脂基材的性能

1. 手糊成型工艺用不饱和聚酯树脂

玻璃钢手糊成型工艺又称为接触成型或低压成型，是将加有固化剂（常温下固化还要添加促进剂）的树脂和玻璃纤维毡或玻璃布在模具上手工铺放层合，使两者黏结在一起形成制品的方法。

手糊成型工艺用不饱和聚酯树脂的物化性能：在守护成型时，树脂要容易浸透纤维增强材料，容易排出气泡，与纤维黏结力强；在常温下，全年树脂的凝胶、固化特性不要变化太大，而且要求收缩率小，挥发物少；黏度一般为 0.2～0.75Pa·s，对于施工有斜面的制品，树脂要有促变度，不能产生流胶现象。

手糊成型工艺用不饱和聚酯树脂的特性及选用：不饱和聚酯树脂是守护成型中用量最大的树脂，占各种树脂用量的 80% 以上，树脂品种多，应根据玻璃钢制品所要求的性能合理选用树脂，如造船用的树脂应该具有很好的耐水性能，浇注体吸水率小，抗冲击性能好，在船发生冲撞事故时不易产生微裂纹而发生渗水现象。

手糊成型树脂的交联剂一般都采用苯乙烯，但由于苯乙烯在常温下的蒸气压比较高，易于挥发，在玻璃钢的成型过程中，散发到空气中的量较大，造成环境污染和影响人身的健康。不少国家陆续规定了在车间空气中苯乙烯含量的极限值。

2. 手糊成型工艺用环氧树脂

透明玻璃钢树脂牌号很多，普通的 196♯、191♯ 都可以，当然环氧树脂也是透明的，不过造价就高多了。

一般低黏度手糊树脂应用于叶片、模型、玻璃钢、碳纤维制造等方面。

其中 PRO-SET 系列环氧树脂为复合材料积层专用树脂，能对纤维束之间起到良好的黏合作用，特别适用于制作碳纤维、芳纶纤维等高性能纤维增强材料的复合材料。

已经被广泛应用于大型帆船、高速艇、太空船、小型的结构件制造，并且可以满足各层次的设计需求。与手糊成型工艺用环氧树脂配套如有 125 低黏度手糊树脂、224 快速固化剂、226 中速固化剂、229 慢速固化剂。如模型专用手糊环氧树脂 SST－2331 系低黏度双组分环氧树脂，A 组为无色透明液体，B 组为淡黄色透明液体，特别适用于玻纤、碳纤的无溶剂刷涂，在浸润性、硬度、强度等方面特别优于市场上通用的 E51 树脂＋593 固化剂体系。质量比 A：B＝4：1 混合，70～90℃ 10～30min 即可固化，国内手糊成型工艺用环氧树脂有一项发明专利涉及风力发电机叶片，是一种风电叶片用的环氧树脂组合物，其的树脂组分包括双酚 A 型环氧树脂 128 70％～90％，双酚 F 型环氧树脂 170 5％～15％，环氧稀释剂 BDGE 5％～15％；固化剂组分包括聚醚胺固化剂 D230 30％～50％，聚酰胺 1250 20％～40％，酚醛胺固化剂 T31 20％～30％，叔胺促进剂 K54 2％～10％。树脂组分和固化剂组分按照 100：30 的比例混合后即为所述组合物。这种手糊树脂固化速率快，有助于提高叶片的生产效率。

HJ-815 环氧树脂体系技术数据单如下：HJ-815 环氧树脂体系具有良好的浸润性、中等固化活性和适中的黏度，成型后制品具有优良的机械性能、较高的韧性和良好的耐腐蚀性，综合性能达到和超过了进口的同类环氧树脂，适用于手糊成型、真空灌注、树脂传递模塑等工艺。目前广泛用于制造高档汽车零部件、兆瓦级风电叶片（38～62m）、航空航天零部件和民用船舶、复合材料模具等。

(1) 树脂体系

HJ815 树脂

树脂黏度（25℃）：1300MPa·s

密度：1.13～1.16g/cm³

闪点：230℃

GC815 固化剂

黏度（25℃）：19MPa·s

密度：0.9～1.0g/cm³

闪点：>200℃

(2) 混合特性

重量配比：HJ-815 环氧树脂：GC-815 固化剂＝100：30

凝胶时间（25℃）：90min

玻璃化转变温度：80℃

(3) 力学性能

常温固化，后处理 50℃，3h

① 浇注体性能：

拉伸性能（ISO 527—2）

拉伸强度：≥63MPa

拉伸模量：≥2.9GPa

拉伸断裂应变：≥4.0％

弯曲性能（ISO 178）

弯曲模量：≥2.9GPa

弯曲强度：≥105MPa

② 复合材料性能（玻璃纤维单轴 UD1200）

拉伸性能（ISO 527—5）

拉伸强度：≥930MPa

拉伸模量：≥44GPa

压缩性能（ISO 14126）

压缩强度：≥630MPa

压缩模量：≥42GPa

3. 手糊成型工艺用酚醛树脂

酚醛树脂是最早工业化的合成树脂，已经有 100 年的历史。由于原料易得，合成方便以及树脂固化后性能能满足很多使用要求，因此它在模塑料、绝缘材料、涂料、木材粘接等方面得到广泛应用。

近年来，随着人们对安全等要求的提高，具有阻燃、低烟、低毒等特性的酚醛树脂重新引起人们重视，尤其在飞机场、火车站、学校、医院等公共建筑设施及飞机的内部装饰材料等方面的应用越来越多，与不饱和聚酯树脂相比，酚醛树脂的反应活性低，固化反应放出缩合水，使得固化必须在高温高压条件下进行，长期以来一般只能先浸渍增强材料制作预浸料（布），然后用于模压工艺或缠绕工艺，严重限制了其在复合材料领域的应用。为了克服酚醛树脂固有的缺陷，进一步提高酚醛树脂的性能，满足高新技术发展的需要，人们对酚醛树脂进行了大量的研究，改进酚醛树脂的韧性、提高力学性能和耐热性能、改善工艺性能成为研究的重点。

近年来国内相继开发出一系列新型酚醛树脂，如硼改性酚醛树脂、烯炔基改性酚醛树脂、氰酸酯化酚醛树脂和开环聚合型酚醛树脂等。可以用于拉挤、喷射、手糊等复合材料成型工艺。

目前国内可用于手糊成型的酚醛树脂牌号有哪些？一般手糊成型的此类树脂在常温条件下贮存期不超过 2 年，此类树脂生产厂家很多，而且各家都有自己的编号品牌，可选择使用，选择的前提是要能够手糊并冷却固化成型。

三、玻璃钢复合材料桥架成型加工工艺特点

与其他材料加工工艺相比，复合材料成型工艺具有如下特点：

（1）材料制造与制品成型同时完成　一般情况下，玻璃钢桥架的生产过程，也就是制品的成型过程。材料的性能必须根据制品的使用要求进行设计，因此在制造材料、设计配比、确定纤维铺层和成型方法时，都必须满足制品的物化性能、结构形状和外观质量要求等。

（2）制品成型比较简便　一般热固性玻璃钢桥架的树脂基体，成型前是流动液体，增强材料是柔软纤维或织物，因此，用这些材料生产玻璃钢桥架，所需工序及设备要比其他材料简单得多，对于某些制品仅需一套模具便能生产。

四、常用的玻璃钢品种比较

目前市场上较常见的几种玻璃钢制品种类，大致分为三种：环氧玻璃钢、聚酯玻璃钢和无机玻璃钢，其中环氧玻璃钢和聚酯玻璃钢又统称为有机玻璃钢，即FRP（fiber reinforced plastics）玻璃纤维增强塑料。

环氧玻璃钢和聚酯玻璃钢是以环氧树脂或不饱和聚酯树脂等有机树脂为基体，以玻璃纤维或其制品作增强材料的增强塑料。由于所使用的树脂品种不同，因此有聚酯玻璃钢、环氧玻璃钢之称。

这两种玻璃钢同样具有轻质高强、耐腐蚀性能良好、介电性能优异、独特的绝热性能、加工工艺性能优异、材料的可设计性好等优点；特别是聚酯玻璃钢，因为价格比环氧玻璃钢更低廉，同时性能又优越，被广泛地应用于生产生活中的各个领域。两者的不同在于环氧玻璃钢的刚性更好一些，硬度和强度都要比聚酯玻璃钢大，当然环氧树脂的价格是不饱和聚酯树脂的一倍。而聚酯玻璃钢耐候性更好，更耐老化，且固化时不会挥发酸雾，污染小，更加环保。

无机玻璃钢又名FRIM（fiber reinforced ionorganic material）玻璃纤维增强氯氧镁水泥无机复合材料。严格来说，无机玻璃钢不是玻璃钢，无机玻璃钢只是相对于人们所熟知的有机玻璃钢（FRP）而言的一种叫法。主要区别在于：它不是由有机树脂而是用无机材料作为增强材料的一种复合材料。它的主要材料是：无机原料菱苦土（主要成分为氧化镁）和卤水（氯化镁水溶液），以及中碱玻纤布。

无机玻璃钢的最大优点就是不燃、耐热、成本低、耐老化，可广泛应用于防火板、通风管道等的制作；但是无机玻璃钢的耐水性差，一直以来都是无机玻璃钢的生产者迫切需要解决的问题。常见玻璃钢品种优缺点比较（见表1-1）。

表1-1　常见玻璃钢品种优缺点比较

种类	质量	强度	耐腐蚀性	介电性	抗老化性	耐火性	耐水性	工艺难易度	环保成本
环氧玻璃钢	轻	优	优	优	优	良	优	中	高
聚酯玻璃钢	轻	良	优	优	优	良	优	优	适中
无机玻璃钢	重	中	优	优	优	优	差	优	低

五、影响玻璃钢产品好坏的四种因素

玻璃钢产品广泛应用于各个行业中，所以玻璃钢产品生产企业在行业中的数量也在不断增长，但是玻璃钢制作方法对操作者技能的依赖性较大，因而生产的玻璃钢质量的不稳定性也是最大的，正是由于这种原因，在所有的玻璃钢成型工艺中，玻璃钢的发展速度是最慢的，解决玻璃钢质量的稳定性的问题，也就成了解决玻璃钢发展问题的一个当务之急。影响玻璃钢产品好坏的主要四种因素如下。

1. 施工人员因素

制作玻璃钢，施工人员自始至终都在参与玻璃钢生产过程，是玻璃钢生产的直接执行者，施工人员的责任心、技术水平、工作情绪及素质的高低、好坏都将直接影响到玻璃钢的质量好坏，因此，在影响玻璃钢质量的因素中，施工人员对玻璃钢质量的影响是最主要的，同时因为施工人员的各个相异性，所以这个因素的问题最为复杂也最为困难，因而解决这个问题，我们需要花费更多的精力从多方面来做工作。

首先，经常和施工人员进行思想交流，多做宣传，多摆事实，让员工了解现在社会中行业面临的市场竞争的激烈性，明白产品质量对企业的重要性，明白企业立足的根本就是要有过硬的产品质量，没有了质量，企业就会失去市场，企业也将无法生存，员工本人也将失去工作，失去生活的来源，明白产品质量的好坏实际关系到施工人员的自身利益。其次，就是要加强企业的内部管理，相应制定一些企业质量管理的规章制度，形成一套完整的质量管理模式，明确个人在施工过程中的职责和责任，明确奖优罚劣、优胜劣汰的准则，个人酬劳与个人所做的贡献的大小直接挂钩，激励员工形成积极向上的态势，在内部形成一种良好的竞争意识，也使企业的产品质量可以有基本的保障，保证企业具有较强的竞争实力。

施工前，给施工人员进行技术交底时，要做到尽可能地详尽细致，让施工人员清楚工艺要求，明白在施工过程中应该达到的具体要求，而在进行工作安排时，还要根据施工人员的水平高低和不同的特长，对施工人员进行合理的安排搭配。尽可能地做到人尽其能，充分发挥他们的才能，同时对施工人员进行定期培训，组织员工学习现在的先进技术，开展技术比武活动，让员工在比较中看到自己存在的差距，从而帮助施工人员提高业务能力和操作技能。最后，还要多关心员工的思想动态，关心员工的生活，体贴员工，做好生产后勤工作，尽可能地为员工创造出一个平和良好的工作环境，让员工更安心地工作，可以把更多的精力投入到生产中。

2. 施工工艺的影响

施工工艺包括玻璃钢生产用的模具设计和施工方法的制定。生产玻璃钢制品用的模具的质量好坏以及模具的选用关系到玻璃钢制品质量的好坏。玻璃钢是在预先设计好的模具上成型制成的，因此，设计制作完成的模具好坏直接关系到制品的外表的美观、物理尺寸的精确、施工过程质量控制的难易、施工的方便与否和玻璃钢成型后脱模的难易，这些都会对玻璃钢制品的最终质量产生影响。玻璃钢生产使用的模具基本都应该满足以下一些要求：模具工作面光滑平整以使得制品获得光洁表面；有足够的刚度以保证模具成型面基准不变；较小的热容量以便有效地利用热能；质量轻且利于运输，成本低而易于制造；维护简便且使用寿命较长；尽量使用与工件热膨胀系数相近的材料以减少变形；足够的热稳定性以抵抗热冲击。因此，我们在选择玻璃钢生产使用的模具时，要根据所须生产的玻璃钢制品的具体需要，来确定选用何种材质，以及确定模具的制作方法，这样制作的模具才可以更好地适应手糊法生产玻璃钢的要求，从而更好地保证玻璃钢制品的质量。

玻璃钢生产的施工方法也可以分为连续法和多次法。连续施工法就是采用连续施工作业，一次就完成玻璃钢制品的制作。这种施工方法的施工周期短，一次就可以按要求完成制品，施工的工作效率比较高，玻璃钢的层间粘接力较好，不易出现由于污染而产生的分层现象，有利于获得要求较高的表面和节约成本，但对于一些厚度较大的玻璃钢制品，由于是一次成型，玻璃钢中的树脂进行聚合固化的放热反应同时发生，就会产生大量的反应热，使得玻璃钢的内部因为树脂发生暴聚产生很大的内力，导致玻璃钢制品出现扭曲变形，玻璃钢内部产生裂纹，从而影响玻璃钢的质量。而采用多次施工成型法，玻璃钢的成型是分几次施工才完成，玻璃钢树脂固化的放热分散，避免了由于玻璃钢暴聚而产生的集中内应力，减少内应力引起的裂纹，同时在进行后续施工时，对前面阶段施工产生的一些缺陷还可以消除一些，进行一定的弥补，不过进行多次成型施工时，每次都要对前一次施工的玻璃钢表面进行处理，清理灰尘杂物和补平，这就会增加额外的工作量，降低生产效率，增加产品的成本，而且还有可能在清理修整过程中，由于没有处理完全，两次施工的玻璃钢层间粘接不好而出现分层现象，降低玻璃钢承力性能，影响玻璃钢的质量。

从上面的情况来看，我们在选择玻璃钢施工工艺时，要进行多方面的考虑，根据玻璃钢具体使用情况来选择合适的工艺方法，这样才可以在保证玻璃钢的质量的情况下，既满足节约生产成本的要求，同时又可以提高工作效益。

3. 原材料的影响

合格的原材料是保证制品合格的首要条件，只有保证了生产中的原材料的合格性，玻璃钢制品的质量才有了最基本的保障，所以，对于我们选择的用于生产玻璃钢的材料必须有出厂合格证、产品检验合格报告、生产许可证、生产厂家的厂名和地址、产品技术指标说明书，并且尽可能地选择一些有影响的知名厂家的产品用于生产，这些厂家生产历史时间长，生产规模大，他们的产品比较可靠稳定。同时我们对进厂的材料进行抽检，送检验部门进行检查化验，看产品是否合格，确保是合格的材料才可以用于生产中。

4. 施工环境的影响

玻璃钢的生产环境的湿度和温度对玻璃钢的质量也有着一定的影响。当生产环境的湿度大时，由于生产用的玻璃纤维吸湿性强，玻璃纤维表面就会吸附空气中的水分，在玻璃纤维的表面形成一层水膜，影响到树脂和玻璃纤维的结合，就会降低玻璃钢的强度和抗蚀性能。而当生产环境的温度过低时，不能够提供玻璃钢中的树脂反应所需要的足够多的活化能，树脂固化反应需要的时间过长，因为流挂原因而使得玻璃钢中的树脂不均匀，甚至还会出现分层现象。而生产温度太高时，配好的树脂的待用时间过短，用于施工中时，很快就发生凝胶反应，这样也不利于施工操作，没有足够的时间用于完成生产任务，同时还会使玻璃钢出现分层。

因此，生产玻璃钢时，要尽可能地选择合适的环境，一般情况下，玻璃钢生产环境的相对湿度不应超过 75％、温度应该控制在 15～25℃ 比较适宜。而在环境条件达不到所需要求，又必须进行施工时，就要采取一些必要的措施，比如加强施工现场的通风、加接红外灯和封闭施工场所等，以便降低湿度和控制温度，给玻璃钢的生产创造更好的施工环境，以便可以保证玻璃钢的质量。

第四节　玻璃钢手工成型工艺分类

玻璃钢手工成型工艺基本上分两大类，即湿法接触成型和干法加压成型。如按工艺特点来分，有手糊成型、层压成型、RTM 法、挤拉法、模压成型、缠绕成型等。目前世界上使用最多的成型方法有以下四种。

① 手糊法：主要使用国家有挪威、日本、英国、丹麦等。

② 喷射法：主要使用国家有瑞典、美国、挪威等。

③ 模压法：主要使用国家有德国等。

④ RTM 法（树脂传递模塑）：主要使用国家有欧美各国、日本。

还有纤维缠绕成型法、拉挤成型法和热压灌成型法等。

我国有 90％以上的 FRP 产品是手糊法生产的，其他有模压法、缠绕法、层压法等。日本的手糊法仍占 50％。从世界各国来看，手糊法仍占相当比重，说明它仍有生命力。

近年来，我国从国外引进了挤拉、喷涂、缠绕等工艺设备，随着 FRP 工业的发展，新的工艺方法将会不断出现。

玻璃钢手糊成型又包括手糊法、真空袋成型法、喷射法、湿糊低压法等。

一、手糊法

1. 手糊成型法的特点

① 模具成本低，容易维护、设备投资少、上马快。

② 生产准备时间短，操作简便、易懂易学。

③ 不受产品尺寸和形状的限制，适用于数量少、品种多、形状简单的产品或大型产品。

④ 可根据产品的设计要求，在不同部位任意补强，灵活性大。

⑤ 树脂基体与增强材料可实行优化组合；也可以与其他材料（如泡沫、轻木、蜂窝、金属等）复合成制品。

⑥ 室温固化、常压成型。

⑦ 可加彩色胶衣层，以获得丰富多彩的光洁表面效果。

2. 手糊工艺的缺点

① 生产效率低，劳动强度大，生产环境条件差。

② 产品质量稳定性差，受人的因素影响大。

③ 车间占地面积大，需要良好的通风设备。

总之，手糊工艺是玻璃钢行业的工艺基础，在生产中有着举足轻重的地位，随着玻璃钢产业的发展，新工艺不断出现，如 RTM、真空辅助、喷射等都与手糊工艺有着不可分割的关系。

二、真空袋成型法

袋压成型是将手糊成型的未固化制品，通过橡胶袋或其他弹性材料向其施加气体或液体压力，使制品在压力下密实，固化。

袋压成型法的优点是：①产品两面光滑；②能适应聚酯、环氧和酚醛树脂；③产品质量比手糊高。

袋压成型分压力袋法和真空袋法两种：①压力袋法是将手糊成型未固化的制品放入一橡胶袋，固定好盖板，然后通入压缩空气或蒸汽（0.25～0.5MPa），使制品在热压条件下固化。②真空袋法是将手糊成型未固化的制品，加盖一层橡胶膜，制品处于橡胶膜和模具之间，密封周边，抽真空（0.05～0.07MPa），使制品中的气泡和挥发物排除。真空袋成型法由于真空压力较小，故此法仅用于聚酯和环氧复合材料制品的湿法成型。实际真空成型时多与热压釜联用以提高材料的性能。如航空和赛车多用此法。

优点：①没有气泡；②树脂含量可控制，最低可到 35%～40%；③制品强度高，可重复性强，作结构件；④污染少，成型效率高，特别是厚制品可一次成型；⑤制品厚度非常均匀。

缺点：①铺层较困难；②材料要选择，会增加成本；③辅料现在都是进口的，占成本比重较大；④有些形状无法应用。

三、喷射法

1. 喷射成型法的特点

① 用机械来代替手糊法的原料供给系统，也就是将固化剂、促进剂、树脂等通过不同管道在喷枪内混和直接喷到模具上而制成产品。此时的固化剂应当用液态的固化剂 M。

② 可以连同短切无捻粗纱一道喷出，也可单独将树脂喷在玻璃纤维织物上，再赶气泡制得 FRP 产品。

③ 也可用于喷胶衣树脂，代替人工涂刷。

④ 节省材料，提高工效。

⑤ 此法不适应小型产品生产。

2. 喷射成型的要求

① 对无捻粗纱的要求：切割性良好，不产生静电，浸透性好，易脱泡、脱模性好，分散性好。

② 对树脂要求：硬化时间及黏度要适中，有触变性。使用红色或黑色胶衣时，固化剂、促进剂可增加 10%。

③ 喷射机的类型、功率及空压机的压力等选择要适当。

④ 喷射量。先由 FRP 产品的需要来确定含胶量，再确定喷射量，在日本，一般为 $500\sim600g/m^2$。

⑤ 喷涂胶衣时，要连续进行，若中途停顿 20min 以上则两次之间会起皱。

3. 目前国内玻璃钢管用手糊和喷射法成型

目前大口径管件多采用手糊和喷射法成型，不配套、质量差。中国国内至今还没有对于 FRP 玻璃钢电缆保护管玻璃钢管的原料、设计、出产、检测、安装、施工等系统的技术尺度和技术规范，这就使大口径玻璃钢管的使用缺乏设计依据。不论何种连接形式，在安装玻璃钢管时应考虑温度变化引起的热膨胀和热应力。

如手糊/喷射成型汽车零部件工艺过程包括：模具制作；涂布胶衣；结构层施工；产品后处理、产品检验。

一般喷射工艺参数：

① 树脂含量　喷射成型的制品中，树脂含量控制在 90% 左右。

② 喷雾压力　当树脂黏度为 0.2Pa·s，树脂罐压力为 0.05～0.15MPa 时，雾化压力为 0.3～0.55MPa，方能保证组分混合均匀。

③ 喷枪夹角　不同夹角喷出来的树脂混合交距不同，一般选用 20°夹角，喷枪与模具的距离为 350～400mm。改变距离，要改变喷枪夹角，保证各组分在靠

近模具表面处交集混合，防止胶液飞失。

玻璃钢罐喷射成型制作工艺的控制方法：

① 环境温度或树脂温度应控制在（25±5）℃，过高，易引起喷枪堵塞；过低，混合不均匀，固化慢。

② 喷射机系统内不允许有水分存在，否则会影响产品质量。

③ 成型前，模具上先喷一层树脂，然后再喷树脂纤维混合层。

④ 喷射成型前，先调整气压，控制树脂和玻纤含量。

⑤ 喷枪要均匀移动，防止漏喷，不能走弧线，两行之间的重叠小于1/3，要保证覆盖均匀和厚度均匀。

⑥ 喷完一层后，立即用辊轮压实，要注意棱角和凹凸表面，保证每层压平，排出气泡，防止带起纤维造成毛刺。

⑦ 每层喷完后，要进行检查，合格后再喷下一层。

⑧ 最后一层要喷薄些，使表面光滑。

⑨ 喷射机用完后要立即清洗，防止树脂固化而损坏设备。

四、玻璃钢湿糊低压法

一般玻璃钢糊低压法的特点是用湿态树脂成型，设备简单，费用少，一次能糊 10m 以上的整体产品。缺点是机械化程度低，生产周期长，质量不稳定。

第五节　手工成型的概述

一、手工成型的定义

手糊成型工艺是以手工作业把玻璃纤维织物和树脂交替铺层在模具上然后固化成型为玻璃钢（FRP）制品的工艺。虽然这种工艺相对原始，而且新的成型工艺方法不断出现，但是手糊成型工艺具有的独特而又不可替代的特点，使其永远不会成为一种落后的工艺，至今仍然作为一种生产增强塑料制品的成型工艺之一。

二、手糊成型的工艺流程

（1）生产准备

场地：手糊成型工作场地的大小，要根据产品大小和日产量决定，场地要求清洁、干燥、通风良好，空气温度应保持在 15～35℃，后加工整修段，要设有抽风除尘和喷水装置。

模具准备：准备工作包括清理、组装及涂脱模剂等。

树脂胶液配制：配制时，要注意①防止胶液中混入气泡；②配胶量不能过多，每次配量要保证在树脂凝胶前用完。

增强材料准备：增强材料的种类和规格按设计要求选择。

（2）糊制与固化

铺层糊制：手工铺层糊制分湿法和干法两种。①干法铺层用预浸布为原料，先将预学好料（布）按样板裁剪成坯料，铺层时加热软化，然后再一层一层地紧贴在模具上，并注意排除层间气泡，使密实。此法多用于热压罐和袋压成型。②湿法铺层直接在模具上将增强材料浸胶，一层一层地紧贴在模具上，扣除气泡，使之密实。一般手糊工艺多用此法铺层。湿法铺层又分为胶衣层糊制和结构层糊制。

手糊工具：手糊工具对保证产品质量影响很大。有羊毛辊、猪鬃辊、螺旋辊及电锯、电钻、打磨抛光机等。

固化：制品固化分硬化和熟化两个阶段：从凝胶到三角化一般要 24h，此时固化度达 50%～70%（巴柯尔硬性度为 15），可以脱模，脱后在自然环境条件下固化 1～2 周才能使制品具有机械强度，称熟化，其固化度达 85% 以上。加热可促进熟化过程，对聚酯玻璃钢，80℃加热 3h，对环氧玻璃钢，后固化温度可控制在 150℃以内。加热固化方法很多，中小型制品可在固化炉内加热固化，大型制品可采用模内加热或红外线加热。

（3）脱模和修整

脱模：脱模要保证制品不受损伤。脱模方法有①顶出脱模在模具上预埋顶出装置，脱模时转动螺杆，将制品顶出；②压力脱模模具上留有压缩空气或水入口，脱模时将压缩空气或水（0.2MPa）压入模具和制品之间，同时用木锤和橡胶锤敲打，使制品和模具分离；③大型制品（如船）脱模可借助千斤顶、吊车和硬木楔等工具；④复杂制品可采用手工脱模方法先在模具上糊制二三层玻璃钢，待其固化后从模具上剥离，然后再放在模具上继续糊制到设计厚度，固化后很容易从模具上脱下来。

修整：修整分尺寸修整和缺陷修补，①尺寸修整成型后的制品，按设计尺寸切去超出多余部分；②缺陷修补包括穿孔修补，气泡、裂缝修补，破孔补强等。

三、接触低压成型工艺操作

接触低压成型工艺的特点是手工铺放增强材料，浸渍树脂，或用简单的工具辅助铺放增强材料和树脂。接触低压成型工艺的另一特点，是成型过程中不需要施加成型压力（接触成型），或者只施加较低成型压力（接触成型后施加 0.01～0.7MPa 压力，最大压力不超过 2.0MPa）。

接触低压成型工艺过程，是先将材料在阴模、阳模或对模上制成设计形状，再通过加热或常温固化，脱模后再经过辅助加工而获得制品。属于这类成型工艺的有手糊成型、喷射成型、袋压成型、树脂传递模塑成型、热压罐成型和热膨胀模塑成型（低压成型）等。其中前两种为接触成型。

接触低压成型工艺中，手糊成型工艺是聚合物基复合材料生产中最先发明的，适用范围最广，其他方法都是手糊成型工艺的发展和改进。

接触成型工艺的最大优点是设备简单，适应性广，投资少，见效快。根据近年来的统计，接触低压成型工艺在世界各国复合材料工业生产中，仍占有很大比例，如美国占35%，西欧占25%，日本占42%，中国占75%。这说明了接触低压成型工艺在复合材料工业生产中的重要性和不可替代性，它是一种永不衰落的工艺方法。但其最大缺点是生产效率低、劳动强度大、产品重复性差等。

1. 原材料

接触低压成型的原材料有增强材料、树脂和辅助材料等。

（1）增强材料

接触成型对增强材料的要求：①增强材料易于被树脂浸透；②有足够的形变性，能满足制品复杂形状的成型要求；③气泡容易扣除；④能够满足制品使用条件的物理和化学性能要求；⑤价格合理（尽可能便宜），来源丰富。

用于接触成型的增强材料有玻璃纤维及其织物、碳纤维及其织物、芳纶纤维及其织物等。

（2）基体材料

接触低压成型工艺对基体材料的要求：①在手糊条件下易浸透纤维增强材料，易排除气泡，与纤维粘接力强；②在室温条件下能凝胶，固化，而且要求收缩小，挥发物少；③黏度适宜：一般为 $0.2\sim0.5\mathrm{Pa}\cdot\mathrm{s}$，不能产生流胶现象；④无毒或低毒；⑤价格合理，来源有保证。

生产中常用的树脂有：不饱和聚酯树脂，环氧树脂，进来也用酚醛树脂、双马来酰亚胺树脂、聚酰亚胺树脂等。

几种接触成型工艺对树脂的性能要求如下：

成型方法	对树脂性能要求
胶衣制作	(1)成型时不流淌,易消泡 (2)色调均匀,不浮色 (3)固化快,不产生皱纹,与铺层树脂粘接性好
手糊成型	(1)浸渍性好,易浸透纤维,易排除气泡 (2)铺敷后固化快,放热少,收缩小 (3)易挥发物少,制品表面不发黏 (4)层间粘接性好

成型方法	对树脂性能要求
喷射成型	(1)保证手糊成型的各项要求 (2)触变性恢复更早 (3)温度对树脂黏度影响小 (4)树脂适用期要长,加入促进剂后,黏度不应增大
袋压成型	(1)浸润性好,易浸透纤维,易排出气泡 (2)固化快,固化放热量要小 (3)不易流胶,层间粘接力强

（3）辅助材料

接触成型工艺中的辅助材料，主要是指填料和色料两类，而固化剂、稀释剂、增韧剂等，归属于树脂基体体系。

2. 模具及脱模剂

（1）模具

模具是各种接触成型工艺中的主要设备。模具的好坏，直接影响产品的质量和成本，必须精心设计制造。

设计模具时，必须综合考虑以下要求：①满足产品设计的精度要求，模具尺寸精确、表面光滑；②要有足够的强度和刚度；③脱模方便；④有足够的热稳定性；⑤重量轻、材料来源充分及造价低。

模具构造接触成型模具分为：阴模、阳模和对模三种，不论是哪种模具，都可以根据尺寸大小，成型要求，设计成整体或拼装模。

模具材料制备时，应满足以下要求：①能够满足制品的尺寸精度、外观质量及使用寿命要求；②模具材料要有足够的强度和刚度，保证模具在使用过程中不易变形和损坏；③不受树脂侵蚀，不影响树脂固化；④耐热性好，制品固化和加热固化时，模具不变形；⑤容易制造，容易脱模；⑥尽量减轻模具重量，方便生产；⑦价格便宜，材料容易获得。能用作手糊成型模具的材料有：木材、金属、石膏、水泥、低熔点金属、硬质泡沫塑料及玻璃钢等。

（2）脱模剂

脱模剂基本要求：①不腐蚀模具，不影响树脂固化，对树脂粘接力小于0.01MPa；②成膜时间短，厚度均匀，表面光滑；③使用安全，无毒害作用；④耐热，能承受加热固化的温度作用；⑤操作方便，价格便宜。接触成型工艺的脱模剂主要有薄膜型脱模剂、液体脱模剂和油膏、蜡类脱模剂。

四、手工成型可制备的制品

手糊成型可制备的制品有：波形瓦、浴盆、冷却塔、活动房、卫生间、贮槽、贮罐、风机叶片、各类渔船、游艇、微型汽车客车壳体、大型雷达天线罩、天文台顶罩、设备防护罩、飞机蒙皮、机翼、火箭外壳等。

五、手工成型材料的种类

手糊成型常用的树脂体系有不饱和聚酯树脂胶液、环氧树脂胶液、33 号胶衣树脂（间苯二甲酸型胶衣树脂），耐水性好；36PA 胶衣树脂，自熄性胶衣树脂（不透明）；39 号胶衣树脂，耐热自熄性胶衣树脂；21 号胶衣树脂（新戊二醇型），耐水煮、耐热、耐污染、柔韧、耐磨胶衣。

六、手工成型的评价与作用

通过手工制作，一般生产可以满足设计需要、异型或很大体积的制品，同时投资不大，易于见效，制品质轻、高强，不惧酸、碱、盐分侵蚀，原料易得，这是玻璃钢工业发展迅速的主要原因，同时也是不同于其他材料工业的突出特点。目前我国的手工制作产品、品种仅次于美国，并继续不断发展，在国民经济和国防建设中发挥着越来越重要的作用。

有专家及学者强调指出，玻璃钢是一门涉及专业和知识很广的复杂技术。虽是手工成型，但需要从模具制作开始，具有选材、配方、结构、设计、固化、工艺、表面处理、修复维护等一整套技术，它应是一种劳动密集、知识密集、工业密集的综合技术，是集古老、传统和现代化于一体的边缘学科，是手工工艺、机械化、自动化相辅相成的专门技术。

从技术应用的角度证明，由于玻璃钢质轻高强、结构造型以及设计自由等特点，如果发挥这方面的长处，可以适应艺术和形象构体的需要，得到意想不到的效果，如各种艺术形象、雕塑制品等。因此，它不仅具有专业化程度很高的工程结构材料的特点，而且是一种"得之于心，应之于手"的艺术造型材料。这一领域发展前景也是非常广阔的。

七、新型胶衣树脂品种选择问题

胶衣（英文名：gelcoat），它是不饱和聚酯（UP）中加入颜料和触变剂等分散而成的玻璃钢（FRP）着色触变性产品。

1. 胶衣树脂问题

胶衣树脂是不饱和聚酯树脂行业中一种特殊的树脂，它是为改善玻璃纤维，增强不饱和聚酯树脂基体玻璃钢制品的外观质量，保护结构层的材质不受外界环境介质侵蚀而研制开发的，故胶衣树脂的主要作用是对玻璃钢制品的表面装饰和对结构层的保护。新型的耐候性阻燃胶衣树脂的开发，日益受到重视并发挥出越来越重要的作用。

胶衣树脂是制作玻璃钢制品胶衣层的专用树脂。苯乙烯仍是当前 UP 树脂选用的最合适的单体。但是苯乙烯在室温下的蒸气压较高，容易挥发，尤其是采用手糊或喷射成型工艺，在制作玻璃钢制品的胶衣层和背衬增强层的过程中更易挥发。当其蒸气浓度超过一定数量（大于 50PG/g）时，会刺激人的眼鼻黏膜引起头昏、恶心等症状。因此研制开发低苯乙烯散发性胶衣树脂，显得非常必要并且具有十分重要的现实意义。国外开发出许多新型胶衣树脂，国内目前也在迎头赶上。随着玻璃钢基础研究技术的日趋成熟，国外先进设备与技术的不断引进，国内玻璃钢工业得到飞速发展，胶衣树脂的品种不断扩大。

2. 胶衣树脂的种类问题

目前国内生产的胶衣树脂按基体树脂的类型可分为邻苯型、间苯型、间苯新戊二醇型和乙烯基酯型等。

（1）间苯新戊二醇型　间苯新戊二醇型胶衣的基体树脂是新戊二醇/间苯甲酸不饱和聚酯。树脂的结构赋予它良好的力学性能和耐候性，特别适用于耐候及耐水性要求高的地方。

（2）间苯型　间苯型胶衣的基体树脂是间苯型不饱和聚酯树脂，具有高机械强度，耐高温、耐腐蚀性和耐氧化性能，适用于制作 FRP 制品。

（3）邻苯型　邻苯型胶衣的基体树脂是邻苯型不饱和聚酯树脂，具有较好的耐候、耐水、耐冲击等特性，适用于要求较高的玻璃钢制品。

3. 胶衣的功能用途问题

胶衣树脂按功能和用途又可分为制品胶衣、模具胶衣、阻燃胶衣、船用胶衣、高弹性胶衣、食品级胶衣等。胶衣树脂在品种和性能上的不断提升，使胶衣树脂的应用领域不断扩大。

（1）模具胶衣　模具胶衣的基体树脂是特殊的聚酯，树脂的结构赋予制品良好的力学性能，高光亮性，耐化学性及柔韧性，用于制作 FRP 模具。

（2）气干性胶衣　气干性胶衣是一种无蜡型空气干燥性胶衣，具有较强的附着力及抗剥离强度。其特殊分子结构决定其比普通型聚酯有着更高的耐腐蚀性及优异的耐高温性，高比强度和抗龟裂性。气干性胶衣最大特性，喷涂后 20～30min 触指干，2h 达普通胶衣强度，一周后达最高强度值。成型后产品表面平整、光亮、无垂挂、流平性能优异且不粘手。依客户要求，可提供手糊型和喷涂型。

（3）透明胶衣　透明胶衣是一种无色透明胶衣，它的基体树脂为一种间苯型不饱和聚酯树脂，具有中等黏度和反应活性，广泛应用于非增强浇铸体、聚酯混凝土、人造大理石、人造玛瑙、华丽石。

4. 胶衣的使用方法问题

（1）使用前选择好合适的胶衣型号。

（2）完全、彻底地准备好模具，模具表面决定制品表面。

（3）使用前充分搅拌每桶胶衣，但速度要慢以免混入气泡。

（4）开始作业前，胶衣和模具的温度保持在16～30℃，理想的模具温度应该比胶衣温度高2～3℃。这样，固化后可得到一个更光泽的胶衣表面。

（5）车间内相对湿度要低于80%，湿度大会导致所需的固化温度提高。另外要防止水在模具表面聚集。

（6）模具表面须打蜡充分，不要使用含硅酮类脱模蜡。用水溶性脱模蜡必须待其水分蒸发完后再涂装胶衣。

（7）不要加溶剂稀释，如丙酮。如在使用时需较低的黏度，可加入少量的苯乙烯（<2%）。

（8）固化剂（MEKP）用量一般在1%～2%。如果固化剂的量过高或过低，会使制品的耐水性和耐候性降低。

（9）如加色浆，要确保颜色的均匀性和稳定性。按推荐的量精准称量，使用低剪切设备搅拌。亦可使用彩色胶衣。

5. 胶衣的品种应用问题

国内胶衣品种应用上现有的阻燃胶衣树脂，大多数是采用由HET酸或四溴苯酐等含卤酸类合成的，反应型不饱和聚酯树脂为基体配制的，虽然它们有较满意的阻燃性，但是耐候性能都不十分理想，在阳光下短时间的曝晒后就明显变黄，很难达到生产白色或浅色玻璃钢制品的要求。因此研究开发耐候性优良、老化变黄度小的阻燃胶衣树脂品种，是树脂生产厂家和玻璃钢生产企业十分关注的课题。通过对许多含卤化合物的化学键能和反应活性的对比分析研究，结合试验探索，采用一种特殊化学结构的新型含溴化合物与二元醇、饱和二元酸（酐），以及不饱和二元酸（酐）的缩聚反应，合成一种具有老化变黄度小、阻燃性良好的不饱和聚酯树脂，并以这种树脂为基体树脂，配合独特的协和添加剂和助剂，是当前树脂方面的重要课题。

第六节　玻璃钢成型工艺条件

一、玻璃纤维对SMC成型工艺的性能要求与环境条件

SMC玻璃钢成型工艺，在美国应用最广。主要用于汽车工业中的外壳、底盘、保险杠、扰流板、电气工业中的高压开关柜、建筑水箱板等。在SMC成型工艺的玻璃钢制品中，玻纤含量可达30%，对SMC的性能要求如下：

1. 极好的集束性及极低的溶解性

适当的浸透性。要求纱线集束性极好，溶解性低。这样能在 SMC 片材生产过程中能保证黏度很大的树脂糊能垂直穿透厚度较大的短切玻纤堆积层。如纱线集束不良，在苯乙烯中溶解度高，遇树脂糊即开纤，则树脂糊很难穿透，造成中间有白丝层。无树脂浸渍。同时纱线在树脂糊中开纤早，则在模压时纤维不能随树脂流动，造成纤维分布不均，中间多，边缘几乎无玻纤。这要求浸润剂主成膜剂的不溶物含量大于 90%，纱线无单丝化倾向，易于成型。

2. 硬挺度高

最好要大于 160mm，国外某些 SMC 用纱硬挺度到 180mm。这要求浸润剂膜硬度及强度高，同时浸润剂的固含量高，有时可达 13%，以保证纱线含油率在 1.5% 以上。

3. 优良的切割性，纱线刚性好，静电少

成带性最小，在保证每股纱线力均匀的前提下，每股纱能分散开平行排列。这样保证了在机组上易散开，沉降后分散均匀。如要进一步提高纱线的切割性及集束性，也可在配方中添加 0.2%～1% 的聚氨酯乳液。配方中主要成膜剂为交联型 PVAc 乳液，在乳液合成中添加了交联单体，也可在浸润剂配方中外加交联剂。在成膜时由于交联剂作用形成大分子网状结构，提高了膜的刚度及强度，同时也使其不溶于苯乙烯中。配方中使用复合偶联剂也是为提高纱线的刚度。SMC 纱原丝筒烘干时温度要高，一般达 135℃，时间要超过 10h，以保证成膜剂交联反应充分进行。

二、玻璃钢成型工艺对使用玻纤生产条件

玻璃钢成型工艺的改革和提升，传统的敞开式手糊成型工艺在向抽真空灌注成型工艺和低压力的 RTM 工艺（LRTM）发展，从而带动了无卷曲的强化的玻璃纤维工程织物的产生，这种工程织物包括无黏合剂、缝编短切连续原始毡、复合毡、单向、双轴、双偏、纵向三轴、横向三轴、四轴等编织布，是纤维设计提出的结构性玻璃纤维增强材料。

复合毡是玻璃纤维多层复合物，在拉挤工艺中，选择在 0°方向粗纱的基础上复合其他各可选方向粗纱及复合毡，就可以得到预期力学性能的制品。表面毡的使用可以提高制品的外观质量，还能提高拉挤速度并降低模具损耗。表面毡根据用途可以选纤维毡，也可以是化纤表面。

国内多元化 FRP 成型工艺对玻璃纤维的要求不一，具体到一个产品来讲，

除了采用玻纤增强树脂后保证其足够的强度外，还要满足其工艺成型要求，这里简述各种 FRP 成型工艺用纱的要求。

① 国内拉挤 FRP 产量在 12 万吨，其中玻璃纤维用量达到 4 万吨。无碱无捻粗纱是一种最基本的拉挤用增强材料，为拉挤产品提供了优异的纵向强度。在生产时，它裹携着其他增强材料一同进入模腔，同时向大部分增强材料如连续毡、缝编织物等提供浸渍所需的树脂。

② SMC 是一种用树脂浸渍短切玻璃纤维、填料及增稠剂组合的一种预成型材料。SMC 纱要有极好的集束性、极低的溶解性和适当的浸透性。纱线集束性好，溶解性低，在 SMC 片材生产中能被树脂垂直穿透；此外，浸润剂膜的硬度和强度高，提高 SMC 纱的硬挺性，硬挺度一般要大于 160mm。在 SMC 片材压制中常常出现白丝，主要是浸润剂中成膜剂不可溶/可溶比例低，造成纱的集束性低。克服这种现象是提高成膜剂中不可溶/可溶的比例，要求一般在 85/15。

③ 国内 BMC 产品主要为低压电气开关匣、灯罩及市政工程产品，其应用面广量大，产量达到 18 万吨左右，短切玻纤用量在 5 万吨左右。BMC 用纱为电气级短切纤维，非受力制品用 C 短切纤维。要求玻纤经原始筒烘干后直接短切，经短切后保持良好集束性，不开纤、端面整齐、流动性好、抗静电。BMC 用短切纱的纤维长度一般在 3～12mm 范围内。

编织物将各平行的纤维层安置在各元件设计需求的负载方向上；同时短切毡、纤维带或其他材料也可加入各层平行纤维之间或其表面，各层的纤维精密编织之后就被固定于同一布匹。这种简单的技术带来了极大的益处，可以满足 FRP 结构设计最佳性能的要求。

三、手糊工艺的设计条件

优秀的手糊雕塑作品需要有良好的设计基础，如玻璃钢雕塑的设计应考虑到其材料与工艺的特点。玻璃钢工艺易于成型优美的流线型制品，可以突出作品的现代和时代感，在设计时可优先采用圆弧状与流线型。另外由于玻璃钢具有轻质高强的优点，可以制作动感强而支撑面积小的作品。有时玻璃钢雕塑需后涂装胶衣表层，由于胶衣具有自流平性，同时固化时在表面张力的作用下胶衣层有一定的拉平作用，该情况下不适宜表现细致的纹理。这些在设计时应给予考虑。

玻璃钢雕塑的原模可用泥来塑造，一般塑模由专业人员完成。雕塑工作完成后，经过自然干燥，具有一定的强度后，就可进行玻璃钢雕塑模具制作了。因此，作为手糊工艺的设计人员必须具备有良好的设计基础，为手糊工艺的设计创造良好的条件。

第七节　玻璃钢的几种主要工业成型工艺过程

一、拉挤成型玻璃钢工艺

热塑性复合材料的拉挤成型工艺与热固性玻璃钢的基本相似。只要把进入模具前的浸胶方法加以改造，生产热固性玻璃钢的设备便可使用。生产热塑性复合材料拉挤产品的增强材料有两种：一种是经过浸胶的预浸纱或预浸带，另一种是未浸胶的纤维或纤维带。

1. 拉挤成型工艺法的原理

拉挤工艺有一个固定的横截面形状的模具，在模具加热后，固化成型，可实现模具连续生产过程自动化。对于一个固定大小的玻璃钢产品，拉挤工艺具有明显的优越性。首先，拉挤成型工艺是一种自动连续生产技术，对比其他玻璃钢生产过程，拉挤生产效率最高；其次，拉挤产品原材料的利用率最高，一般在95％以上。此外，产品成本低，性能优良，质量稳定，外观漂亮。拉挤成型具有这些优势，其产品可以替代金属、塑料、木材、陶瓷等产品，广泛应用于化工、石油、建筑、电力、交通、市政工程等领域。

2. 制作工艺过程

工艺增强材料（玻璃纤维粗纱，玻璃纤维连续毡和玻璃纤维表面毡等）在拉挤设备牵引下，在完全浸渍胶液过程中，由一系列的预制模板的合理定位，获得初始设置，最后放入加热的金属模具热固化，从而可以连续的生产表面光滑、尺寸稳定、强度高的玻璃钢型材。

3. 工艺成型的设备

拉挤设备主要是拉挤成型机，成型机大致可分为水平和垂直两类。一般来说，水平拉挤机具有结构简单，操作方便，生产车间结构无特殊要求，因此它被广泛应用于拉挤工业。垂直拉挤机拉挤过程沿垂直方向，主要用于制造空心型材，由于生产的中空芯模易造成拉挤成型壁厚不均匀且局限性较大，生产产品单一，故不再使用。无论是水平或垂直的拉挤成型机，主要由进料装置、浸渍装置、成型和固化装置、牵引装置、切割装置五部分组成，对应的进程是排纱、浸渍、到模具和固化、牵引、切割。

二、卷管玻璃钢成型工艺

1. 层压成型工艺

层压成型是将预浸胶布按照产品形状和尺寸进行剪裁、叠加后，放入两个抛光的金属模具之间，加温加压成型复合材料制品的生产工艺。它是复合材料成型工艺中发展较早、也较成熟的一种成型方法。该工艺主要用于生产电绝缘板和印制电路板材。现在，印制电路板材已广泛应用于各类收音机、电视机、电话机和移动电话机、电脑产品、各类控制电路等所有需要平面集成电路的产品中。

层压工艺主要用于生产各种规格的复合材料板材，具有机械化、自动化程度高、产品质量稳定等特点，但一次性投资较大，适用于批量生产，并且只能生产板材，且规格受到设备的限制。

层压工艺过程大致包括：预浸胶布制备、胶布裁剪叠合、热压、冷却、脱模、加工、后处理等工序。

2. 卷管成型工艺

卷管成型工艺是用预浸胶布在卷管机上热卷成型的一种复合材料制品成型方法，其原理是借助卷管机上的热辊，将胶布软化，使胶布上的树脂熔融。在一定的张力作用下，辊筒在运转过程中，借助辊筒与芯模之间的摩擦力，将胶布连续卷到芯管上，直到达到要求的厚度，然后经冷辊冷却定型，从卷管机上取下，送入固化炉中固化。管材固化后，脱去芯模，即得复合材料卷管。

卷管成型按其上布方法的不同而可分为手工上布法和连续机械法两种。其基本过程是：首先清理各辊筒，然后将热辊加热到设定温度，调整好胶布张力。在压辊不施加压力的情况下，将引头布先在涂有脱模剂的管芯模上缠上约1圈，然后放下压辊，将引头布贴在热辊上，同时将胶布拉上，盖贴在引头布的加热部分，与引头布相搭接。引头布的长度为800～1200mm，视管径而定，引头布与胶布的搭接长度，一般为150～250mm。在卷制厚壁管材时，可在卷制正常运行后，将芯模的旋转速度适当加快，在接近设计壁厚时再减慢转速，达到设计厚度时，切断胶布。然后在保持压辊压力的情况下，继续使芯模旋转1～2圈。最后提升压辊，测量管坯外径，合格后，从卷管机上取出，送入固化炉中固化成型。

3. 预浸胶布制备工艺

预浸胶布是生产复合材料层压板材、卷管和布带缠绕制品的半成品。

（1）原材料 预浸胶布生产所需的主要原材料有增强材料（如玻璃布、石棉布、合成纤维布、玻璃纤维毡、石棉毡、碳纤维、芳纶纤维、石棉纸、牛皮等）和合成树脂（如酚醛树脂、氨基树脂、环氧树脂、不饱和聚酯树脂、有机硅树脂等）。

（2）预浸胶布的制备工艺　预浸胶布的制备是使用经热处理或化学处理的玻璃布，经浸胶槽浸渍树脂胶液，通过刮胶装置和牵引装置控制胶布的树脂含量，在一定的温度下，经过一定时间的洪烤，使树脂由 A 阶转至 B 阶，从而得到所需的预浸胶布。通常将此过程称之为玻璃的浸胶。

三、缠绕玻璃钢成型工艺

玻璃钢缠绕成型工艺是将浸过树脂胶液的连续纤维（或布带、预浸纱）按照一定规律缠绕到芯模上，然后经固化、脱模，获得制品。

根据纤维缠绕成型时树脂基体的物理化学状态不同，分为干法缠绕、湿法缠绕和半干法缠绕三种。三种缠绕方法中，以湿法缠绕应用最为普遍；干法缠绕仅用于高性能、高精度的尖端技术领域。

1. 原材料

缠绕成型的原材料主要是纤维增强材料、树脂和填料。

（1）增强材料　缠绕成型用的增强材料，主要是各种纤维纱，如无碱玻璃纤维纱，中碱玻璃纤维纱，碳纤维纱，高强玻璃纤维纱，芳纶纤维纱及表面毡等。

（2）树脂基体　树脂基体是指树脂和固化剂组成的胶液体系。缠绕制品的耐热性，耐化学腐蚀性及耐自然老化性主要取决于树脂性能，同时对工艺性能、力学性能也有很大影响。缠绕成型常用树脂主要是不饱和聚酯树脂，有时也用环氧树脂和双马来酰亚胺树脂等。对于一般民用制品如管、罐等，多采用不饱和聚酯树脂。对力学性能的压缩强度和层间剪切强度要求高的缠绕制品，则可选用环氧树脂。航天航空制品多采用具有高断裂韧性与耐湿性能好的双马来酰亚胺树脂。

（3）填料　填料种类很多，加入后能改善树脂基体的某些功能，如提高耐磨性、增加阻燃性和降低收缩率等。在胶液中加入空心玻璃微珠，可提高制品的刚性，减小密度，降低成本等。在生产大口径地埋管道时，常加入 30％石英砂，借以提高产品的刚性和降低成本。为了提高填料和树脂之间的粘接强度，填料要保证清洁和表面活性处理。

2. 芯模

成型中空制品的内模称芯模。一般情况下，缠绕制品固化后，芯模要从制品内脱出。

芯模设计的基本要求：①要有足够的强度和刚度，能够承受制品成型加工过程中施加于芯模的各种载荷，如自重、制品重、缠绕张力、固化应力、二次加工时的切削力等；②能满足制品形状和尺寸精度要求，如形状尺寸、同心度、椭圆度、锥度（脱模）、表面光洁度和平整度等；③保证产品固化后，能顺利从制品中脱出；④制造简单，造价便宜，取材方便。

缠绕成型芯模材料分两类：①熔、溶性材料和组装式材料。熔、溶性材料是指石蜡，水溶性聚乙烯醇型砂，低熔点金属等，这类材料可用浇铸法制成空心或实心芯模，制品缠绕成型后，从开口处通入热水或高压蒸汽，使其溶、熔，从制品中流出的溶体，冷却后重复使用。②组装式芯模材料常用的有铝、钢、夹层结构、木材及石膏等。另外还有内衬材料，内衬材料是制品的组成部分，固化后不从制品中取出，内衬材料的作用主要是防腐和密封，当然也可以起到芯模作用，属于这类材料的有橡胶、塑料、不锈钢和铝合金等。

3. 缠绕机

缠绕机是实现缠绕成型工艺的主要设备，对缠绕机的要求是：①能够实现制品设计的缠绕规律和排纱准确；②操作简便；③生产效率高；④设备成本低。

缠绕机主要由芯模驱动和绕丝嘴驱动两大部分组成。为了消除绕丝嘴反向运动时纤维松线，保持张力稳定及在封头或锥形缠绕制品纱带布置精确，实现小缠绕角（0°～15°）缠绕，在缠绕机上设计有垂直芯轴方向的横向进给（伸臂）机构。为防止绕丝嘴反向运动时纱带转拧，伸臂上设有能使绕丝嘴翻滚的机构。

我国 20 世纪 60 年代研制成功链条式缠绕机，70 年代引进德国 WE-250 数控缠绕机，改进后实现国产化生产，80 年代后我国引进了各种型式缠绕机 40 多台，经过改进后，成功自主设计制造微机控制缠绕机，并进入国际市场。

机械式缠绕机类型

(1) 绕臂式平面缠绕机　其特点是绕臂（装有绕丝嘴）围绕芯模做均匀旋转运动，芯模绕自身轴线作均匀慢速转动，绕臂（即绕丝嘴）每转一周，芯模转过一个小角度。此小角度对应缠绕容器上一个纱片宽度，保证纱片在芯模上一个紧挨一个地布满容器表面。芯模快速旋转时，绕丝嘴沿垂直地面方向缓慢地上下移动，此时可实现环向缠绕，使用这种缠绕机的优点是，芯模受力均匀，机构运行平稳，排线均匀，适用于干法缠绕中小型短粗筒形容器。

(2) 滚翻式缠绕机　这种缠绕机的芯模有两个摇支承，缠绕时芯模自身轴旋转，两臂同步旋转使芯模翻滚一周，芯模自转一个与纱片宽相适应的角度，而纤维纱由固定的伸臂供给，实现平面缠绕，环向缠绕由附加装置来实现。由于滚翻动作机构不宜过大，故此类缠绕机只适用于小型制品，且使用不广泛。

(3) 卧式缠绕机　这种缠绕机是由链条带动小车（绕丝嘴）作往复运动，并在封头端有瞬时停歇，芯模绕自身轴作等速旋转，调整两者速度可以实现平面缠绕、环向缠绕和螺旋缠绕，这种缠绕机构造简单，用途广泛，适宜于缠绕细长的管和容器。

(4) 轨道式缠绕机　轨道式缠绕机分立式和卧式两种。纱团、胶槽和绕丝嘴均装在小车上，当小车沿环形轨道绕芯模一周时，芯模自身转动一个纱片宽度，芯模轴线和水平面的夹角为平面缠绕角 α。从而形成平面缠绕型，调整芯模和小车的速度可以实现环向缠绕和螺旋缠绕。轨道式缠绕机适合于生产大型制品。

（5）行星式缠绕机　芯轴和水平面倾斜成 α 角（即缠绕角）。缠绕成型时，芯模作自转和公转两个运动，绕丝嘴固定不动。调整芯模自转和公转速度可以完成平面缠绕、环向缠绕和螺旋缠绕。芯模公转是主运动，自转为进给运动。这种缠绕机适合于生产小型制品。

（6）球形缠绕机　球形缠绕机有 4 个运动轴，球形缠绕机的绕丝嘴转动，芯模旋转和芯模偏摆，基本上和绕臂式缠绕机相同，第四个轴运动是利用绕丝嘴步进实现纱片缠绕，减少极孔外纤维堆积，提高容器臂厚的均匀性。芯模和绕丝嘴转动，使纤维布满球体表面。芯模轴偏转运动，可以改变缠绕极孔尺寸和调节缠绕角，满足制品受力要求。

（7）电缆式纵环向缠绕机　纵环向电缆式缠绕机适用于生产无封头的筒形容器和各种管道。装有纵向纱团的转环与芯模同步旋转，并可沿芯模轴向往复运动，完成纵向纱铺放，环向纱装在转环两边的小车上，当芯模转动，小车沿芯模轴向作往复运动时，完成环向纱缠绕。根据管道受力情况，可以任意调整纵环向纱数量比例。

（8）新型缠管机　新型缠管机与现行缠绕机的区别在于，它是靠管芯自转，并同时能沿管长方向作往复运动，完成缠绕过程。这种新型缠绕机的优点是，绕丝嘴固定，为工人处理断头、毛丝以及看管带来很大方便；多路进纱可实现大容量进丝缠绕，缠绕速度快，布丝均匀，有利于提高产品重量和产量。玻璃钢缠绕成型的优点：①能够按产品的受力状况设计缠绕规律，使能充分发挥纤维的强度。②比强度高。一般来讲，纤维缠绕压力容器与同体积、同压力的钢质容器相比，重量可减轻 40%～60%。③可靠性高。纤维缠绕制品易实现机械化和自动化生产，工艺条件确定后，缠出来的产品质量稳定、精确。④生产效率高。采用机械化或自动化生产，需要操作工人少，缠绕速度快（240m/min），故劳动生产率高。⑤成本低。在同一产品上，可合理配选若干种材料（包括树脂、纤维和内衬），使其再复合，达到最佳的技术经济效果。

玻璃钢缠绕成型的缺点：①缠绕成型适应性小，不能缠任意结构形式的制品，特别是表面有凹的制品，因为缠绕时，纤维不能紧贴芯模表面而架空；②缠绕成型需要有缠绕机，芯模，固化加热炉，脱模机及熟练的技术工人，需要的投资大，技术要求高，因此，只有大批量生产时才能降低成本，才能获得较好的技术经济效益。

四、模压玻璃钢成型工艺

模压成型工艺和模塑料成型工艺，其压制工艺和设备条件基本相同，前者采用浸胶布作为模压料，而后者采用片状、团状、散状的模压料，首先将一定量的模压料置于金属对模中，而后在一定温度和压力下成型制得所需的玻璃钢制品。这种生产成型方法，所制得的产品尺寸精确，表面光洁，可一次成型，生产效率较高，且产品质量较为稳定，适合于大批量制作各种小型玻璃钢制品。其不足之处是模具的设计和制造较为复杂，生产初期的投资较高，且制件受设备的限制较为突出。

模压成型工艺是复合材料生产中最古老而又富有无限活力的一种成型方法。它是将一定量的预混料或预浸料加入金属对模内，经加热、加压固化成型的方法。

模压成型工艺的主要优点：①生产效率高，便于实现专业化和自动化生产；②产品尺寸精度高，重复性好；③表面光洁，无须二次修饰；④能一次成型结构复杂的制品；⑤因为批量生产，价格相对低廉。

模压成型的不足之处在于模具制造复杂，投资较大，加上受压机限制，最适合于批量生产中小型复合材料制品。随着金属加工技术、压机制造水平及合成树脂工艺性能的不断改进和发展，压机吨位和台面尺寸不断增大，模压料的成型温度和压力也相对降低，使得模压成型制品的尺寸逐步向大型化发展，目前已能生产大型汽车部件、浴盆、整体卫生间组件等。

模压成型工艺按增强材料物态和模压料品种可分为如下几种：

① 纤维料模压法　是将经预混或预浸的纤维状模压料，投入到金属模具内，在一定的温度和压力下成型复合材料制品的方法。该方法简便易行，用途广泛。根据具体操作上的不同，有预混料模压和预浸料模压法。

② 碎布料模压法　将浸过树脂胶液的玻璃纤维布或其他织物，如麻布、有机纤维布、石棉布或棉布等的边角料切成碎块，然后在金属模具中加温加压成型复合材料制品。

③ 织物模压法　将预先织成所需形状的两维或三维织物浸渍树脂胶液，然后放入金属模具中加热加压成型为复合材料制品。

④ 层压模压法　将预浸过树脂胶液的玻璃纤维布或其他织物，裁剪成所需的形状，然后在金属模具中经加温或加压成型复合材料制品。

⑤ 缠绕模压法　将预浸过树脂胶液的连续纤维或布（带），通过专用缠绕机提供一定的张力和温度，缠在芯模上，再放入模具中进行加温加压成型复合材料制品。

⑥ 片状塑料（SMC）模压法　将SMC片材按制品尺寸、形状、厚度等要求裁剪下料，然后将多层片材叠合后放入金属模具中加热加压成型制品。

⑦ 预成型坯料模压法　先将短切纤维制成与成品形状和尺寸相似的预成型坯料，将其放入金属模具中，然后向模具中注入配制好的黏结剂（树脂混合物），在一定的温度和压力下成型。

模压料的品种有很多，可以是预浸物料、预混物料，也可以是坯料。当前所用的模压料品种主要有预浸胶布、纤维预混料、BMC、DMC、HMC、SMC、XMC、TMC 及 ZMC 等品种。

1. 原材料

（1）合成树脂复合材料模压制品所用的模压料要求合成树脂具有：

① 对增强材料有良好的浸润性能，以便在合成树脂和增强材料界面上形成良好的黏结；

② 有适当的黏度和良好的流动性，在压制条件下能够和增强材料一道均匀地充满整个模腔；

③ 在压制条件下具有适宜的固化速率，并且固化过程中不产生副产物或副产物少，体积收缩率小；

④ 能够满足模压制品特定的性能要求。

按以上的选材要求，常用的合成树脂有：不饱和聚酯树脂、环氧树脂、酚醛树脂、乙烯基树脂、呋喃树脂、有机硅树脂、聚丁二烯树脂、烯丙基酯、三聚氰胺树脂、聚酰亚胺树脂等。为使模压制品达到特定的性能指标，在选定树脂品种和牌号后，还应选择相应的辅助材料、填料和颜料。

（2）增强材料　模压料中常用的增强材料主要有玻璃纤维开刀丝、无捻粗纱、有捻粗纱、连续玻璃纤维束、玻璃纤维布、玻璃纤维毡等，也有少量特种制品选用石棉毡、石棉织物（布）和石棉纸以及高硅氧纤维、碳纤维、有机纤维（如芳纶纤维、尼龙纤维等）和天然纤维（如亚麻布、棉布、煮炼布、不煮炼布等）等品种。有时也采用两种或两种以上纤维混杂料作增强材料。

（3）辅助材料　一般包括固化剂（引发剂）、促进剂、稀释剂、表面处理剂、低收缩添加剂、脱模剂、着色剂（颜料）和填料等辅助材料。

2. 模压料的制备

以玻璃纤维（或玻璃布）浸渍树脂制成的模压料为例，其生产工艺可分为预混法和预浸法两种。

（1）预混法　先将玻璃纤维切割成 30～50mm 的短切纤维，经蓬松后在捏合机中与树脂胶液充分捏合至树脂完全浸润玻璃纤维，再经烘干（晾干）至适当黏度即可。其特点是纤维松散无定向，生产量大，用此法生产的模压料比容大，流动性好，但在制备过程中纤维强度损失较大。

（2）预浸法　纤维预浸法是将整束连续玻璃纤维（或布）经过浸胶、烘干、切短而成。其特点是纤维成束状，比较紧密，制备模压料的过程中纤维强度损失较小，但模压料的流动性及料束之间的相容性稍差。

SMC、BMC、HMC、XMC、TMC 及 ZMC 生产技术

片状模压料（sheet molding compound，SMC）是由树脂糊浸渍纤维或短切纤维毡，两边覆盖聚乙烯薄膜而制成的一类片状模压料，属于预浸毡料范围。是目前国际上应用最广泛的成型材料之一。

SMC是用不饱和聚酯树脂、增稠剂、引发剂、交联剂、低收缩添加剂、填料、内脱模剂和着色剂等混合成树脂糊浸渍短切纤维粗纱或玻璃纤维毡，并在两面用聚乙烯或聚丙烯薄膜包覆起来形成的片状模压料。SMC作为一种发展迅猛的新型模压料，具有许多特点：①重现性好，不受操作者和外界条件的影响；②操作处理方便；③操作环境清洁、卫生，改善了劳动条件；④流动性好，可成型异形制品；⑤模压工艺对温度和压力要求不高，可变范围大，可大幅度降低设备和模具费用；⑥纤维长度40～50mm，质量均匀性好，适宜于压制截面变化不大的大型薄壁制品；⑦所得制品表面光洁度高，采用低收缩添加剂后，表面质量更为理想；⑧生产效率高，成型周期短，易于实现全自动机械化操作，生产成本相对较低。

SMC作为一种新型材料，根据具体用途和要求的不同又发展出一系列新品种，如BMC、TMC、HNC、XMC等。

① 团状模压料（bulk molding compound，BMC） 其组成与SMC极为相似，是一种改进型的预混团状模压料，可用于模压和挤出成型。两者的区别仅在于材料形态和制作工艺上。BMC中纤维含量较低，纤维长度较短，约6～18mm，填料含料较大，因而BMC制品的强度比SMC制品的强度低，BMC比较适合于压制小型制品，而SMC适合于大型薄壁制品。

② 厚片状模压料（thick molding compound，TMC） 其组成和制作与SMC相似，厚达50mm。由于TMC厚度大，玻璃纤维能随机分布，改善了树脂对玻璃纤维的浸润性。此外，该材料还可以采用注射和传递成型。

③ 高强度模压料（hight molding compound，HMC） 和高强度片状模压料XMC主要用于制造汽车部件。HMC中不加或少加填料，采用短切玻璃纤维，纤维含量为65%左右，玻璃纤维定向分布，具有极好的流动性和成型表面，其制品强度约是SMC制品强度的3倍。XMC用定向连续纤维，纤维含量达70%～80%，不含填料。

④ ZMC ZMC是一种模塑成型技术，ZMC三个字母并无实际含义，而是包含模塑料、注射模塑机械和模具三种含义。ZMC制品既保持了较高的强度指标，又具有优良的外观和很高的生产效率，综合了SMC和BMC的优点，获得了较快的发展。

3. SMC的原材料

SMC的原材料由合成树脂、增强材料和辅助材料三大类组成。

（1）合成树脂 合成树脂为不饱和聚酯树脂，不同的不饱和树脂对树脂糊的增稠效果、工艺特性以及制品性能、收缩率、表面状态均有直接的影响。SMC 对不饱和聚酯树脂有以下要求：①黏度低，对玻璃纤维浸润性能好；②同增稠剂 具有足够的反应性，满足增稠要求；③固化迅速，生产周期短，效率高；④固化 物有足够的热态强度，便于制品的热脱模；⑤固化物有足够的韧性，制品发生某 些变形时不开裂；⑥较低的收缩率。

（2）增强材料　增强材料为短切玻璃纤维粗纱或原丝。在不饱和聚酯树脂模 塑料中，用于 SMC 的增强材料目前只有短切玻璃纤维毡，而用于预混料的增强 材料比较多，有短切玻璃纤维、石棉纤维、麻和其他各种有机纤维。在 SMC 中，玻璃纤维含量可在 5%～50% 之间调节。

（3）辅助材料　辅助材料包括固化剂（引发剂）、表面处理剂、增稠剂、低 收缩添加剂、脱模剂、着色剂、填料和交联剂。

4. SMC 的制备工艺

SMC 生产的工艺流程主要包括树脂糊制备、上糊操作、纤维切割沉降及浸 渍、树脂稠化等过程。

（1）树脂糊的制备及上糊操作　树脂糊的制备有两种方法——间歇法和连续 法。间歇法程序如下：①将不饱和聚酯树脂和苯乙烯倒入配料釜中，搅拌均匀； ②将引发剂倒入配料釜中，与树脂和苯乙烯混匀；③在搅拌作用下加入增稠剂和 脱模剂；④在低速搅拌下加入填料和低收缩添加剂；⑤搅拌至配方所列各组分分 散为止，停止搅拌，静置待用。连续法是将 SMC 配方中的树脂糊分为两部分， 即增稠剂、脱模剂、部分填料和苯乙烯为一部分，其余组分为另一部分，分别计 量、混匀后，送入 SMC 机组上设置的相应贮料容器内，在需要时由管路计量泵 计量后进入静态混合器，混合均匀后输送到 SMC 机组的上糊区，再涂布到聚乙 烯薄膜上。

（2）浸渍和压实　经过涂布树脂糊的下承载薄膜在机组的牵引下进入短切玻 璃纤维沉降室，切割好的短切玻璃纤维均匀沉降在树脂糊上，达到要求的沉降量 后，随传动装置离开沉降室，并和涂布有树脂糊的上承载薄膜相叠合，然后进入 一系列错落排列的辊阵中，在张力和辊的作用下，下、上承载薄膜将树脂糊和短 切玻璃纤维紧紧压在一起，经过多次反复，使短切玻璃纤维浸渍树脂并赶走其中 的气泡，形成密实而均匀的连续 SMC 片料。

五、喷射成型工艺

喷射成型工艺是手糊成型的改进，半机械化程度。喷射成型技术在复合材料 成型工艺中所占比例较大，如美国占 9.1%，西欧占 11.3%，日本占 21%。目 前国内用的喷射成型机主要是从美国进口。

（1）喷射成型工艺原理及优缺点

喷射成型工艺是将混有引发剂和促进剂的两种聚酯分别从喷枪两侧喷出，同时将切断的玻纤粗纱，由喷枪中心喷出，使其与树脂均匀混合，沉积到模具上，当沉积到一定厚度时，用辊轮压实，使纤维浸透树脂，排除气泡，固化后成制品。

喷射成型的优点：①用玻纤粗纱代替织物，可降低材料成本；②生产效率比手糊高2~4倍；③产品整体性好，无接缝，层间剪切强度高，树脂含量高，抗腐蚀、耐渗漏性好；④可减少飞边，裁布屑及剩余胶液的消耗；⑤产品尺寸、形状不受限制。

其缺点为：①树脂含量高，制品强度低；②产品只能做到单面光滑；③污染环境，有害工人健康。

喷射成型效率达15kg/min，故适合于大型船体制造。已广泛用于加工浴盆、机器外罩、整体卫生间、汽车车身构件及大型浮雕制品等。

（2）生产准备

场地　喷射成型场地除满足手糊工艺要求外，要特别注意环境排风。根据产品尺寸大小，操作间可建成密闭式，以节省能源。

材料准备　原材料主要是树脂（主要用不饱和聚酯树脂）和无捻玻纤粗纱。

模具准备　准备工作包括清理、组装及涂脱模剂等。

喷射成型设备　喷射成型机分压力罐式和泵供式两种：

① 泵式供胶喷射成型机，是将树脂引发剂和促进剂分别由泵输送到静态混合器中，充分混合后再由喷枪喷出，称为枪内混合型。其组成部分为气动控制系统、树脂泵、助剂泵、混合器、喷枪、纤维切割喷射器等。树脂泵和助剂泵由摇臂刚性连接，调节助剂泵在摇臂上的位置，可保证配料比例。在空压机作用下，树脂和助剂在混合器内均匀混合，经喷枪形成雾滴，与切断的纤维连续地喷射到模具表面。这种喷射机只有一个胶液喷枪，结构简单，重量轻，引发剂浪费少，但因系内混合，使完后要立即清洗，以防止喷射堵塞。

② 压力罐式供胶喷射机是由两个树脂罐、管道、阀门、喷枪、纤维切割喷射器、小车及支架组成。工作时，接通压缩空气气源，使压缩空气经过气水分离器进入树脂罐、玻纤切割器和喷枪，使树脂和玻璃纤维连续不断地由喷枪喷出，树脂雾化，玻纤分散，混合均匀后沉落到模具上。这种喷射机是树脂在喷枪外混合，故不易堵塞喷枪嘴。

（3）喷射成型工艺控制

喷射工艺参数选择：

① 树脂含量　喷射成型的制品中，树脂含量控制在60%左右。

② 喷雾压力　当树脂黏度为0.2Pa·s，树脂罐压力为0.05~0.15MPa时，雾化压力为0.3~0.55MPa，方能保证组分混合均匀。

③ 喷枪夹角　不同夹角喷出来的树脂混合交距不同，一般选用 20°夹角，喷嘴的距离为 350～400mm。改变距离，要调整高速喷枪夹角，保证各组分在靠近模具表面处交集混合，防止胶液飞失。

喷射成型应注意事项：

① 环境温度应控制在（25±5）℃，过高，易引起喷枪堵塞；过低，混合不均匀，固化慢。

② 喷射机系统内不允许有水分存在，否则会影响产品质量。

③ 成型前，模具上先喷一层树脂，然后再喷树脂纤维混合层。

④ 喷射成型前，先调整气压，控制树脂和玻纤含量。

⑤ 喷枪要均匀移动，防止漏喷，不能走弧线，两行之间的重叠小于 1/3，要保证覆盖均匀和厚度均匀。

⑥ 喷完一层后，立即用辊轮压实，要注意棱角和凹凸表面，保证每层压平，排出气泡，防止带起纤维造成毛刺。

⑦ 每层喷完后，要进行检查，合格后再喷下一层。

⑧ 最后一层要喷薄些，使表面光滑。

⑨ 喷射机用完后要立即清洗，防止树脂固化，损坏设备。

六、挤出成型玻璃钢工艺

挤出成型是热塑性复合材料制品生产中应用较广的工艺之一。其主要特点是生产过程连续，生产效率高，设备简单，技术容易掌握等。挤出成型工艺主要用于生产管、棒、板及异型断面型等产品。增强塑料管玻纤增强门窗异型断面型材，在我国有很大市场。这里不作详细介绍。

七、注射成型玻璃钢

注射技术是针对我国玻璃钢行业现状研制而成的一种新型成型工艺技术。真空－压力注射工艺，是一种闭模模塑工艺。它是在阳模和阴模间铺放好玻纤增强材料，闭模后抽真空，并在压力下将液态树脂注入模腔，使其浸透玻璃纤维，然后固化成型。由于这种工艺可直接密闭模塑，因而制品内外表面光洁，壁厚公差小，并且能减少有害物质对操作者的接触，改善劳动条件。

国外自 20 世纪 60 年代开始，对真空-压力注射工艺进行了深入的研究，并取得了较快的进展。尤其在客机和战斗机机头雷达罩等方面，获得了很好的效果。我国一些材料研究所，也早在 70 年代开始，结合国情，研究开发真空-压力注射工艺，并在民用品开发方面，收到了良好的效果。

1. 真空-压力注射工艺的特点

首先，该工艺成型制品的空隙率较小，一般在 0.2% 以下，并且由于不须进行机加工，减少了玻璃钢表面的吸水途径，因此制品的吸水率较低。据层压板水泡试验结果，真空-压力注射制品的吸水率为 0.04%，而手糊制品的吸水率为 0.12%～0.50%，模压制品的吸水率为 0.38%～0.39%，酚醛压制工艺制品的吸水率为 0.45%～1.70%。

该成型工艺由于闭模后模腔空间一定，因而可严格控制树脂含量，实践证明，层合板及其制品树脂含量的精度在 ±1.5% 以内。

其制品的表面质量好，光洁度高，尺寸稳定性和重复性好，根据对层压板厚度实测平均误差，均小于 0.1mm。

2. 真空-压力注射成型工艺过程

该工艺过程，包括检查模具、涂胶模剂、玻璃布套缝合、合模、检查模具气密性、抽真空、配胶、压注、固化、脱模等工序。由于模腔要抽真空，因此模具在铸造时必须保证无砂眼，加工好的模具应仔细检查，对漏气的地方要进行局部修理，成型前需清理模具，除去油污和尘土，然后才喷涂脱模剂，合模后，还须认真检查气密情况。玻璃纤维布或编织套，套在阴模上后，为防止松动，尚须扎紧，合模后需要升温至 70℃，在减压下进行干燥，而后降温至 50℃ 保持一定的时间。

该工艺所用的树脂，除要求有合适的黏度外，尚须要求树脂的凝胶时间要比压注时间至少多 5h 以上。配胶时，将树脂、固化剂及其他助剂，按一定比例先后加入到树脂混合釜内，经充分搅拌均匀后，接通真空系统，抽去树脂内的气泡，加热到注入温度 50℃ 左右。然后，利用压力或泵，将树脂混合物从模具下部压入模腔，当模具上部流出胶液时，表明树脂已充满模腔，可停止压注，封住出胶口。

按固化制度进行固化及后处理，冷却至室温后脱模。

3. 真空-压力注射成型工艺影响因素

该工艺成型方法所用树脂的黏度，直接影响注射压力和生产周期。当树脂黏度较高时，要求注射压力相应增加。树脂黏度太高时，必然要求提高树脂输送管道和模具的耐压程度，从而增加了系统和模具的设计和加工的难度。另外，黏度增加后，注满模腔的时间加长，生产效率相应地也会有所降低。

真空-压力注射成型工艺对模具的要求也十分严格。模具的刚性和内腔偏差太小，均对制品的质量有较大的影响。模具刚性小，在压注过程中会引起模具尺寸的变化，从而导致产品中树脂和纤维的含量不均匀，使制品变形。另外，增强材料的铺层密度均匀与否，对制品的质量也会有很大的影响。

4. 真空-压力注射工艺的开发应用

由于该工艺制品性能较为优异，与手糊、压制工艺相比，其拉伸强度、拉伸模量、弯曲强度、弯曲模量、层间剪切强度、挤压强度等性能指标，均有所提高，因此具有很大的开发前景。

该工艺与国外 RTM 工艺相比，具有独到之处。例如，美国维纳斯设备采用液压注射工艺，利用泵输送胶液，要求树脂黏度在 0.5Pa·s（500 厘泊）以下，超过时成型很困难。而真空-注射工艺对树脂黏度要求不严，在 30Pa·s 以下都可以，最宜范围为 0.2～5Pa·s，国产的不饱和聚酯树脂、环氧树脂、乙烯基酯树脂均可适用。

又如，国外 RTM 工艺所用的增强材料，是连续纤维毡、短切纤维毡、无捻粗纱布、预成型坯或表面毡等，尤以连续纤维毡应用最广。短切纤维毡和无捻粗纱布，由于变形及仿形能力差，通常只能用于制备平板以及形状简单的制品。我国连续纤维毡、短切纤维毡的产量、质量、品种等，目前均存在一些问题，为此近些年来引进的维纳斯液压注射成型机，多数未能发挥设备的作用。而这种真空-压力注射成型工艺所用的增强材料，是国内产量较高的平纹、斜纹玻纤布、无捻粗纱布以及玻纤编织套等，完全适合我国国情，宜于推广使用。

再如，在产品性能方面，国外 RTM 工艺制品的含胶量在 60％以上，其力学性能与手糊相仿，但真空-压力注射工艺的树脂含胶量在 30％～42％，故其力学性能较为优异。

这种真空-压力注射工艺已成功地开发了多种制品，例如，雷达罩、天线、风扇叶片、管道、农用喷雾器等。另外，在发动机叶片、头盔、建筑壁板、贮油罐、汽车部件、座椅、浴盆，以及冲浪板、舢板、滑雪板等方面，也有很大的开发应用前景。

八、注射模塑玻璃钢工艺

注射模塑成型是热塑性塑料成型的一种重要方法。除少数几种以外，几乎所有热塑性塑料都可以用此法成型，某些热固性塑料也可用注射模塑成型。

注射模塑成型方法的特点是能够一次成型形状复杂和尺寸要求精确并带有金属或非金属嵌件的塑料制品，能适应品种繁多的塑料材料，成型周期短，生产效率高，容易实现全过程的微电脑控制。

1. 注射成型工艺过程

注射成型过程可分为加料、塑化、注射入模、保压、冷却和脱模 6 个步骤，注射成型过程实质上是塑料材料的塑化、流动和冷却过程。

塑化是指塑料进入料筒内经加热软化到流动状态并具有良好可塑性的过程。

流动与冷却是指柱塞或螺杆推动具有流动性的塑料熔体注入模腔开始，经熔体在模腔内流动注满型腔，在保持一段压力后，再经冷却固化定型，直到制品从模腔内脱出为止的全过程。

塑料熔体在模腔内的流动情况可分为四个阶段：充模、压实、倒流和浇口冻结后的冷却。模腔内压力高于流道内压，从而造成了模腔中心尚未熔化的塑料熔体倒流。

2. 注射成型的前后处理

为了使注射过程顺利进行，并保证产品质量，除了对模具和设备做好准备外，还须对制品的原料和嵌件进行前处理，对成型后的制品进行后处理。

（1）原料的预处理　成型前，为使注射过程顺利进行和保证产品质量，须对原料（粒料）进行干燥处理。例如利用热风循环烘箱或红外线加热烘箱干燥。

（2）嵌件的预热　塑料制品内常有金属嵌件，为了保证塑料与嵌件结合牢固，防止嵌件周围塑料出现裂纹，须预先对嵌件进行加热，以减少金属嵌件和塑料热收缩率差别的影响。预热温度以不损伤金属表面的镀层为限，常为 $110\sim140℃$，对表面无涂层的铝或铜合金件，可预热到 $150℃$ 左右。

（3）料筒的清洗　当变换塑料种类和颜色以及发现塑料中有分解现象时，都需要对注射机的料筒进行清洗或拆换。

（4）脱模剂的选用　除聚酰胺塑料外的一般塑料均可用硬脂酸锌，而聚酰胺类塑料可用液体石蜡。对于硅油，各种塑料均可选用。无论用哪一种脱模剂都应适量，过少效果差，过多则影响外观和强度，透明件上会出现毛斑或混浊现象。

九、连续波板玻璃钢工艺

玻璃钢波形板是建筑工业中用量最大的一种产品。常见的生产技术有手糊和喷射成型，但是存在诸多问题。始于法国的波形瓦连续生产技术陆续在欧美、日本工业化。本文对玻璃钢波形板（波形瓦）连续制板生产工艺的工艺过程及相关的原材料进行了简要介绍。

玻璃钢波形板是建筑工业中用量最大的一种产品。主要用于临时建筑工程、工业建筑的屋顶采光及农业温室。与传统的石棉瓦相比，具有重量轻、强度高、耐腐、抗冲击、透光及美观耐久等特点。

玻璃钢波形板分为纵波板和横波板两类，纵波板的波纹方向平行于板的长边，横波板的波纹方向垂直于板的长边。就波纹形状而言，有标准型连续圆弧波，连续异形波纹和不连续异形波纹。

1. 波形板连续制板工艺

玻璃纤维增强不饱和聚酯树脂波形板（波形瓦）和平板，常见的生产技术有手糊和喷射成型，但是存在厚度不均匀、气泡、生产效率低等问题。

连续制板成型技术是由制毡、树脂浸渍、凝胶成型、固化、切割、水洗、烘干等环节组成。这些环节都是由生产线连续完成的，从生产线的一端连续加入玻璃纤维、树脂、催化剂、促进剂；从生产线的另一端切割得到所需要的产品。

玻璃钢波形板（波形瓦）连续生产工艺技术采用的玻璃纤维制品分为两种：一种以无捻粗纱为原料在生产线上直接制毡；另一种是采用玻璃纤维毡为原料进行生产。以无捻粗纱为原料的生产技术复杂，但由于采用专用玻璃纤维纱特殊的分散技术，所以比采用玻璃纤维毡的产品透光率（采光板）、外观好，而且生产成本低。美国 Filon 技术就是这种工艺技术的代表。目前世界上已有十几条采用 Filon 技术的生产线。

目前世界各国的连续生产机组都大同小异，其主要发展趋势是提高生产效率，发展多品种、多规格的大宽幅产品。美国菲隆玻璃钢波形板机组，可在同一条生产线上生产几十种不同断面形状的板材。日本则有生产 2 米以上板材的连续机组。

2. 连续制板成型工艺过程

（1）下薄膜开卷　在牵引作用下移动，树脂从高位槽中流入配料桶。当与其他组分均匀混合后，经滤网过滤流至下薄膜。树脂胶液在刮刀的作用下，在薄膜上形成一层均匀的胶液层。涂好胶液的薄膜继续移动，进入沉降室。无捻粗纱，通过四辊切割机切成定长纤维后，通过吹风口变为松散状自由落撒在胶液层上，形成均匀的短切纤维毡。为了增加毡的强度和防止短切纤维牵动，在毡上应铺置数条纵向连续纤维。

（2）覆盖上薄膜　在数排钢丝刷的作用下，经过几道压辊和刮板，纤维毡被树脂浸渍并排除其中的气泡而形成夹层玻璃毡预浸带——"夹芯带"。"夹芯带"移动经过成型模板，逐渐形成所要求的波纹。在波纹预成型后，经装有红外灯辐射加热的预热炉，使其预热后进入稳型固化区。稳型固化区设有三段加热炉。经稳型固化后，由卷取机构将上、下覆盖的薄膜收回，供下次重复使用。制品的水平运动是由牵引来完成的。最后由横向切割装置和纵向切割装置将连续的波板割成一定长度和宽度的制品。

3. 连续制板成型工艺原材料及参数

（1）原材料的选择　原材料选择主要根据产品的使用要求而定，根据国内情况，通用型波形板多采用 191♯ 不饱和聚酯和中碱玻璃纤维；透明波板多采用 195♯ 不饱和聚酯树脂及无碱玻璃纤维。玻璃纤维浸润剂多采用增强型浸润剂。

（2）胶液的参考配方　生产玻璃钢波形板的参考配方如下（质量比）：

191♯ 不饱和聚酯树脂　　　　　　　　　　　　　　100 份

50%过氧化环己酮的二丁酯糊	1～2 份
50%过氧化二苯甲酰的二丁酯糊	1～2 份
1%萘酸钴的苯乙烯溶液	0.3～1 份
颜料糊	0.2 份

为改善产品表面的耐磨损性能和抗老化性能，在制品的表面附上一层0.20mm左右的胶衣树脂。

（3）固化温度的确定　对不饱和聚酯树脂而言，不同的配方，应采用不同的固化制度。在生产之前要做出不同树脂的放热固化曲线，供确定固化温度时参考，就191♯不饱和聚酯树脂的配方而言，采用80～90℃为宜。一般分三段温度区加以控制。

（4）固化炉的加热方式　在第一段炉中，由于树脂受热后有大量的可燃气体逸出，为避免火灾，一般不采用电阻丝加热，而采用电热管或蒸汽加热比较安全。炉体上部应有排风除尘设备。后两段可采用强制循环热空气加热，以保证炉内温度场均匀。

第八节　解决玻璃钢成型难题的条件

一、概论

玻璃钢复合材料挤出制品的质量及产量不仅取决于挤出设备的制造技术，更主要的是受到被加工材料的性能，挤出操作条件，挤出过程故障和制品缺陷的在线监测水平，挤出控制系统方式和控制精度，设备的保养水平等因素的影响。在挤出过程中出现的许多问题并不完全是由于设备的制造质量出现的问题，而主要在于玻璃钢复合材料加工企业的管理人员或现场操作人员对设备性能及操作、保养规范，材料加工性能和工艺条件以及周围环境条件对加工过程的影响等方面缺乏基本的、全面的、正确的认识。

二、有效的前提条件

解决玻璃钢制品质量问题处理过程有效的前提条件：首先在解决一种特殊挤出问题之前，处理事故的技术人员应该着手解决确定的问题，快速和准确地诊断某个发展中的挤出机问题，以减少停工期或废品数量。合适的检测仪表和对挤出过程的深刻的认识是有效检测和解决问题的重要条件。

对于一个有效的问题处理过程其重要的前提条件有以下几点。

1. 合适的检测仪表

在很大程度上，挤出过程是一种黑箱过程，看不见挤出机内部正在发生着什么，只能观察到材料进入挤出机和材料从挤出口模中出来，因为这一部分被挤出机螺缸遮掩了。因此，主要依赖于精确的传感器及检测仪表来确定挤出机内部的状况，来监测出重要参数的变化。

2. 认识玻璃钢挤出过程与成型过程

对玻璃钢挤出过程的完整认识对于有效解决挤出问题是必要的，例如玻璃钢复合材料的特性，挤出机器的特点，检测仪表和操作，挤出机内部工作原理，螺杆和挤出机头等。正确的操作以便生产出良好的产品。如果一台挤出机被错误地操作，可能会生产出不合格的产品或造成设备的损坏及人员的伤害。

玻璃钢成型过程一般采用冷固化，固化温度不低于 $10 \sim 15 ℃$；有时为了加速不饱和聚酯树脂的固化，可适当加热固化（$20 \sim 25℃/6 \sim 8h$，$60 \sim 80℃/4 \sim 6h$）。

应注意原材料的易燃性，绝不能把催化剂和加速剂直接混合，否则会发生猛烈的爆炸性反应。通常配料时应先把不饱和聚酯和引发剂（催化剂）混合搅拌均匀，然后再用移液管加入加速剂搅拌均匀。配剂须随配随用，由于胶凝较快，操作必须迅速，一般须在 30min 以内用完。

不饱和聚酯树脂的贮存期在 20℃ 时为 6 个月，操作温度不低于 10℃。树脂黏度太大时，可加适量（小于 10%）苯乙烯稀释。

3. 收集和分析历史记录数据

为了明白一个过程不能正确进行的原因，必须将当前的工作条件与以前正常工作时的条件进行比较，这种方法被认为是一种时间信息方法。所收集的这些数据不仅包含了挤出机的工作信息，如温度，压力，电机载荷，线速度，螺缸尺寸，螺杆尺寸等，还包含了有关材料的信息以及可能影响这一过程的其他参数。

时间信息的构成是基于过程正常运行一定时间的基础上。因此必须存在有一个或几个造成挤出过程混乱的可以确认的变化。这里的任务就是要鉴别这些变化，改正这些变化，并使挤出过程回到正常状态。时间信息产生过程开始于过程稳定期的某一时刻，结束于挤出过程出现问题的某一时间，甚至与挤出过程间接关联的也被列于这种时间信息中。一旦时间信息完成，它将成为鉴别问题产生原因的有效工具。

另外应该指出的是，并不是所有的因素都能导致一个当前的问题。在某些情况下，在一种变化的一些影响因素变为明显之前，可能存在着一个相当长的酝酿期。当然，这样使检测和处理问题的过程变得复杂了，牢记不要轻率地下结论这一点是很重要的。

4. 有关设备情况的完整信息

当一台玻璃钢复合材料的挤出机开始出现问题时，能掌握有关这台设备的完整情况是很重要的。挤出机应该很好地维护保养，完整的保养记录应该可用于对这台设备各种零件情况的评估。应该遵守挤出机供货商所制定的保养建议，以确保良好的操作状态。

5. 有关原料的完整信息

一台挤出机的性能同时受到玻璃钢复合材料的原料特性和机器的特性所决定。影响挤出过程的原料性能包含宏观流动性能，熔体流动性能和热性能。

宏观流动性能：积密度，可压缩性，粒子尺寸，外摩擦系数，内摩擦系数以及凝聚倾向等。

熔体流动性能：剪切黏度，拉伸黏度。

热性能：比热容，玻璃化转变温度，晶体熔点，熔融潜热，热导率，密度，降解温度。

当玻璃钢复合材料的变化影响到确定材料挤出行为的一个或几个聚合物特性时，这种变化将在挤出中产生问题。为了一个材料相关的挤出问题，一种实际的试验方法是挤出一些原先批号的材料，以观察问题是否消失。如果确实属于这种情况，强烈地表明这个问题与材料有关。如果相关材料的变化是长期的，则应该调整工艺条件，以适应材料的变化。

三、玻璃钢的分层工艺与张力问题

1. 玻璃钢分层工艺

分层是一种高级工艺说。分层固化的工艺方法是这样进行的。在内衬上先成型一定厚度的玻璃钢壳体，使其固化，冷至室温经表面打磨再缠绕第二次。这样依此类推，直至缠到满足强度设计要求的层数为止。

厚壁容器的强度低于薄壁容器，这一事实已从理论上得到了证实。随着容器容积的增加，压力的提高，壁厚也随之增加。造成玻璃钢厚壁容器与薄壁容器的强度差异。除力学分析的原因外，从玻璃钢容器制造角度看还有以下几点：

随着容器壁厚增加、缠绕层数增多，要求纤维的缠绕张力愈来愈小，使整个容器中纤维的初张力偏低，这将影响容器的变形能力和强度。

由于容器是分几次固化的，所以纤维在容器中的位置能及时得到固定，不致使纤维发生皱褶和松散，使树脂不致在层间流失，从而提高了容器内外质量的均匀性。在内压作用下，它们有统一的变形，承受相同的应力，而又无层与层之间的约束，彼此能自由滑移。这样就充分发挥了薄壁容器在强度方面的优越性。为有效地发挥厚壁容器中的纤维强度，分层固化是一个有效的技术途径。分层固化的容器，好像把一个厚壁容器变成几个紧紧套在一起的薄壁容器组合体。

铝板点焊机，随着容器厚度增加，内外质量不均匀性增大。

2. 玻璃钢的张力设计

这是因为后缠上的一层纤维由于张力作用会使先缠上的纤维层连同内衬一起发生压缩变形，使内层纤维变松。严重者可使内层纤维产生皱褶、内衬鼓泡、变形等屈服状态。这样将大大降低容器强度和疲劳性能。采用逐层递减的张力制度后，虽然后缠上的纤维对先缠上的纤维仍有削减作用，但因本身的张力较小，就和先一层被削减后的张力相同，这样就可保证所有缠绕层自内至外都具有相同的变形和初张力。

容器充压时，纤维能同时受力，使得容器强度得到提高。使纤维强度能更好地发挥，纤维缠绕制品获得高强度的重要前提是使每束纤维受到均匀的张力，即容器受内压时，所有纤维同时受力。假若纤维有松有紧，则充压时不能使所有纤维同时受力，这将影响纤维强度的发挥。

张力大小也直接影响制品的胶含量、密度和孔隙率。张力制度不合理还会使纤维发生皱褶、使内衬产生屈服等，将严重影响容器的强度和疲劳性能。假若采用不变的张力制度，将会使容器上的纤维呈现内松外紧状态，使内外纤维的初应力有很大差异，容器充压时纤维不能同时均匀受力。缠绕张力应该逐层递减，会产生很好的效果。

四、玻璃钢的环境与自然腐蚀破坏

玻璃钢是复合防腐材料中最具代表性的一种。玻璃钢是由树脂基体和有机纤维结合构成的复合材料。玻璃钢形成过程中，有机纤维起到了支撑骨架的作用，树脂在不饱和官能团作用下发生固化，并起到外层保护的作用。

（1）玻璃钢的受腐蚀过程　玻璃钢在被放置入腐蚀性环境后，腐蚀性介质会通过玻璃钢表面的间隙和气孔等缺陷，浸入树脂基体的内部引起玻璃钢的溶胀，随后腐蚀性介质将逐渐渗透到树脂基体与有机纤维的结合面，引起树脂基体与有机纤维之间的脱离，这就是玻璃钢被腐蚀的过程。

玻璃钢的腐蚀过程实际上就是其被介质渗入、浸蚀和剥离的过程。由此可以明白，玻璃钢的耐腐蚀性是与树脂的耐腐蚀耐渗透性、树脂与有机纤维间的结合性能及有机纤维本身的耐腐蚀性这三个因素相关的。

（2）玻璃钢的被腐蚀因素　玻璃钢所采用的树脂基体在固化后仍存在有酯键，这些酯键的性能和数量会决定了树脂基体的耐腐蚀性，若酯键数量多则在腐蚀性环境中易受到水解破坏，则树脂基体的耐腐性低，反之耐腐蚀性高，因此树脂基体酯键数量和水解难易程度是决定玻璃钢耐腐蚀性的重要因素。玻璃钢的树脂基体与有机纤维的界面结合性能也会影响玻璃钢的耐腐蚀性能。玻璃钢的界面浸润性越好意味着树脂基体与有机纤维的结合越稳固，在腐蚀过程中越不容易发生脱离，则玻璃钢制品的耐腐蚀能力也就越高。

（3）环境与自然腐蚀破坏　当玻璃钢在溶液中受应力作用时，发生下列作用：

① 当溶液渗透到玻璃钢的界面中黏结不良的地方或裂纹处时，将引起界面黏结力的削弱或破坏；在应力的作用下，界面可能会出现脱黏、剥落等破坏现象，这些破坏行为为溶液进一步腐蚀开通了捷径。

② 溶液引起树脂基体的溶胀，溶胀的不均匀使树脂基体产生了内应力，而且溶液还会引起某些树脂基体降解，导致树脂基体的强度降低；在低于正常破坏条件的应力作用下，将引起树脂基体破坏，树脂基体的破坏使玻璃钢中没有腐蚀的部分逐渐暴露于酸液里，加快了玻璃钢的腐蚀。

③ 溶液的侵入导致玻璃钢中微裂纹的生成和扩展，还会引起大尺寸裂纹的扩展和传播，同时应力的作用使裂纹的生成、扩展和传播加剧。

④ 溶液与玻璃纤维进行离子交换，离子交换使玻璃钢表面收缩而产生内应力，降低玻璃纤维的强度，在低于正常强度的应力作用下，玻璃纤维就会断裂。

上述作用也与化学介质的性质有关：非溶剂型介质（醇类和非离子型表面活性剂等表面活性介质）对高聚物的溶胀作用不严重。介质只能渗入材料表面层中的有限部分，产生局部增塑作用；溶剂型介质对材料有较强的溶胀作用。这类介质进入大分子之间起到增塑作用，使链段易于相对滑移，从而使材料强度严重降低，在较低的作用力下即可发生应力开裂；强氧化性介质（如浓硫酸、硝酸等）与高聚物发生化学反应，使大分子链发生氧化分解，在应力作用下，就会在少数薄弱环节处产生银纹，银纹中的空隙又进一步加快介质的渗入，继续发生氧化裂解，最后在银纹尖端应力集中的地方大分子链断链，造成裂缝，发生开裂。这种开裂产生银纹很少，但在较弱的应力作用下可使极少的银纹迅速开展，导致脆性断裂。这类开裂称为氧化应力开裂。在应力条件下的腐蚀破坏是溶液和应力耦合双重作用的结果。溶液降低玻璃钢的力学性能，使其容易被应力破坏；应力对玻璃钢的破坏使溶液更加顺利地进入未腐蚀的部分进行腐蚀。就这样溶液和应力既是循环又是同时相互推进，加快了玻璃钢的破坏。

五、玻璃钢的自然老化种类及原因

在一些因素的协同作用下，如光、热和氧存在的环境下，水解反应、水的塑化和玻纤/树脂界面脱黏得到进一步加速并且各反应变得更复杂。

玻璃钢的自然环境老化是利用自然大气环境条件或自然介质进行的老化。主要包括大气老化、埋地老化、仓库存储老化，海水浸渍老化、水下埋藏老化等。自然环境老化结果更符合实际，所需费用较低而且操作方便，是国内外广泛采用的方法。

对于高分子材料来说应用最多的还是自然气候曝晒老化。自然气候曝晒实验就是将试样放置于自然大气环境下曝晒。而自然环境老化又根据老化形式和时间的要求又分为直接曝露、间接曝露和自然加速老化。

（1）直接曝露　这是最普通的一种自然气候老化方式，即将老化试样直接放置在自然环境中，尽可能地使实验条件与最终使用环境一致。目前我国关于直接自然气候曝晒的实验方法主要有光解性塑料户外曝露实验方法、涂层自然气候曝露试验方法和塑料自然气候曝露试验方法。

（2）间接曝露　根据样品的实际使用环境，利用相关的工具，模拟出实际使用环境老化的一种老化方式，主要适用于不暴露在室外的产品和材料，其中主要包括玻璃钢下的曝露老化和黑箱曝露老化。目前我国关于间接曝露的试验方法主要有硫化橡胶在玻璃下耐阳光曝露试验方法和塑料在玻璃钢板过滤后的日光下间接曝露试验方法。

（3）自然气候加速老化　是通过强化某些环境因素的方法来加速老化的试验。主要解决直接曝晒试验的周期长的问题，主要包括跟踪太阳反射聚能加速老化（EMMA）及在其基础上发展出来的老化方式，如玻璃钢框下跟踪太阳反射聚能加速老化（EMMAQUA）。但在制定自然环境加速老化和选择试验方法时，首先要考虑其模拟性的问题，即老化机理一致，在此基础上，再尽可能提高加速倍率。

六、玻璃钢材料老化的原因及增强材料

要求选择的材料能赋予玻璃钢良好的力学性能，要有较好的耐水性和耐腐蚀性，同时还应满足船舶工艺的要求。用于制造玻璃钢船舶的材料主要有增强材料、基体材料、芯材以及辅助材料等。

玻璃钢材料在军工、航天、造船等行业应用广泛，为了了解各种树脂材料的耐老化性能，国内外进行了大量的玻璃钢长期曝露或加速老化试验，对玻璃钢材料的老化规律已经有了一定的认识。

玻璃钢在大气中老化的原因是：树脂硬化后继续收缩，使其与纤维分离，造成强度降低，当温度变化时，纤维和树脂的膨胀和收缩引起层间分离造成强度降低，紫外线使树脂变化，风、雨和砂等的机械损伤造成强度损失。玻璃钢在水中性能的下降是由于水的吸附作用和大分子的水解。玻璃钢在酸碱化学介质中的腐蚀是由于化学介质的扩散和向树脂基体的渗透，以及由此所引起的基体化学降解

和物理腐蚀。玻璃钢烟囱多作为套筒烟囱的内筒，除筒首外受日光和大气的影响较小。另外，玻璃钢烟囱主要用于脱硫后的湿烟囱，处于潮湿和酸性环境。

针对玻璃钢烟囱的使用环境，玻璃钢烟囱树脂优先选用环氧树脂或改性的环氧树脂，增强材料选用耐酸耐水性能优异的 E-CR 型玻璃。在玻璃钢烟囱设计时，可通过合理的铺层构造和在结构设计时考虑玻璃钢性能随时间衰减的折减系数来确保玻璃钢烟囱的耐久性。玻璃钢长期性能的折减可参考 BS4994 等标准和厂家的试验资料。

玻璃钢复合材料具有天然的低温防腐优势，十分适合用于燃煤电厂脱硫后的湿烟囱。在美国玻璃钢排烟筒占有 10%～15% 的市场率，已有 30 多年的应用经验，国内对玻璃钢结构的设计、加工和制作方面也积累了丰富的经验，完全能满足玻璃钢烟囱的设计和施工需要。

相信随着大家对玻璃钢材料认识的深入和不断的探索实践，玻璃钢烟囱必将物尽其用，为燃煤电厂湿烟囱设计思路的拓展、为我国电力行业清洁能源的发展发挥应有的作用。

七、玻璃钢力学性能不稳定性的具体表现

手糊玻璃钢制品常常会出现各种各样的问题，在长期的工作实践中，上海馨艺艺术景观总结了以下 10 个常见的问题和解决方法奉献给同行参考。

手糊玻璃钢制品最常见的问题有起皱、针眼、胶衣树脂剥落、发黏、纤维显露、起泡、开裂或龟裂、白化、制品变形、硬度差和刚性低。下面对每个问题进行一一总结。

1. 起皱

胶衣制品经常发生的现象。是由于在施加辅层用树脂之前，胶衣树脂固化不完全，使辅层树脂中的单体部分溶解了胶衣树脂，引起膨胀，产生皱纹。

解决方法：①控制胶衣层厚度，使其在 $0.3～0.5mm$，$400～500g/m^2$。②胶衣树脂完全固化后再加辅层树脂。③树脂的成分、催化剂的加入量、颜料糊对固化的影响都要严格控制。④环境温度要控制在 20℃左右。

2. 针眼

凝胶前小气泡进入树脂中会引起针眼，模具表面有灰尘也会引起针眼。

解决方法：①模具表面无灰尘。②保证树脂的黏度。③选用正确的脱模剂，脱模剂选用不当，可造成胶衣层不能很好地浸湿，从而引起针眼。④加催化剂和颜料糊时应防止空气混入树脂。⑤喷枪功率太大也会产生针眼。⑥催化剂过量使其过早凝胶会产生气泡从而产生针眼。

3. 胶衣树脂剥落

由于胶衣树脂与层叠制品之间黏结不好引起的，在制品脱模过程中敲打也会出现。

解决方法：①模具表面多抛光几次，使胶衣树脂不会黏附在模具上。②避免使用软的、能渗透胶衣树脂的石蜡。③在铺敷之前保持胶衣表面清洁，否则会使辅层用树脂与胶衣树脂黏结不好。④在开始辅层时控制好胶衣树脂的固化时间。不能固化很长时间后才开始辅层。⑤控制好凝胶时间。太短了，不能充分压实。

4. 发黏

暴露于空气中的制品表面，由于固化不完全而发黏。

解决方法：①避免在寒冷、潮湿条件下铺敷。②用空气干燥的树脂作最后涂层。③尽可能增大催化剂促进剂用量。④提高固化温度。⑤在外涂层加石蜡油或石蜡。

5. 纤维显露

脱模后玻璃毡通过胶衣层显露出来。

解决方法：①胶衣层太薄，增加胶衣层厚度或者在胶衣层和层压材料之间放一层细毡。②在胶衣层充分固化前开始铺敷。③脱模不能太快。④层压制品内放热温度太高。可以减少催化剂-促进剂的用量，也可以改换催化剂。

6. 起泡

会在表面出现。可能是在脱模后的很短时间或者在后固化期间，也可能在脱模后的几个月内出现。是由于空气或溶剂夹在胶衣树脂和层压材料之间，也可能是选错了在特殊条件下应用的树脂或增强材料造成的。

解决方法：①使用时玻璃纤维浸渍不充分，要充分压实。②材料、胶衣层被水或清洗剂污染，应保证刷子或压辊干燥。③使用不当的催化剂高温固化，改换催化剂。

7. 开裂或龟裂

这种情况一般是很快就发生或固化几个月后出现。在树脂表面出现细裂纹，光泽变暗。

解决方法：①胶衣层太厚，应保持在 0.4mm 左右。②树脂选择不当。③催化剂用量不当。④过量的苯乙烯加到胶衣层上。⑤树脂固化不完全。⑥树脂中加入的填料过量。

8. 白化

表面出现起霜现象。

解决方法：①胶衣树脂固化不完全，是否因为厚度不合适，促进剂、催化剂用量不正确。②使用颜料或填料不当。③填料、颜料过量。

9. 制品变形

制品脱模后变形。

解决方法：①制品脱模时固化不完全。②增强肋强度不够。③在脱模之前，把富树脂层涂在制品的背面，保持胶衣层的平衡。④改进制品设计，抵消弯曲应力。

10. 硬度差和刚性低

由于制品固化不完全引起。

解决方法：①检查促进剂和催化剂的用量。②避免在寒冷和潮湿情况下铺敷。③确保玻璃毡在干燥条件下保存。

上述 10 种情况是手糊玻璃钢制品中最普遍、最常见的问题。

八、手糊玻璃钢生产工艺的质量控制

玻璃钢产品采用手糊成型法，首先在模具上刷一层胶液，然后铺一层玻纤布进行排气，再刷第二层胶液，铺第二层布，用刮板轻轻将布刮平，排除气泡，防止玻纤布皱折，以后依此类推，进行操作，直到所需厚度为止。玻纤布的铺设方向采用纵横交叉法，玻纤布的搭接缝为 5cm，每层布的搭接缝应相应错开，错开距离应不大于 15cm，在整个成型过程中，玻璃钢产品的树脂含胶量应控制在 52％以内，使产品厚度均匀，树脂无淤积和漏胶等现象。

玻璃钢产品成型完毕后，应在室温下（20℃左右）放置一天（24h），再采用红外线进行升温加热，加热应均匀，不允许局部过热，也可在室温下放置 20 天以上，待其自然固化。

脱模应采用铁锤、木锤或橡胶锤等工具进行轻轻敲打，以免损伤产品，影响产品的层间黏接力或与骨架的粘接强度，然后清理干净转入下道工序。

按技术文件规定的要求，有的玻璃钢产品须进行钻孔、预埋金属或用螺钉连接时，则应采用环氧树脂胶粘牢，密封填平，以保证产品质量。

玻璃钢产品内、外表面须用砂纸打磨，铲除毛刺，涂刷内、外表面胶液层，再用水砂磨光，使其光顺、平滑。

九、玻璃钢木制品制作中主要的一些问题

使用玻璃钢制品之前，需要使用滚筒移除气泡。如果不将气泡移除掉，模具

强度将会降低，可导致模具生产的产品易于弯曲，至少会减少产品的尺寸。玻璃纤维层涂于模具的表面，旨在提高产品强度。玻璃纤维和树脂凝固后，可将模具移开。使用楔型物将模具从母模中移开。而这里所说的母模，就是产品实样，即客户所希望生产产品的精确复制品。在模具上制作的胶衣层可应用于母模上玻璃钢制品，涂抹一层润滑剂非常重要，制造完毕，这层润滑剂可有助于模具顺利从母模中脱落下来。一般情况下，这些润滑剂是一些蜡状物质，有时也使用其他一些材料用作润滑剂玻璃钢制品。模具脱落后，蜡状物润滑剂对模具造成的损害最小。

玻璃钢制品家具较传统的木质家具具有机械性能优异、光泽和手感好、耐火性好、刚度大、寿命长、耐腐蚀、耐湿热、不怕烫、防霉菌、耐水、防火等优点，特别是不含有人造板家具中对人体有害的甲醛等挥发物质，产品质量符合国家标准，其防火性能满足国家消防装备质量检测中心的测试标准要求。

玻璃钢制品家具制造技术将欧式家具的豪华、高雅、富丽以及我国古典的装饰艺术与玻璃钢制品成型技术有机地融为一体，玻璃钢制品不仅可用以生产各式家具，而且还能用以生产各种规格型号的工艺雕花、装饰花线、高级艺术木线和罗马柱、大厅吊顶以及仿实木雕花门、防火门等。

第二章

玻璃钢制品检测处理问题的工具

第一节　玻璃钢制品检测常用标准与检测的意义

一、玻璃钢检测的意义

玻璃钢性能检测的目的是为了正确掌握材料的各种性能。这对工艺选材、产品质量控制、改进工艺过程、了解材料的加工性能及使用范围、评价和合理应用玻璃钢材料、研究影响材料性能的因素、改善材料性能的途径、为产品设计提供正确数据等方面都有重要意义。因此，玻璃钢的性能检测对玻璃钢的研究、试制、生产及发展均起着重要的作用，在整个玻璃钢行业中检测是必不可少的一步。

二、玻璃钢常见检测项目

力学性能：弯曲强度、拉伸强度、抗压强度、冲击强度等；
化学性能和耐介质性能等：如耐水性、耐溶剂性、耐碱性、耐油性等；
热学性能：导热系数、热变形温度、燃烧性能、可燃物含量等；
其他性能：如比重、硬度、密度、树脂含量、吸水性、耐磨耗性等；
抗老化性能：耐气候光老化（氙灯、紫外灯、碳弧灯，自然曝晒），湿热老化、盐雾老化、高低温测试等。

三、玻璃钢常用标准

DL 802.2—2007—T　电力电缆用导管技术条件　第 2 部分：玻璃纤维增强塑料电缆导管

GB/T 1040.5—2008　塑料　拉伸性能的测定　第5部分：单向纤维增强复合材料的试验条件

GB/T 1447—2005　纤维增强塑料拉伸性能试验方法

GB/T 1448—2005　纤维增强压缩

GB/T 1449—2005　纤维增强弯曲

GB/T 1451—2005　纤维增强塑料简支梁冲击

GB/T 1462—2005　纤维增强塑料吸水性试验方法

GB/T 1463—2005　纤维增强塑料密度和相对密度试验方法

GB/T 1634.2—2004　塑料　负荷变形温度的测定（热变形）第2部分：塑料、硬橡胶和长纤维增强复合材料

GB/T 2573—2008　玻璃纤维增强塑料老化性能试验方法

GB/T 3139—2005　纤维增强塑料导热系数试验方法

GB/T 8924—2005　纤维增强塑料燃烧性能试验方法　氧指数法

GB/T 9914.2—2001　增强制品试验方法　第2部分：玻璃纤维可燃物含量的测定

JC/T 782—2010　玻璃纤维增强塑料透光率试验方法

GB/T 2577—2005　玻璃纤维增强塑料树脂含量试验方法

GB/T 16422.1—2006　塑料实验室光源暴露试验方法　第1部分：总则

GB/T 16422.2—2014　塑料实验事光源暴露试验方法　第2部分：氙弧灯

GB/T 16422.3—2014　塑料实验室光源曝露试验方法　第3部分：荧光紫外灯

GB/T 16422.4—2014　塑料实验室光源曝露试验方法　第4部分：开放式碳弧灯

GB/T 2573—2008　玻璃纤维增强塑料老化性能试验方法

GB/T 2574—1989　玻璃增强纤维材料湿热试验方法

第二节　玻璃钢制品的常规测试

一、玻璃钢的差热热重分析 DTA/TG 原理

差热分析，简称DTA，是将被测试样加热或冷却时，由于温度导致试样内部产生物理或化学变化，追踪热量变化的一种分析方法。热重分析，简称TG，是将被测试样加热，由于温度导致试样重量变化的分析方法。综合热分析仪是具有微机数据处理系统的热重-差热联用热分析仪器，是一种在程序温度（等速升

降温、恒温和循环）控制下，测量物质的质量和热量随温度变化的分析仪器。常用以测定物质在熔融、相变、分解、化合、凝固、脱水、蒸发、升华等特定温度下发生的热量和质量变化，广泛应用于无机、有机、石化、建材、化纤、冶金、陶瓷、制药等领域，是国防、科研、大专院校、工矿企业等单位研究不同温度下物质物理、化学变化的重要分析仪器。

差热分析作为一种重要的热分析手段已广为应用，它可以研究高聚物对热敏感的各种化学及物理过程，物理变化如玻璃化转变、晶型转变、结晶过程、熔融、纯度变化等；化学变化如加聚反应、缩聚反应、硫化、环化、交联、固化、氧化、热分解、辐射变化等。须指出，由于高聚物的物理或化学变化对热敏感的特性是很复杂的，所以常需要结合其他实验方法如动态力学试验、气质联用等对差热分析热谱图进行深入研究，从而进一步探讨高聚物的结构和性能间的关系。

仪器由热天平主机、加热炉、冷却风扇、微机温控单元、天平放大单元、微分单元、差热放大单元、接口单元、气氛控制单元、PC 机、打印机等组成。

实验时，将试样和惰性参比物（在测定的温度范围内不产生热效应的热惰性物质，常用 α-氧化铝、石英粉、硅油等）置于温度均匀分布的坩埚（样品池）的适当位置，将坩埚（样品池）组合于加热炉中，控制其等速升温或降温。在此变温过程中，若试样发生物理或化学变化，则在对应的温度下吸收或放出热量改变其温度，使试样和参比物之间产生一定的温度（ΔT）。将 ΔT 放大，记录试样与参比物的温度 ΔT 随温度 T 的变化，即 $\Delta T \sim T$ 曲线。此曲线通常称为差热曲线或差热热谱。

刚开始加热时，试样和参比物以相同温度升温，不产生温度差（$\Delta T = 0$），差热曲线上为平直的基线。当温度上升到试样产生玻璃化转时，大分子的链段开始运动。试样的热容发生明显的变化，由于热容增大需要吸收更多的热量，因而试样的温度落后于参比物的温度，产生了温度差，于是差热曲线上方出现一个转折，该转折对应的温度即玻璃化转变温度（T_g）。若试样是能结晶的并处于过冷的无定形状态，则在玻璃温度以上的适当温度进行结晶，同时放出大量的热量，此时试样温度较参比物上升快，差热曲线上表现为放热峰。再进一步加热，晶体开始熔融需要吸收热量，试样温度暂时停止上升，与参比物之间产生了温度差，其差热曲线在相反方向出现吸热峰。当熔融完成后，加于试样的热能再使试样温度升高，直到等于参比物的温度，于是二者的温度差又为零，回复到基线位置，将熔融峰顶点对应的温度记作熔点（T_m）；继续加热试样可能发生其他变化，如氧化、分解（氧化是放热反应，分解是吸热反应）。因此，根据差热曲线可以确定高聚物的转变和特征温度。

二、玻璃钢的力学性能测试方法和相关检测仪器

（1）熔体流动速率 热塑性塑料熔体质量流动速率和熔体体积流动速率的测

定 GB/T 3682—2000

相关检测仪器：熔融指数仪

（2）悬臂梁冲击性能塑料悬臂梁冲击试验方法 GB/T 1843—1996

相关检测仪器：悬臂梁冲击试验机

（3）简支梁冲击性能硬质塑料简支梁冲击试验方法 GB/T 1043—93

相关检测仪器：简支梁冲击试验机

（4）拉伸性能塑料拉伸性能试验方法 GB/T 1040—2006

相关检测仪器：试验机

（5）弯曲性能塑料弯曲性能试验方法 GB/T 9341—2000

相关检测仪器：试验机

（6）压缩性能　塑料压缩性能试验方法 GB/T 1041—2000

相关检测仪器：试验机

（7）注射成型收缩率热塑性塑料注射成型收缩率的测定 GB/T 15585—1995

相关检测仪器：尺寸变化率测定仪

（8）维卡软化温度热塑性塑料维卡软化温度（VST）的测定 GB/T 1633—2000

相关检测仪器：维卡软化温度测定仪

（9）热变形温度塑料弯曲负载热变形温度试验方法 GB/T 1634—2004

相关检测仪器：热变形试验机

（10）燃烧性能塑料燃烧性能试验方法氧指数法 GB/T 2406—93

相关检测仪器：氧指数测定仪　塑料燃烧性能试验方法水平法和垂直法 GB/T 2408—1996

（11）拉伸性能塑料薄膜拉伸性能试验方法 GB 13022—91

相关检测仪器：电子万能试验机

（12）撕裂性能塑料直角撕裂性能试验方法 QB/T 1130—1991

相关检测仪器：电子万能试验机

三、玻璃钢制品的密度检测

塑料制品的密度是指单位体积内所含物质的质量数。单位为 kg/m^3 或 g/cm^3。

检测试验采用浸渍法。

① 准备工作。

② 取清洁、无裂缝、无气泡塑料制品（管、板、棒），质量不大于 30g。

③ 天平（精确度不低于 0.001g）。

④ 直径小于 0.13mm 的金属丝。

⑤ 浸渍液为蒸馏水或煤油（被测物密度小于 $1g/cm^3$ 的选用煤油为浸渍液），

温度为（23±0.5)℃。

（1）检测试验方法

用天平检测塑料制品用金属丝分别吊挂在浸渍液中和在空气中的质量。则按实际测量被检测物分别在空气中、浸渍液中的质量和浸渍液的密度值，可计算出被检测制品试样的密度。

即
$$\rho = \rho_{液}(G-g)/(G-G1)$$

式中　$\rho_{液}$——在标准温度下浸渍液密度，g/cm^3；

　　　G——试样和金属丝在空气中的质量，g；

　　　$G1$——试样和金属丝在浸渍液中的质量，g；

　　　g——金属丝在空气中的质量，g。

（2）检测试验注意事项

① 此检测试验方法不适合薄膜和泡沫塑料制品。

② 浸渍液中不许有杂质和气泡。

③ 注意防止静电影响。

④ 注意工作环境和浸渍液温度的稳定。标准规定为（23±2)℃。

⑤ 检测试样浸入液体后，上端与液面距离不小于10mm。

四、玻璃钢产品的老化试验方法

1. 概述

所谓人工光源（实验室光源或人工气候）曝露试验方法，是通过模拟和强化大气环境中一些主要致老化因素，达到人工加速目的的老化试验方法。由于实际生产中对材料耐候性的评估的急切需求，一些人工光源设备被用来加速老化。这些光源包括：（经过滤的）宽频氙弧灯、荧光紫外灯、金属卤化物灯（metal halide lamps）和开放式碳弧灯；还有一些不经常使用的光源，它们包括：汞蒸气灯、钨灯（tungsten lamp）。我国1997年颁布的国家标准 GB/T 16422—1.2.3（等效 ISO 4892，1994）中规定了最常用的氙灯、荧光紫外灯、开放式碳弧灯三种光源的曝露试验方法。

2. 通则

（1）结果的偏差　鉴于材料在真实环境中老化的复杂性（日光辐射的特性和能量随地点、时间而变化，湿度、温度的周期变化等），为减少重复曝露试验结果的差异，在特定地点的自然曝露试验应至少连续曝露两年。经验表明，实验室光源与特定地点的自然曝露试验结果之间的相关性，只适用于特定种类和配方的材料和特定的性能，和其相关性已为过去试验所证实了的场合。

（2）试验目的

① 通过模拟自然阳光下长期曝露作用的加速试验，以获得材料耐候性的结果。为了得到曝露全过程完整的特性，需测定试样在若干曝露阶段的性能变化。

② 用于确定不同批次材料的质量与已知对照样是否相同的实验。

③ 按照规定的试验方法评价性能变化，以确定材料是否合格。

（3）试验装置　实验室光源曝露试验的装置一般应包括试验箱（包括光源、试样架、润湿装置、控湿装置、温度传感器、程序控制装置等）、辐射测量仪、指示或记录装置等几个主要部分及其必要的辅助配套装置。

（4）试验条件的选择　实验室光源曝露试验条件的选择主要包括：光源、温度、相对湿度、及喷水（降雨）周期等。它们的选择依据及一般确定方法如下。

① 光源的选择　光源的选择是整个试验的核心部分，其原则有二：一是要求人工光源的光谱特性与导致材料老化破坏最严重的日光能量分布相近，即模拟性好；二是要求在尽量短的时间内获得近似于常规自然曝露的结果，即加速效果好。

若考虑试验结果的准确性，在材料敏感的紫外区，氙灯的光谱特性与日光的最为接近，是目前公认的理想光源。但考虑氙灯老化箱运转的成本，紫外荧光灯也许更适合我国一些中小企业和普通高校做老化试验研究。而用于灭菌或其他用途的高压或低压汞灯在没有适当滤光片时，含有大量自然光中没有的紫外成分，不适合一般的老化实验。这里的"一般"指大气层内使用的塑料制品的老化实验，因为模拟的都是穿过大气层的紫外辐射。用这些试验方法模拟宇航用塑料制品，理论上会有一定误差。

② 温度的选择　空气温度的选择，应以材料在使用中遇到的最高温度为依据，比之稍高一些，常选 50℃左右。黑板温度的选择以材料在使用环境中材料表面的最高温度为依据，比之稍高，多选（63±3）℃。

③ 相对湿度的选择　相对湿度对材料老化的影响因材料的品种不同而异，以材料使用环境所在地年均相对湿度为依据，通常在 50%～70%范围选择。

3. 国内外标准

国内外在人工光源试验方法上也已经做了很多研究，下面是 ISO 和 ASTM 已经制订的一些试验方法标准。

标准编号 ISO 4892—1,2,3,4

GB/T 16422 塑料-实验室光源曝露方法

（1）通则

（2）氙弧灯

（3）荧光紫外灯

（4）开放式碳弧灯

ASTM G26　非金属材料氙弧灯曝露设备操作标准（有或无喷淋）

ASTM G53　非金属材料浓缩荧光紫外灯曝露/喷淋设备推荐操作

ASTM G151　非金属材料（实验室光源）加速测试设备曝露标准操作

4. 试验仪器的准备

氙灯和荧光紫外灯中，荧光紫外灯操作简便且已使用一段时间，运行比较稳定；但氙灯老化箱尚处于试运行阶段，且控制复杂，各项操作还有待熟悉，实验室环境还不完全符合操作手册的要求。

（1）氙灯老化箱　氙灯老化箱存在的问题主要是：因测试箱温度过高经常导致的自动停机。

水的问题的主要原因应是自来水中矿物质含量过高，可考虑增加一套预过滤装置。测试箱温度过高，根据操作手册第四章所述，可采取的措施有：检查鼓风机是否工作、检查节气阀、进行辐射校准、提高箱温上限、重置测试箱安全调温器。

一般所做的工作有：①安装排气系统。一般按操作手册要求设计制作了排气系统。系统采用具有过流保护的三相交流电机，排气罩按要求位于仪器上方46cm。②制作试样背板。本试验采用的均为透明薄膜，氙灯老化箱对透明试样加背板的测试还处于空白。背板能在多大程度上加强辐射，还没有相关的数据。特别加一组有背板试样作为比较。

（2）紫外老化箱　紫外老化箱的准备存在的问题主要是由于其试样架过长，做羰基指数测试时须拆下试样，那样可能对试样造成不必要的破坏，影响测试数据的准确性。另外做一个可伸缩或折叠的试样架，经过试验把氙灯老化箱用的试样架挂在紫外老化箱试样架上，可以保证试样在试样过程中相对位置不变，满足羰基指数测试和测试方法比较的要求。

一般所做的工作有：①清洗灯管、测试箱。由于水质太差，灯管上积有一层硬质水垢。虽然仪器在灯管外部测光强，水垢对辐射的影响不大，但长时间使用会缩短灯管的寿命。可用稀硫酸擦去灯管表面水垢。另外，喷淋系统用的也是自来水，大多数喷头均不能有效将水分散均匀喷在试样上，这样必然会带来一些误差。因此，将每一个喷头均拆开清洗，解决了喷水不均的问题。②制作背板。[与（1）的②相同]

（3）试验设定

① 紫外老化箱（见图 2-1）没有预置相关标准的功能，可设置的参数较氙灯为少，为便于比较，把主要参数设定为与氙灯相近：

所用灯管：Q-Panel Lab 生产 UVA-340

测试箱温度：45℃（氙灯为40℃，但紫外灯最低为45℃）

辐射：$0.5W/m^2/nm$

图 2-1　紫外老化箱

喷水周期：18min

无喷水周期：102min

② 每隔一段时间取样，记录取样时的曝露时间，进行性能测试。

五、国内常用阻燃型的玻璃钢性能实验方法

1. 炽热棒法

炽热棒法（GB 2407—80）适用于评定在试验试室条件下硬质塑料的燃烧性能。

（1）实验装置

炽热棒试验仪包括底座，支架，炽热棒，立柱，试验夹，平衡重锤，定位棒等部分。炽热棒由碳化硅制成，其炽热部分直径 8mm，长 100mm，水平固定在绝缘板上，以便于炽热棒离开或接触试件。炽热棒用电加热，稳定温度为 950℃。炽热棒支架上的平衡重锤用于调节炽热棒与试样端面的接触压力（0.3N）。

（2）试验方法

① 试件制备

每组试验需五个试件，每个试件表面要求光滑无缺欠，长 125mm，宽 10mm，厚 4mm。

② 试验步骤

在试样宽面距点火端 25mm 和 100mm 处，各划一条标线。将试样水平固定在试件夹中。

将炽热棒加热到 950℃，在转动支架使炽热棒与试件接触，并开始计时。3min 后将炽热棒与试件转离。从开始计时起详细观察试件有无可见火焰，如试件有燃烧，则记录火焰前沿从第一标线到第二标线所需的时间。并计算其燃烧速度。

$$v = 75/t \, (\text{mm/min})$$

若火焰前沿未达到第二标线之前就熄灭，则记录燃烧长度。

$$S = 100 - L$$

式中，L 为从第二标线到未燃部分的最短距离，mm。

③ 结果评定

每个试样结果按下列规定归类

1）GB 2407—80/Ⅰ：没有可见火焰。

2）GB 2407—80/Ⅱ：火焰的前沿到达第二标线之前熄灭，应报告试样燃烧长度（如燃烧长度为 50mm，则报告为 GB 2407—80/Ⅱ-50mm）。

3）GB 407—80/Ⅲ：火焰前沿到达或超过第二标线，应该报告燃烧速度（如燃烧速度为 20mm/min，则报告为 GB 2407—80/Ⅲ-20mm/min）。

试验结果以五个试样中数字最大的类别作为该材料的评定结果，并报告最大

的燃烧长度或燃烧速度。

2. 水平燃烧试验方法

水平试验法（GB 2408—80）是在实验室条件下测试试样水平自支撑下的燃烧性能。

（1）试验装置

试验在燃烧箱内进行，箱体左内侧装有一支内径为 9.5mm 的本生灯。其内右侧有固定试件的试件夹。本生灯向上倾斜 45°，并装有进退装置。试验用燃气为天然气、石油气或煤气，并备有 s 表及卡尺。

（2）试验方法

① 试件制备　每种材料需 5 个试件，每个试件要求平整光滑，无气泡，长（125±5）mm，宽（13.0±0.3）mm，厚（3.0±0.2）mm，对厚度为 2～13mm 的试样也可进行试验，但其结果只能在同样厚度之间比较。

② 试验步骤　首先在试样的宽面上距点火源 25mm 和 100mm 处各划一条标线，再将试件以长轴水平放置，其横截面轴线与水平成 45° 角固定在试件夹上。在其下方 300mm 处放置一个水盘。

点燃本生灯，调节火焰长度为 25mm 并成蓝色火焰，将火焰内核的尖端施用于试样下沿约 6mm 长度。并开始计时，施加火焰时间为 30s。在此期间内不得移动本生灯，但在试验中，若不到 30s 时间试件已燃烧到第一标线，应立即停止施加火焰。

停止施加火焰后应作如下观察记录。

1）2s 内有无可见火焰；

2）如果试样继续燃烧，则记录火焰前沿从第一标线到第二标线所用时间 t，求其燃烧速度 v：

$$v = 75/t (mm/min)$$

3）如果火焰到达第二标先前熄灭，记录燃烧长度 S：

$$S = (100 - L) mm$$

式中，L 为从第二标线到未燃部分的最短距离，精确到 1mm。

观察其他现象，如熔融，卷曲，结碳，滴落及滴落物是否燃烧等。

③ 结果的评定

每个试验按下列归类

1）GB 2408—80/Ⅰ：试样在火源撤离后 2s 内熄灭。

2）GB 2408—80/Ⅱ：火焰前沿在到达第二标线前熄灭，此时应报告试样燃烧长度 S（如燃烧长度为 50mm，报告为 GB 2408—80/Ⅱ-50mm）。

3）GB 2408—80/Ⅲ：火焰前沿到达或超过第二标线，此时应报告燃烧速度 v（如燃烧速度为 20mm/min 报告为 GB 2408—80/Ⅲ-20mm/min）。

试验结果以 5 个试件中数字最大的类别作为材料的评定结果，并报告最大燃烧长度或燃烧速度。

3. 垂直燃烧法

垂直燃烧法（GB 2409—84）是在规定条件下，对垂直放置具有一定规格的试样施加火焰作用后的燃烧进行分类的一种方法。

（1）试验装置

试验是在内部尺寸为 329mm×329mm×780mm 的燃烧箱内进行。燃烧箱顶部开有直径 150mm 的排气孔，为防止外界气流对试验的影响，在距箱顶 25mm 处加一块顶板，燃烧箱右侧装有试件夹支座，并使试件固定后能处于燃烧箱中心位置。箱体左侧装有向上倾斜 45°的本生灯一个。固定在控制箱的水平滑道上。箱体下部放置一个放脱脂棉的支架。其他备用的还有 s 表及卡尺。

（2）试验方法

① 试件　每组试样需 5 个试件，要求平整光滑无气泡。长（130±3）mm，宽（13.0±0.3）mm，厚（3.0±0.2）mm。制好的试件应在标准气候条件下调节 48h。

② 试验步骤　试件垂直固定在试件夹上，试件上端夹住部分为 6mm。放好脱脂棉。在距试件 150mm 处点燃本生灯，调节火焰高度为（20±2）mm，并呈蓝色火焰。将本生灯中心置于试件下端 10mm 位置，火焰对准试件下端中心部分。开始计时。当对试件施加火焰 10s 后移开火源，记录试件有焰燃烧时间，试件有焰燃烧熄灭后，按上述方法再施加火焰 10s，分别记录移开火焰后试件有焰燃烧和无焰燃烧时间。

③ 结果评价　将试件的燃烧性能分为 FV-0，FV-1，FV-2 三级。

如果一组 5 个试样中有一个不符合表中要求，应再取一组试样进行试验，第二组 5 个试样应全部符合要求。如果第二组仍有一个试样不符合表中相应要求，则以两组中数值最大的级别作为该材料的级别。如果试验结果超出 FV-2 相应要求，则该材料不能采用垂直燃烧法评定。

六、常用玻璃钢制品燃烧测试法

1. PMMA（亚加力/有机玻璃）

（1）收缩率 0.4%～0.7%，遇火易燃烧，火焰接近无烟，火熄后会冒烟，火焰蓝而带黄，发出香甜水果味，有少许烟雾，火种离开后仍会燃烧，停机不需要用其他料进行清洗。

（2）室温 24h 后，吸水 0.3%，如有必要可焗 75℃/2～4h。用原料喷塑烘干 2h，当加入水口料或天气潮湿（2～5 月份）焗 3h。

（3）模温应为 60℃，射嘴≥5mm，熔胶温度为 210℃～270℃，如温度为

260℃时，料停留时间不能超过 8min。

（4）温度设定。后：150～210℃、中间：170～230℃、中：180～250℃、前：180～275℃、咀：180～275℃、模：60～90℃。

（5）可用慢速射胶（避免产生高度内应力，宜采用多级注塑或渐进的速度，产品厚宜慢速）。

（6）螺丝转速配合周期：背压越低越好。

2. ABS（常称超不碎胶）

（1）收缩率 0.4％～0.8％，加 20％GF 玻纤，后为 0.2％～0.4％。

（2）底色为象牙色或白色，热熔黏度随温度上升而稳步下降，熔点为 175℃。

（3）燃烧时会产生黄色带黑烟的火焰，发出类似橡胶的浓烈碱味，一般级别易燃，不能自动熄灭。

（4）室温 24h 内吸水 0.2～0.35％，如有必要可焗 80℃/2～4h。用原料啤塑烘干 2h，当加入水口料或天气潮湿（2～5 月份）焗 4h。（注：须严格遵守货物先进先出的管理制度）。

（5）模温最好 60℃，热流道模具不适用于防火级 ABS。

（6）尽可能使用慢速回胶，低温机筒为低背压。

（7）抗冲击级：需要 220～260℃，以 250℃ 为佳。

电镀级：需要 250～275℃，以 275℃ 为佳。

抗热级：需要 240～280℃，以 265～270℃ 为佳。

防火级：需要 200～240℃，以 220～225℃ 为佳。

透明级：需要 230～260℃，以 245℃ 为佳。

含玻纤级：需要 230～270℃，模温 60～95℃。

（8）在 265℃ 下，机筒停留不能超过 5～6min，280℃ 时不能超过 2～3min。

（9）ABS 料在机筒停留时间过长，炮筒过热会使 ABS 制品顶出时无问题，但可能会在保存期内产生褐色或茶色条纹，停留时间差异或周期不定会造成制品在贮存期内发生变色。

（10）射速：防火级用慢速（免分解），抗热级用快速（降低内应力），要生产出最佳产品，即有高度光泽，要采用高速多级的注塑速度，料要干爽，熔胶及模具温度要高。

（11）螺丝转速：最好慢速（配合周期）低背压。

（12）ABS 料在 40～100℃ 下性质仍可保持不变，热变温度为 100℃。

3. POM（常称赛钢）

（1）物料性质：即使在 50℃ 下，其抗冲击力仍保持良好，POM-H 有最大冲击强度，翘曲强度，抗疲劳及坚硬度，POM-K 有较佳的遇热稳定性，抗碱、抗热水性，以上两者属晶体，吸水率低，收缩率小。

（2）POM为高度晶体（约80℃）的物料，收缩程度颇高，但会减少塑后收缩（精密制品要用高模温才可生产出稳定的产品）。

（3）POM燃烧呈淡蓝色，滴下胶液，残余物料和烟雾不多，熄火后发出强烈的甲醛气味，POM-H的熔点为175℃，POM-K的熔点为164℃。

（4）POM焗料85℃/2～3h。POM-H/POM-K可用215℃（190～230℃），绝不能超过240℃。用原料啤塑烘干2h，当加入水口料或天气潮湿（2～5月份）时焗料3h。

（5）如设备优良（没有熔胶阻塞点），POM-H可在215℃下停留35min，POM-K可在205℃下停留20min，不会出现分解。要小心清理，把废料投入冷水中，在模塑温度下，熔胶不能在机筒内停留超过20min，POM-K可在240℃下停留7min或210℃下停留20min。

（6）温度设定。后：165～210℃、中间：162～200℃、中：170～210℃、前：180～215燃烧、咀：170～215℃、模：40～120℃。

（7）射速：（填模速度）中及快，太慢会导致剥落，太快又会损坏浇口。

（8）螺丝转速配合周期：背压越低越好，洗机最好用聚烯烃（POLYDEFIN）清理，不能与PVC或防火级共享机筒，就算用也必须彻底清洗干净，否则会发生爆炸。

4. PC（常称防弹胶）

（1）PC属于聚酯类，是由芳香族组合连结而成，燃烧较慢（防火级为V1，甚至是V0）。

（2）收缩性：0.6%～0.8%，含30%玻纤PC有0.3%～0.5%，PC/PBT调配物有0.8%～1%。

（3）不能长期接触60℃以上的热水，PC燃烧时会发出热解气体，塑料烧焦起泡，但不着火，离火源即熄灭，发出稀又薄的苯酚气味，火焰呈黄色，发光呈淡乌黑色，温度达140℃开始软化，220℃熔解，可吸红外线。

（4）焗料：120℃/2～4h，PC/PBT调配物烘110℃，PC/ABS调配物焗110℃/1h，模温为40～90℃，熔胶温度为250℃。用原料啤塑烘干2h，当加入水口料或天气潮湿（2～5月份）时焗料4h。

（5）应定期拆开射胶机检查其熔胶情况，因为气泡沫边会显示在制品表面，可能生产出低质产品（外观仍然很美）。PC/ABS调配物熔胶温度不能超过280℃，PC/PBT也一样，GFPC则介于305～330℃之间。

（6）温度设定。

未增强级：

后：275～300℃、中：280～310℃、中：285～325℃

前：285～315℃、咀：280～310℃、模：80～120℃

增强级：

后：300～315℃、中：305～320℃、中：310～345℃

前：315～330℃、咀：320～330℃、模：70～130℃

（7）机筒停留时间：320℃时会降质，发出二氧化碳，变黄色，机械性质减低，加工温度范围应避免过长，停留时间 PC/PBT 应少于 7min。

（8）射胶速度越快越好，回胶速度要慢，低背压（10BAR）有助于防止气化导致降质。

（9）停机时不能用 LDPE、POM、ABS、PA 洗机，这些料会污染 PC，使其降质，应用 HDPE、PS、PMMA 清理。

（10）勿用火炬清理注塑机金属件，可用 400℃烘热，再用钢丝工具清理。

七、热塑性玻璃钢制品使用测试方法

把试样放在测试机固定底座上的两个支撑上，进行弯曲测试（ASTM D790、ASTM D6272 和 ISO 178）。为了这个测试，横梁的与拉伸测试的运动方向相反，推着而不是拖着试样的非有支撑的中央，直至其弯曲并有可能断裂。更换夹具不但很难保持位置的一致性（这经常影响测试结果），而且也容易碰坏娇贵的部分传感器，对实验员力气也是考验，很多女性难以完成这项工作。在国内，因为很多热塑性塑料在这个测试中不会断裂，按标准测试方法需要计算挠度达到厚度 1.5 倍时的弯曲应力，最常用的是对 4mm 厚的试样弯曲挠度 6mm。

而且夹具的价钱有几百元的，也有油压操作的夹具贵至上千元。所以，尽量少换夹具。有的电子拉力试验机如 LDX-300 型万能材料试验机，三点式弯曲夹具和拉伸夹具设计在一起，就减少了更换夹具的过程。酚醛塑料是用苯酚和甲醛聚合而成的热固性树脂加入各种添加剂混合而成的材料，具有很好的绝缘性，化学稳定性和黏附性。水封器酚醛塑料的主要缺点为色深，装饰性差，抗冲击强度小。主要用于生产层压制品及配制胶黏剂和涂料等。

聚苯乙烯具有一定的机械强度和化学稳定性，电性能优良，透光性好，着色性佳，并易成型。缺点是耐热性太低，只有 80℃，不能耐沸水；性脆不耐冲击，制品易老化出现裂纹；易燃烧，燃烧时会冒出大量黑烟，有特殊气味。聚苯乙烯的透光性仅次于有机玻璃，大量用于低档灯具、灯格板及各种透明、半透明装饰件。硬质聚苯乙烯泡沫塑料大量用于轻质板材芯层和泡沫包装材料。试样如何保持在仪器底部是重要的，因为不同类型的测试需要不同的夹具。

八、玻璃钢塑料制品常用测试方法

1. 机械测试

（1）应力拉伸强度、应变和模量 ASTM D 638（ISO 527）

理解材料性能的基础是有了解关材料在负荷作用下的变化。知道了一定负荷（应力）引起的变形量（应变）后，设计者就可以开始预测产品在工作环境下的情况。拉紧情况下的应力/应变关系广泛应用于比较材料或设计产品的机械性能。

拉伸应力/应变关系是这样确定：一个狗骨形的试样，以恒定速率拉长，记录下所加负荷和伸长量，然后计算应力和应变。

应力	负荷/最初截面积单位	MPa（psi）
应变	（延长长度/原长度）×100%	%
模量	应力/应变	MPa（psi）
弯曲时应力强度	最初最大应力	MPa（psi）
断裂时应力	失效时的应力	MPa（psi）
断裂应变	失效时的应变或最大延长长度	%
比例极限	开始呈现非线性关系时的值	—
弹性模量	比例极限下的模量	MPa（psi）

（2）弯曲强度和模量 ASTM D 790（ISO 178）

弯曲强度用来衡量材料抵抗弯曲的能力，也就是材料的刚度。和拉伸负荷不同，所有的负荷都加在同一方向上。在试样中部加上一个简单的活动支撑梁，产生三点载荷，在标准测试机上，加载头以 2mm/min 的恒定速率压向试样。

通过记录下来的数据画出负荷挠曲曲线，然后计算出弯曲模量。这要用到五个负荷和挠曲并采用曲线刚开始的一段线性部分。

在需要说明弯曲性能时，弯曲模量（应力与应变的比值）是使用最广泛的。弯曲模量相当于应力/应变曲线未变形部分的切线的斜率。

弯曲应力和弯曲模量的值以 MPa（psi）为单位。

2. 冲击测试

在标准测试，如拉伸或弯曲测试中，材料缓慢吸收能量。而在实际生活中，材料经常遭受迅速的冲击：下落物体、突然打击、碰撞、跌落等。冲击测试的目的就是模拟这些情况。Izod 和 Charpy 方法被用来测验试样受到一定的冲击力作用时的状态，并估计其脆性或韧性。但这种数据不能用作元件设计计算时的数据来源。一种材料的典型状态可以通过在不同条件、不同缺口半径和测试温度下测定不同类型的试样而获得。

两种测试都在摆锤冲击实验机上进行。试样夹在夹具上，有一定半径的硬化钢冲击刃的摆锤从预定高度落下，导致试样受到突然负载而剪切。摆锤的剩余能量使它上升，根据下降高度和回升高度的差值可以求得试棒断裂需要的能量。这个测试可以在室温下进行，也可以在低温下进行，以测量低温脆性。试棒的类型和缺口尺寸可以不同。

重物落下冲击测试，如 Gardner 和 Flexed 板的结果与落下重物和支持物的几何形状有关。它们只能用于测定材料相对等级。

除非测试设备和试样的几何形状与最终使用要求一致，否则冲击值不能绝对化。如果失效模式和冲击速度相同的话，通过各种测试方法得到的材料相对等级应该相同。

冲击值的说明——ASTM 与 ISO 比较

冲击性能对试样厚度和分子取向很敏感。ASTM 和 ISO 方法中使用的试样厚度差别可能对冲击值有很大影响。厚度从 3mm 变为 4mm 甚至能够通过分子质量和试样厚度对 Izod 缺口冲击的影响使失效方式发生转变，从塑性转变为脆性性能。但在 3mm 厚度时已经显示出脆性的材料，如矿物和玻璃填充等级的材料不受影响。冲击强化的材料也不会受到影响。

然而必须意识到——材料没有改变，改变的只是测试方法。这里提到的塑性/脆性转变很少在实际生活中出现，零件厚度大多为 3mm 或更小。

Izod 冲击强度 ASTM D 256（ISO 180）

缺口 Izod 冲击测试已经成为比较塑料材料抗冲击能力的标准。然而，这个测试测出的模型零件的性能和实际环境中测出的冲击性能没有相关性。因为材料的缺口敏感性不同，这个测试对某些材料的影响可能会大于另一些材料。尽管它们经常被用来测量材料的抗冲击能力，但这项测试更趋向于测量塑料的缺口敏感性而非其抗冲击能力。测试值被广泛接受为比较材料韧性的参考值。缺口 Izod 测试在确定具有许多尖角的零件，如加强筋和其他增加应力的零件的抗冲击力时效果最好。无缺口 Izod 测试使用同样的负载分布，只是试样上没有缺口（或者说试样被反过来夹紧）。因为没有引起应力集中的部位，这种测试的结果总是高于缺口测试的结果。

ISO 命名反映了试样类型和缺口类型：

♯ISO 180/1A 表示试样类型 1 和缺口类型 A。试样类型 1 的尺寸是长 80mm，宽 10mm，厚 4mm。

♯ISO 180/1U 表示同样的试样类型 1，但反向夹紧（说明没有缺口）。使用 ASTM 方法的试样尺寸相似，缺口半径和高度相同，但长度不同：63.5mm，而且更重要的在于厚度：3.2mm。

♯ISO 的结果定义为破碎试样的以焦耳为单位的能量除以试样的缺口面积。结果的单位为 kJ/m^2。

ASTM 的结果定义为以焦耳为单位的冲击能量除以缺口长度（试样的厚度）。其单位为 J/m。

3. 可燃性测试

UL 94* 总体 可燃性 UL94 等级是应用最广泛的塑料材料可燃性能标准。它用来评价材料在被点燃后熄灭的能力。根据燃烧速度、燃烧时间、抗滴能力以及滴珠是否燃烧可有多种评判方法。每种被测材料根据颜色或厚度都可以得到许多值。当选定某个产品的材料时,其 UL 等级应满足塑料零件壁部分的厚度要求。UL 等级应与厚度值一起报告,只报告 UL 等级而没有厚度是不够的。UL 94 等级总结:

HB 厚度<3mm 的水平试样缓慢燃烧,燃烧速度<76mm/min。

V-0 垂直试样在 10s 内停止燃烧;不允许有液滴。

V-1 垂直试样在 30s 内停止燃烧;不允许有液滴。

V-2 垂直试样在 30s 内停止燃烧;允许有燃烧物滴下。

5V 对试棒燃烧 5 次,每次火焰都大于 V 测试中的火焰,每次持续 5s。燃烧在 60s 内停止。

5VB 试样板被烧穿(产生一个洞)。

5VA 试样板未被烧穿(没有产生洞)——UL 最高等级。

(1) UL 94 HB* 水平测试过程

对可燃性有安全方面的要求时,不允许使用 HB 材料。通常情况下 HB 级的材料不能于电器,但机械或装饰品除外。有时,人们会有误解:非 FR 材料(或没有打算用作 FR 材料的材料)不会自动满足 HB 的要求。尽管最不严格,UL 94 HB 仍是一个可燃性分类等级,必须经测试检测。

(2) UL 94-V0, V-1 和 V-2* 垂直测试过程

垂直测试使用与 HB 检测中相同的试样。燃烧时间、发光时间、何时开始滴落以及下面的棉花是否被引燃都应注明。燃烧滴落被认为是燃烧扩散的主要原因,也是区分 V-1 与 V-2 的标准。

(3) UL 945V* 垂直测试过程

UL 945V 是所有 UL 测试中最严格的,UL 945V 垂直测试过程两个步骤。

步骤一:

垂直安装一个标准可燃性试棒,使其经受五次 127mm 火焰,每次持续 5s。如果此后试棒燃烧时间短于 60s 且液滴不引燃下面的棉花,则通过测试。整个过程要对 5 个试棒进行重复测试。

步骤二:

同样厚度的试样板在水平位置经受同等火焰的测试,整个过程要对 3 个试样板重复进行测试。这个水平测试形成 2 个等级:5VB 和 5VA。5VB 允许产生洞(烧穿)。5VA 不允许产生洞。

UL945VA 是所有 UL 测试中最严格的,特别用于大型办公机械的防火罩。对于那些预期壁厚小于 1.5mm 的产品,应使用玻璃填充材料等级。

(4) CSA 可燃性 CSA C22.2 第 0.6 号,测试 A*

这个加拿大标准协会的可燃性测试的方法与 UL 945V 测试的方法相似。然

而，这个测试更加严格：每次测试火焰要持续 15s。而且在前 4 次火焰测试中，试样必须在 30s 内熄灭；在第五次测试后，火焰在 60s 内熄灭（而 UL945V 的 5 次火焰测试各持续 5s）。

满足 CSA 测试的结果也被认为满足 UL 945V。

（5）有限氧气指数 ASTM D 2863（ISO 4589）*

有限氧气指数用来测量材料在受控环境中的相对可燃性。有限氧气指数是维持热塑性塑料材料火焰时，空气中所需的最低氧气含量。

测试所用气体是外部控制的氮气和氧气的混合物。一个支撑的试样由引火火焰点燃，然后拿走引火火焰。在接下来的过程中，氧气浓度逐渐降低，直至试样不能维持燃烧。有限氧气指数或 LOI 定义为材料可以燃烧 3min 或 50mm 所需的最低氧气浓度。LOI 值越高就越不容易燃烧。这项测试并不反映实际火情下材料的着火危险。

第三节　玻璃钢制品的测试仪器与分析技术

一、玻璃钢制品电子显微镜

简称电镜，是以电子束为照明源，通过电子流对样品的透射以及电磁透镜的多级放大后的荧光屏上成像的大型精密仪器。

电子与物质相互作用会产生透射电子，弹性散射电子，能量损失电子，二次电子，背反射电子，吸收电子，X 射线，俄歇电子，阴极发光和电动力分析技术等。电子显微镜就是利用这些信息来对试样进行形貌观察、成分分析和结构测定的。电子显微镜有很多类型，按工作原理和用途的不同可分为透射式电镜（transmission electron microscope，TEM）和扫描式电镜（scanning electron microscope，SEM）两种基本类型。扫描透射电子显微镜（简称扫描透射电镜，STEM）则兼有两者的性能。

1938 年，德国工程师 Max Knoll 和 Ernst Ruska 制造出了世界上第一台透射电子显微镜（TEM）。

其工作原理是利用电子射线（或称电子束也称电子波）穿透样品，而后经多级电子放大后成像于荧光屏。

其主要优点是分辨率高，可用来观察超微结构。

根据加速电压的大小分为以下 3 种：

（1）一般 TEM。最常用的是 100kV 电镜。这种电镜分辨率高（点 0.3nm，晶格 0.14nm），但穿透本领小，观察样品必须很薄，为 30～100nm。

（2）高压 TEM。目前常用的是 200kV 电镜。这种电镜对样品的穿透本领约为 100kV 电镜的 1.6 倍，可以在观察较厚样品时获得很好的分辨本领，从而可以进行三维观察。

（3）超高压 TEM。目前已有 500kV、1000kV 和 3000kV 的超高压 TEM。这类电镜具有穿透本领强、辐射损伤小、可以配备环境样品室及进行各种动态观察等优点，分辨率也已达到或超过 100kV 电镜的水平。

1952 年，英国工程师 Charles Oatley 制造出了第一台扫描电子显微镜（SEM）。SEM 主要用于观察样品的表面形貌、割裂面结构、管腔内表面的结构等。

其工作原理是利用电子射线轰击样品表面，引起二次电子等信号的发射，经检测装置接收后成像的一类电镜。

扫描电镜具有以下特点：能够直接观察样品的表面的结构；样品制备过程简单，不用切成超薄切片；可以从各种角度对样品进行观察；图像景深大，富有立体感；图像的放大范围广，分辨率也比较高；电子束对样品的损伤与污染程度较小；在观察形貌的同时，还可利用从样品发出的其他信号作微区成分分析，可用来观察样品的各种形貌特征。

依据性能不同主要分为：

（1）一般 SEM。目前一般扫描电镜采用热发射电子枪，分辨率为 6nm 左右，若采用六硼化镧电子枪，分辨率可提高到 4～5nm。

（2）场发射电子枪 SEM。由于场发射电子枪具有亮度高、能量分散少，阴极源尺寸小等优点，这种电镜的分辨率已达到 3nm。场发射电子枪 SEM 的另一个优点是可以在低加速电压下进行高分辨率观察，因此可以直接观察绝缘体而不发生充、放电现象。

（3）生物用 SEM。这种 SEM 备有冰冻冷热样品台，可把含水生物样品迅速冷冻并对冰冻样品进行观察，可以减少化学处理引起的人为变化，使观察样品更接近于自然状态。如要观察内部结构，还可用冷刀把样品进行切开，加温使冰升华，并在其上喷镀一层金属再进行观察，所有这些过程都在 SEM 中不破坏真空的状态下进行。

① 表面分析　表面是指物体的尽端。表面分析是指用以对表面的特性和表面现象进行分析、测量的方法和技术，是扫描电镜最基本、最普遍的用途。通常用二次电子成像来观察样品表面的微观结构、化学组成等情况 。

② 断口分析　扫描电子显微镜的重要特点是景深大，图像富立体感，具有三维形态，能够提供比其他分析手段多得多的信息。扫描电子显微镜所显示的断口形貌从深层次、高景深的角度呈现材料断裂的本质。在材料断裂原因的分析、事故原因的分析以及工艺合理性的判定等方面是一个强有力的手段。

而对复合材料的分析工作中，经常用扫描电镜来观察材料断面，考察改性填料不同配比对其力学性能的影响，为新材料的研发奠定了基础。

③ 纳米材料分析　所谓纳米材料就是指组成材料的颗粒或微晶尺寸在 10～100nm 范围内，在保持表面洁净的条件下加压成型而得到的固体材料。纳米材料具有许多与晶态、非晶态不同的、独特的物理化学性质。其一切独特性能主要源于它的超微尺寸，因此必须首先确切地知道纳米颗粒的尺寸，否则对其研究及应用便失去了根据。扫描电子显微镜因具有很高的分辨率，现已广泛用于观察纳米材料。利用 JSM-6360LV 扫描电镜自带的测量软件可以较精确地测量纳米颗粒大小。

二、玻璃钢制品拉力试验机

玻璃钢制品拉力试验机（见图 2-2）又称拉力机、拉力试验机、电子拉力试验机、万能试验机，它为材料力学性能测量的试验设备，可进行非金属、高分子材料等的拉伸、压缩、弯曲等项目的检测，可满足 GB、ISO、JIS、ASTM、DIN、JG、JT、YB、QB、YD、QC 等国际标准和行业标准，全程数据采集不分档，以进口伺服电机和自主研发的同步带减带系统，驱动滚珠丝杆使整个机台上下位移，平衡、平稳的特点大大加长了试验机的使用寿命和提高了使用效率。联接电脑实现全电脑控制并打印标准试验报告，约 75kg 的重量彻底克服传统材料试验机机台笨重、操作复杂等缺点。

玻璃钢制品拉力试验机采用机电一体化设计，主要由测力传感器、变送器、微处理器、负荷驱动机构、计算机及彩色喷墨打印机构成。

特点：计算机显示器全程显示试验过程、曲线，微机自动传输试验设置与试验数据。用户可按各自要求修改试验报告，输出标准报告。通过对成组试验曲线的叠加分析，可准确掌握质量调控参数。多方式的数据查询功能，可使管理者清晰把握质量控制发展变化趋势。特别设计的软件功能更能使试验者定量掌握试验材料应用过程中关键点的状态参数，准确进行工艺调整与生产控制。

图 2-2　玻璃钢制品拉力试验机

软件功能：

（1）测试标准模块化功能：提供使用者设定所需应用的测试标准设定，范围涵盖 GB、ASTM、DIN、JIS、BS 等。测试标准规范。

（2）试品资料：提供使用者设定所有试品数据，一次输入数据永久重复使用。并可自行增修公式以提高测试数据契合性。

（3）双报表编辑：完全开放式使用者编辑报表，供测试者选择自己喜好的报表格式（测试程序新增内建 EXCEL 报表编辑功能扩展了以往单一专业报表的格局）。

（4）各长度、力量单位、显示位数采用动态互换方式，力量单位元 T、Kg、N、KN、g、lb，变形单位 mm、cm、inch。

（5）图形曲线尺度自动最佳化 Auto Scale，可使图形以最佳尺度显示。并可于测试中实时图形动态切换。具有荷重-位移、荷重-时间、位移-时间、应力-应变荷重-2 点延伸图，以及多曲线对比。

（6）测试结果可以 EXCEL 格式的数据形式输出。

（7）测试结束可自动存档、手动存盘，测试完毕自动求算最大力量、上、下屈服强度、滞后环法、逐步逼近法、非比例延伸强度、抗拉强度、抗压强度、任意点定伸长强度、任意点定负荷延伸、弹性模量、延伸率、剥离区间最大值、最小值、平均值、净能量、折返能量、总能量、弯曲模量、断点位移 $x\%$ 荷重、断点荷重 $x\%$ 位移等。资料备份：测试数据可保存在任意硬盘分区。

（8）多种语言随机切换：简体中文、繁体中文、英文。

（9）软件具有历史测试数据演示功能。

玻璃钢制品拉力试验机技术参数：

（1）规格型号：WD-D3；

（2）最大试验负荷：2500N（5000N 以内力值传感器可任意换）；

（3）测力精度等级：0.5 级；

（4）测力精度：示值的 ±0.5% 以内；

（5）试验速度调节范围：0.001～500mm/min（无级调速）；

（6）速度精度：示值的 ±0.5% 以内；

（7）变形精度：示值的 ±0.5% 以内；

（8）位移精度：示值的 ±0.5% 以内；

（9）有效试验行程：800mm；

（10）有效试验宽度：150mm；

（11）安全装置：电子限位保护；

（12）主机外型尺寸（长×宽×高）：560mm×345mm×1580mm；

（13）电源电机：单相 AC 220V±10%，400W；

（14）主机重量：115kg。

玻璃钢制品拉力试验机的取样

玻璃钢制品拉力试验机的试验样本应为统一宽度和厚度的条形，长度应比夹具间距离长最少 50mm（2in）。样本的额定宽度应不小于 5.0mm（0.20in）、不大于 25.4mm（1in）。宽度和厚度的比至少为 8。过窄的样本会放大样本边缘的应变情况和裂纹。

（1）裁切样本时应尽量避免造成缺口或撕裂等可能使样本过早断裂的缺陷。样本的两边应平行，边缘部分宽度应小于两夹具间样本的长度的 5%。

（2）试验样本的厚度应恒定，当材料厚度小于 0.25mm （0.010in）时，样本厚度应小于夹具间样本的长度的 10%；当材料厚度大于 0.25mm （0.010in）小于 1.00mm （0.040in）时，样本厚度应小于夹具间样本的长度 5%。

（3）如果怀疑材料是各向异性材料，则要分别准备两组样本，其长轴应分别与各向异性的方向平行和垂直。

（4）测量弹性拉伸系数时，应以 250mm （10in）为样本标准长度。本长度被用来尽可能地减小夹具滑动对试验结果造成的影响。当该长度不可行时，在不影响试验结果的前提下，试验区的长度可为 100mm （4in）。但是，在仲裁中仍然应使用 250mm 的长度。在测试较短的样本时，应调节试验速率，使应变速率与标准样本相同。

注：① 一系列循环试验表明，对于厚度小于 0.25mm （10mil）的材料，在夹具的圆面垫上 1.0mm （40mil）吸墨纸测量试验区为 100mm 的样本所得到的结果，与使用平口夹具测量试验区为 250mm 的样本所得的结果一样。

② 对于一些厚度大于 0.25 mm （0.010 in）的高弹性系数材料，很难避免夹具发生滑动。

三、玻璃钢制品万能试验机

玻璃钢制品万能试验机（见图 2-3）作为材料开发、物理性能测试、教学、研究、质量控制等不可缺少的检测仪器，它能对材料进行拉伸、压缩、弯曲、剪切、剥离、刺破 、低周疲劳等力学试验，因此，在市场上受到了各商家的追捧。面对市场上众多的万能试验机品牌，客户怎样才能采购到自己所需要的产品呢？一般来说，选购万能试验机要考虑以下问题。

（1）试验空间的问题　根据样品自身所占用的空间大小和这个样品试验完全结束（成功的试验）所需要的空间，这里面就包含了夹具自身的局限性，不同的样品所配置的夹具有可能是不一样的，还有就是样品再做检测伸长率时所考虑的空间问题。

（2）试验的控制与精度　目前，仪器的控制分为手动控制和电脑控制两种，这也与个人选择和经济方面所需要考虑的问题有关，但是注意一点手动误差大，而在电脑控制方面与它的控制系统有关，一台仪器的精度不仅仅是它的机械上的配置问题，也与它的控制系统有极大的关系，即使这台仪器有很高精度的配置而在控制系统技术方面很落后，那机械配置精度再高都不能测出一个理想的数据。

（3）考虑测试材料（待检测的样品）的力值　样品需要检测的力值范围不同，决定了试验机结构的不一样，但在选择机型前应该要给自己所需要的仪器留一定的空间，不是刚好能做试验的就行。例如，检测某材料的最大力是 1200N，但在选择配置的时候就一定不能选刚好是一般可以选择 1500N 左右的，但是也不能太大，太大了会影响试验的精度。

（4）其他配置问题　这个试验完成需要求得的精确参数要不要配置其他的配置。

图 2-3　玻璃钢制品万能试验机

万能试验机级别的不同调节

万能试验机（UTM）通过不同速度级别的调节，对塑料材料样条进行拉伸、弯曲、压缩或牵引，这是塑料混配实验室中最普通的设备。在混配料的制备过程中，利用 UTM 测试材料能够判断材料是否适用于某些特定的加工应用或终端应用。UTM 还可以用于产品的质量控制，以确保产品质量各个批次之间的一致性。

目前，利用万能试验机所测试的最常见的项目是拉伸强度和拉伸模量、弯曲强度和弯曲模量。按照 ASTM D638 和 ISO 527 进行拉伸试验时，样条的两端都有夹具夹紧，一个夹具是静止的，另一个固定在十字头上，背离固定夹具移动，牵引样条直至样条出现断裂，断裂时十字头会自动停止。弯曲试验时（ASTM D790、ASTM D6272 以及 ISO178），样条被放在试验机固定机床的两个支座上。这个试验中，十字头移动的方向与拉伸试验中移动方向相反，向一个没有支撑的中心推动而不是牵引样条，直至样条弯曲甚至断裂。因为多数热塑性塑料材料不会在这个试验中断裂，所以不可能计算断裂弯曲强度。因而，标准的试验方法要求计算应变为 5% 时的弯曲应力。

UTM 试验机包括一个或多个垂直承载的立柱，立柱上安装一个固定的水平基座，顶部还有一个可移动的水平十字头（十字横梁）。现在的 UTM 试验机，立柱上通常还有滚珠丝杠用以固定可移动的十字头。UTM 的大小用框架的最大承载水平和测量载荷/拉力的测力计来共同表征。测力计附在依靠电动马达或液压装置驱动的可移动的十字头上。带夹具的系列测力计测量力的大小，可以通过数字显示器或 PC 机显示结果。很多 UTM 具有可互换的测力计，因此可以与所测试的不同材料匹配。静态试验利用标准的电子万能试验机来进行，通常加载速度范围为 $0.001 \sim 20 \mathrm{in/min}$（$1 \mathrm{in} = 2.54 \mathrm{cm}$）。动态试验或循环试验如裂纹增长和疲劳试验通常利用液压伺服系统 UTM 试验机来进行，时间较长，载荷较低。

四、玻璃钢制品拉伸强度测量仪

玻璃钢制品拉伸强度测量仪（见图 2-4）专门用于玻璃钢制品、软质包装材料、胶黏剂、胶黏带、不干胶、橡胶、纸张、无纺布等产品进行拉伸试验、抗拉强度与伸长率、拉断力与伸长率、直角撕裂、热封强度、撕裂强度、180°剥离强度（含 T 型）、90°剥离、抗刺穿试验等项目检测。同时可进行定伸应力、弹性模量、应力应变等测试，成组试验曲线叠加分析，可用于食品包装 QS 认证用专业仪器。

图 2-4　玻璃钢制品
拉伸强度测量仪

材料拉力试验机技术指标

规　　格：500N　（50N）

精　　度：0.5 级

试验速度：50、100、150、200、250、300、500(mm/min)

试验宽度：0、30、50(mm)

行　　程：1000mm

五、玻璃钢制品工业的超精密水分分析仪

在塑料注塑成型过程中，若物料中水分含量过高，不但会造成成品机械性能和外观质量下降，严重的更可导致模具受损。

为避免此类情况，加工厂往往根据塑料不同程度的吸湿性，于加工前利用除湿干燥机进行烘干处理。但是，如何准确地判断干燥后塑料内的含水量，这就需要使用高精度和可靠的水分分析仪。

德国赛多利斯推出的超精密塑料工业专用的水分分析仪－Mark 3，可以准确测量塑料内低至 0.005％ 的水分含量，仪器的可读性高达 0.001％，重复性为 $+/-0.1$mg。

Mark 3 利用失重法（Loss On Drying）的测试原理，在完全符合 ASTM D6980 的标准下，与卡尔费休（Karl Fischer）的化学测量法配合，操作时无须使用任何有毒的化学试剂。

卡尔费休滴定法是一个检测水分（water）的方法，是利用化学法测量样品内的水分子（H_2O）量（$2H_2O+I_2+SO_2 \rightarrow 2HI+H_2SO_4$）；而失重法的检测方式，得出的结果仅是一个水分（moisture）的含量，其内包含容易挥发和不易挥发的物质，例如酒精、油脂等，所以其结果曲线会比用卡尔费休滴定法所得的结果为高。

即使再先进的设备也不能保证塑料制品的生产过程万无一失。先进的测试技术不但可以用于最终制品的检测，还是确保生产制造过程高效安全的重要手段。

失重法的好处是操作简单，操作员不需有专业的化学知识；而对于化学法，操作员需要拥有一定的化学知识。可是失重法的测试结果，与测试时的设定温度、时间、样品重量和仪器的稳定性等有关。所以，Mark 3 把卡尔费休的试验结果作为系统软件，优化失重法，从而提高仪器的测试重复性和准确性。

六、玻璃钢管材环刚度试验机

管材环刚度试验机广泛应用于具有环形横截面的热塑性塑料管材和玻璃钢管环刚度的测定，满足 PE 双臂波纹管、缠绕管和各种管材标准的要求，是各科研院所、质量检测部门及管材生产厂家理想的检测仪器。

1. 玻璃钢管材环刚度试验机特点

（1）可以完成管材环刚度、环柔度、扁平等试验。

（2）按键调速、试验力位移数字显示，具有峰值保持，破坏自动停机，过流、过载自动保护功能。

（3）配备内径变形装置，可以精确测量光壁管和波纹管内径的变形。

管材环刚度试验机符合标准：

GB/T 9647—2003 热塑性塑料管材环刚度的测定

GB/T 18477—2001 埋地排水用硬聚氯乙烯双壁波纹管材

GB/T 16800—1997 排水用芯层发泡硬聚氯乙烯管材

GB/T 1947 埋地用聚乙烯结构壁管道系统

GB/T 165—2002 高密度聚乙烯缠绕壁结构管材

GB/T 838—1998 玻璃纤维缠绕增强热固性树脂夹砂压力管

GB/T 16491、GB/T 5836 等标准的规定

ISO 9697、ISO 9969、ASTM D2412

2. 管材环刚度试验机主要技术参数

最大负荷：20kN；

测量精度：±1%；

速度范围：1～500mm/min；

速度精度：±2%；

位移测量精度：±1%；

位移分辨率：0.1mm；

有效压缩空间：0～600mm。

七、玻璃钢制品压力强度测试仪

1. 仪器

（1）主机

该机采用单空间门式结构，下空间拉伸，压缩，弯曲。横梁无级升降。传动部分采用圆弧同步齿形带，丝杠副传动，传动平稳，噪声低。特别设计的同步齿形带减

速系统和精密滚珠丝杠副带动试验机的移动横梁运动，实现了无间隙传动。

（2）附具：

标准配置：楔型拉伸附具、压缩附具、弯曲附具各一套。

（3）电气测控系统：

① 采用日本交流伺服驱动器和交流伺服电机，性能稳定、可靠，具有过流、过压、超速、过载等保护装置。

② 具有过载、过流、过压、位移上下限位和紧急停止等保护功能。

③ 内置式控制器，保证了该试验机可以实现试验力、试样变形和横梁位移等参量的闭环控制，可实现等速试验力、等速位移、等速应变、等速载荷循环、等速变形循环等试验。各种控制模式之间可以平滑切换。

2. 测试仪检验标准

（1）GB/T 164911996 电子式万能试验机。

（2）GB 261192 试验机通用技术要求。

（3）GB/T 6825.1—2002 静单轴试验机的检验第 1 部分：拉力和（或）压力试验机测力系统的检验与校准。

（4）GB/T 12160—2002 单轴试验用引伸计的规定等。

3. 测试仪工作环境要求

（1）室温在 10～35℃ 范围内，其温度波动应不大于 2/h；

（2）电源电压的变化应不超过额定电压的 10%，电源频率 50Hz；

（3）试验机周围应留有不小于 0.7m 的空间，工作环境整洁、无灰尘；

（4）试验机在无明显电磁场干扰的环境中；

（5）试验机在无冲击、无震动的环境中；

（6）试验机使用环境相对湿度低于 80%；

（7）试验机周围环境无腐蚀介质。

4. 试验机

玻璃钢产品广泛地用于下水道、工艺检测显微镜。

5. 管道的选用

在设备维修方面，玻璃钢产品广泛地用于工厂下水道、工艺过程的循环系统、冷凝管线、为保证产品质量避免铁质污染的软水管道、漂白系统以及许多其他地方。

选用管道的标准　在输送腐蚀性流体的管道装置中，应考虑下列因素：强度和耐蚀性能、管子的成本、管件的成本、绝缘性、是否易于安装、接管费用、管道系统连续使用的能力、管道系统的预计使用期、易于改动和修理、现场贮存。

6. 安全性能评价

强度和耐腐蚀性能 管道应具有最大耐腐蚀性的同时还要有足够的强度，以承受操作压力和不合理的使用。玻璃钢管道的这些重要性质是不可分割的。管道组成材料和制造方法决定了成品管道的强度和耐腐蚀程度。

大量耐化学腐蚀性能良好的聚酯树脂和环氧树脂很适合制造化工设备。选择特定树脂主要根据所处条件而定。对于氧化性酸，选择反式丁烯二酸双酚 A 树脂或氯化聚酯是有效的。所选的各种树脂可有效地防止特定化学介质的腐蚀。然而，也不能忽视其他的一些树脂，必须继续进行另外一些树脂的试验程序。

对于管子结构中的玻璃/树脂比有各种看法，有的提高到 $75\%\sim80\%$ 玻璃比 $15\%\sim25\%$ 树脂。用这个比例能制得强度极高的管道，可减少管壁厚度，而且产品的价格比其他类型的玻璃钢管子低。

评定玻璃/树脂比从极大到较适中的一切等级和所有类型的玻璃增强环氧管道和玻璃增强聚酯管道。目前可以认为玻璃/树脂比为 $25\%\sim40\%/60\%\sim75\%$ 时，可得到最大的耐腐蚀性和最大强度。玻璃钢管子中的树脂是提供耐腐蚀性，而玻璃是提供强度的。按这些规范制造的管子仍然具有 10∶1 的安全系数。

有关研究部门试验表明：在腐蚀十分严重的情况下，含 75% 玻璃和 25% 树脂的制件，在较短的时间内，强度大幅度降低，甚至比含 $25\%\sim40\%$ 玻璃和 $60\%\sim75\%$ 树脂的层压制品脆。最近缠绕技术、树脂浸渍和结构方法上的进展似乎已改善了这种情况。作者进行的试验表明：玻璃含量高的层压制品经过腐蚀条件下周期达三年的现场检验，仍保留极高的强度。这个试验是采用复合制品或两部分层压制品。实践表明：若 E 级玻璃遭受腐蚀性溶液侵蚀到可觉察程度，玻璃含量高的管子将迅速地损裂。

若干试验表明：当玻璃纤维一旦暴露，玻璃含量高的管子在几个月内就要损坏。管道中的玻璃增强材料常常必须用大量树脂覆盖住，以免介质腐蚀。工业上能恰当地使用高强度化学级的玻璃纤维作为玻璃钢管子的增强材料。

第四节 玻璃钢制品的树脂含量的测定

一、概述

1. 树脂对玻璃钢整体强度的影响

玻璃钢是由玻璃纤维和树脂组成的复合材料，玻璃纤维是玻璃钢中的主要承力部分，而树脂则是玻璃钢的基体，它能把松散的玻璃纤维黏结成整体，在复合材料结构中树脂还能起应力传递作用，因此树脂对玻璃钢整体强度的发挥起着重要作用。

（1）树脂与纤维的比例必须适当，树脂含量过高，则玻璃钢强度下降；树脂含量过低，纤维黏结不好，不能正常发挥玻璃钢强度，而且气密性、耐腐蚀性能都要下降。同时不同类型产品对树脂含量要求也不相同。一般缠绕制品树脂含量偏低，而手糊制品偏高。

（2）树脂含量的测定的必要性 玻璃钢树脂含量的测定方法可以检验玻璃钢产品质量，另一方面树脂含量也是工艺设计中必不可少的参数之一。所以对玻璃钢中树脂含量进行测定是必要的。

2. 玻璃钢树脂含量的测定方法

（1）化学腐蚀法 利用化学溶液在一定条件下使树脂基体完全分解而不过分地腐蚀纤维从而计算出树脂含量。常用的化学溶液有硝酸、硫酸、二甲基亚砜等。

（2）其他方法 可采用热解重量分析法、计算法、显微镜法及空气灼烧法。通常情况下采用空气灼烧法。因为本方法操作方便，所用设备简单，实验方法重复性好，易于推广。

目前其他先进复合材料在各个领域的应用也越来越广泛。如碳复合材料（CFRP）、有机纤维复合材料（AFRP）及几种纤维混杂材料组成的复合材料。这些材料的树脂含量测定均与玻璃钢不同，由于这些纤维存在着灼烧会氧化问题，因此多采用溶液消化法或几种方法结合进行树脂含量测定。

本方法可参照 GB 2577 玻璃钢树脂含量测定，GB 3855 碳纤维增强塑料树脂含量测定及混杂纤维增强塑料纤维含量测定。

二、方法提要

本方法采用灼烧法测定玻璃钢树脂含量。原理：利用在高温下（600±20）℃，玻璃钢试样中树脂能完全灼烧而纤维能保留下来的特点，从灼烧前后试样质量变化计算树脂含量（也可换算成纤维含量）。在试样灼烧过程中，作为增强材料的玻璃纤维通常用辅助剂（如表面处理剂等）在所规定的温度下消去绝大部分，故同树脂含量一起计算。如果玻璃纤维在所选温度下不稳定或玻璃纤维变脆，试样内部有未完全燃烧的树脂，则可适当调整灼烧温度。

三、试验条件

1. 仪器设备

包括能控制在 450～650℃ 且控温精度为 ±20℃ 的马弗炉、感量 0.1mg 的分析天平及瓷坩埚（30mL）、干燥器、坩埚钳等。

2. 试样制备

试样制备参照 GB 1446 纤维增强塑料试验方法总则中有关规定。具体要求：试样质量为 2～5g，试样最大尺寸为 25mm×25mm×5mm，每组 3 个试样。

（1）当试验材料厚度小于 5mm 时，试样厚度取原始厚度；

（2）当试验材料厚度大于 5mm 时，保留原始厚度，取其他方向（长、宽）的尺寸等于或小于 5mm。

（3）蜂窝夹层结构材料的试样制备 应视对树脂含量的要求和蜂窝大小而定，或者先取一个或几个完整蜂窝编为一个试样，然后把蒙皮与芯子分开；或者先把蒙皮与芯子分开，然后分别取样。

（4）对于厚度特别大的制品和夹层结构 取样时可按试验规定的质量和厚度，在有代表性部位酌情分层选取。对于具有不同结构层的管道如果需要可先仔细剥离再小心分层取样，并分别测定树脂含量。

3. 测试前试样应进行预处理

预处理方式可选下列之一：
① 室温干燥器内放置 24h。
② 80℃ 烘箱内干燥 2h。

四、试验方法

（1）恒重 首先恒重坩埚（在 625℃ 下恒重，两次称量结果相差不超过 1mg 即为恒重）并称其质量。精确至 0.1mg。

（2）灼烧 再把称量制备好的试样放在坩埚中，由室温升至 400℃ 恒温 30min。再升至 625℃ 灼烧直到全部碳消失。

（3）干燥、称量 把灼烧后的坩埚及残余物取出放干燥器中冷却至室温，称量，精确至 0.1mg，重复灼烧、恒温、冷却、称量。直到两次连续称量结果相差不超过 1mg 为止。

五、结果计算

玻璃钢树脂质量百分含量计算公式

$$W_r = (m_2 - m_3)/(m_2 - m_1) \times 100\%$$

式中　　W_r——玻璃钢树脂质量百分含量，%；

　　　　m_1——坩埚质量，g；

　　　　m_2——灼烧前坩埚和试样质量，g；

　　　　m_3——灼烧后坩埚和试样残余物总质量，g。

玻璃钢试样树脂含量以三个试样的算术平均值表示。

该公式计算的玻璃钢树脂含量中还包括增强材料的浸润剂及小部分可烧掉的低分子物质，如有必要可用空白试验校正。

六、影响因素

（1）研究发现玻璃钢试样的质量对测试结果没有影响。但试样厚度影响测试结果。

同样尺寸不同厚度的玻璃钢试样，灼烧至树脂完全分解（恒重）的时间是不同的。

厚度 0.5mm 的试样灼烧 20min 试样恒重；厚度 1.0mm 试样需灼烧 60min 才能恒重；而厚度为 1.5mm 的试样灼烧 100min 仍未恒重。说明了树脂没完全分解，而且剥开灼烧后试样发现厚 1.0mm 及厚 1.5mm 的试样中间仍有残余的碳存在。说明了对同样尺寸试样来说燃烧速度只与层厚有关。

试样太厚空气不易进入中间层使之燃烧不完全。所以测定树脂含量的试样不宜太厚，方法中规定样厚等于或小于 5mm 是适宜的。

（2）试样预处理　预处理的目的是除去玻璃钢吸附的水。为了确定预处理方式，首先对玻璃钢的吸湿性进行比较。玻璃钢无论在实验室还是在湿度较大的环境中都有吸湿现象存在。在做精确测定时须经过除湿处理。测试前预处理方式可选下列之一：

① 室温干燥器内放置 24h；

② 80℃烘箱内干燥 2h。

（3）灼烧温度　灼烧温度直接影响测试结果。选择灼烧温度的原则是在该温度下树脂基本要完成分解但对玻璃纤维没有影响。为此，采用相同试样在不同温度下灼烧来选择合适的灼烧温度。试样在 550～600℃灼烧至恒重仅需 10min；在 500℃下灼烧至恒重需 15min 以上；而在 400～450℃下灼烧至恒重需 30～50min，而且灼烧后残余物呈灰色，显然是燃烧不完全。而 600℃下燃烧后的残余物呈白而亮的玻璃丝状。因此，玻璃钢的最终灼烧温度选用 600℃。方法中规定的灼烧制度为：室温升至 350～400℃，恒温 30min，再升到 600±20℃，恒温。直到全部碳消失。采用这种灼烧制度可以解决由于我国南北方气温相差大，马弗炉结构及功率不同等因素而导致的升温速度不同对测试结果产生的误差。

第五节 玻璃钢检测标准、玻璃钢检测报告、玻璃钢检测

一、玻璃钢检测标准

标准编号	标准名称	实施日期
14SS706	玻璃钢化粪池选用与埋设	2014/9/1
CB* /Z 107—1981	尾轴包覆玻璃钢	1982/3/4
CB* 3067—1983	玻璃钢划桨工作艇	1984/5/1
CB* 3163—1984	玻璃钢舱室空腹门	1986/1/1
CB* 3292—1986	玻璃钢船体结构制图	1987/12/1
CB 1029—1983	玻璃钢初发弹药箱	1984/10/1
CB 1200.1—1988	玻璃钢构件的强度计算 单层结构	1989/10/1
CB 1200.2—1988	玻璃钢构件的强度计算 夹层板	1989/10/1
CB 976.2—1987	通用型玻璃钢机动工作艇型式和主要尺寸	1988/10/1
CECS 44—1992	工业厂房玻璃钢采光罩采光设计标准	1992/6/20
CECS：4492	工业厂房玻璃钢采光罩采光设计标准 CECS44：92	
CJ/T 409—2012	玻璃钢化粪池技术要求	2013/1/1
DB21/T 1900—2011	玻璃钢供热管道工程技术规程	2011/8/22
DB31/ 620—2012	玻璃钢制品单位产品能源消耗限额	2012/12/1
DB34/T 2302—2015	电力电缆用玻璃钢/MPP复合护套管	2015/3/3
DBJT 08—1977—1997	住宅玻璃钢电度表箱安装	1996/8/1
DBJT 08—77—1997	住宅玻璃钢电度表箱安装	
GB 13115—1991	食品容器及包装材料用不饱和聚酯树脂及其玻璃钢制品卫生标准	1992/3/1
GB 16413—2009	煤矿井下用玻璃钢制品安全性能检验规范	2010/9/1
GB/T 5009.98—2003	食品容器及包装材料用不饱和聚酯树脂及其玻璃钢制品卫生标准 分析方法	2004/1/1
HG 20520—1992	玻璃钢/聚氯乙烯(FRP/PVC)复合管道设计规定	1992/11/1
HG/T 20696—1999	玻璃钢化工设备设计规定	2001/8/1
HG/T 21504.1—1992	玻璃钢储槽标准系列(VN0.5m3、VN100m3)	1996/3/1
HG/T 21504.2—1992	拼装式玻璃钢储罐标准系列(VN100m3、VN500m3)	1996/3/1
HG/T 21579—1995	聚丙烯/玻璃钢(PP/FRP)复合管及管件	1996/3/1
HG/T 21633—1991	玻璃钢管和管件	1992/1/1
HG/T 21636—1987	玻璃钢/聚氯乙烯(FRP/PVC)复合管和管件	1987/4/7
HG/T 3983—2007	耐化学腐蚀现场缠绕玻璃钢大型容器	2008/4/1
HY/T 067—2002	水处理用玻璃钢罐	2003/2/1
JC 317—1982(1996)	玻璃钢撑竿	1988/10/1
JC/T 988—2006	电缆用玻璃钢保护管	2006/7/1
JG/T 117—1999	不燃型无机玻璃钢通风管道	2000/6/1
JG/T 185—2006	玻璃纤维增强塑料(玻璃钢)门	2006/6/1
JG/T 186—2006	玻璃纤维增强塑料(玻璃钢)窗	2006/6/1
JT/T 257—2013	玻璃钢宜昌舢板	2014/1/1
JT/T 898—2014	公路用玻璃钢电缆支架	2014/9/1

MT/T 1105—2009	锚杆钻机用玻璃钢支腿	2010/7/1
MT 558.3—2005	煤矿井下用塑料管材 第3部分:玻璃钢管材	2006/1/1
MT 558.3—2006	煤矿井下用塑料管材 第3部分:玻璃钢管材	2006/1/1
MT 961—2005	煤矿井下用玻璃钢电缆桥架	2006/2/1
NY/T 2101—2011	渔业船舶玻璃钢糊制工	2011/12/1
QB/T 4064—2010	餐饮用钢化玻璃器皿	2011/3/1
QX/T 193—2013	玻璃钢百叶箱	2013/10/1
SC/T 8061—2001	玻璃钢渔船船体制图	2001/10/1
SC/T 8062—2000	玻璃钢渔船总纵弯曲试验方法	2001/10/1
SC/T 8063—2001	玻璃钢渔船用不饱和聚酯树脂和玻璃纤维制品	2001/10/1
SC/T 8064—2001	玻璃钢渔船施工环境及防护要求	2001/10/1
SC/T 8065—2001	玻璃钢渔船船体结构节点	2001/10/1
SC/T 8067—2001	玻璃钢渔船建造质量要求	2001/10/1
SC/T 8068—2001	渔船玻璃钢舾装件	2001/10/1
SC/T 8111—2000	玻璃钢渔船船体手糊工艺规程	2001/10/1
SC/T 8112—2000	玻璃钢渔船建造检验要求	2001/10/1
SC/T 8119—2001	玻璃钢渔船舾装件安装技术要求	2001/10/1
SC/T 8120—2001	玻璃钢渔船修理工艺及质量要求	2001/10/1
SC/T 8121—2001	玻璃钢渔船油、水舱施工技术要求	2001/10/1
SC/T 8123—2001	木质渔船玻璃钢被覆施工工艺要求	2001/10/1
SC/T 8125—2003	玻璃钢渔船船体密体试验方法	2004/3/1
SH/T 3161—2011	石油化工非金属管道技术规范	2011/6/1
SY/T 0326—2012	钢质储罐内衬环氧玻璃钢技术标准	2012/12/1
SY/T 6946—2013	石油天然气工业 不锈钢内衬玻璃钢复合管	2014/4/1

二、SMC玻璃钢水箱技术要求与标准举例

1. 范围

本标准规定了SMC组合式水箱(以下简称水箱)的定义,标记,技术要求,试验方法,检验规则及包装、运输和贮存。

本标准适用于由SMC水箱单板(以下简称单板)组装成整体,用于贮存生活用水、贮水量 $500m^3$ 以下的水箱。

2. 引用标准

下列标准所包含的条文,通过在本标准中引用而构成为本标准的条文。本标准出版时,所示版本均为有效。所有标准都会被修订,使用本标准的各方应探讨使用下列标准最新版本的可能性。

GB 1447—83 玻璃纤维增强塑料拉伸性能试验方法

GB 1449—83 玻璃纤维增强塑料弯曲性能试验方法

GB 1462—88 纤维增强塑料吸水性试验方法

GB 2828—87 逐批检查计数抽样程序及抽样表(适用于连续批的检查)

GB 3854—83 纤维增强塑料巴氏（巴柯尔）硬度试验方法

GB 5749—85 生活饮用水卫生标准

GB 5750—83 生活饮用水标准检验法

GB 8237—87 玻璃纤维增强塑料（玻璃钢）用液体不饱和聚酯树脂

GB 9685—85 食品容器、包装材料用辅助剂使用卫生标准

GB 13115—91 食品容器及包装材料用不饱和聚酯及其玻璃钢制品卫生标准

GB/T 15568—1995 通用型片状模塑料（SMC）

JC/T 277—94 无碱玻璃纤维无捻粗纱

JC/T 281—94 无碱玻璃纤维无捻粗纱布

3. 定义

（1）SMC 水箱单板　SMC 水箱单板是用 SMC 经过模压而成的特定结构尺寸的产品。

（2）SMC 组合式水箱　SMC 组合式水箱是由 SMC 水箱单板、密封材料、金属件等按一定结构形式组装而成的贮水设备。

4. 水箱结构、外形尺寸和标记

（1）水箱结构及各部分

（2）水箱的长、宽、高应为单板尺寸的整倍数，其高度一般不超过 3m。单板外形尺寸长×宽一般为：500mm×500mm；500mm×1000mm；1000mm×1000mm；1000mm×2000mm。

（3）水箱根据外形尺寸按如下标记：

如装一个长 3000mm，宽 2000mm，高 1000mm 的 SMC 组合式水箱，标记如下：SMC—S—3000×2000×1000 JC 658.1

5. 技术要求

（1）原材料

① 单极原材料

a. 单板基体材料为适合于 SMC 生产的不饱和聚酯树脂。树脂的性能指标应符合 GB 8237 的规定，卫生指标应符合 GB 13115 的规定。

b. 单板增强材料为无碱无捻玻璃纤维纱及其制品，有关性能应符合 JC/T 277 及 JC/T 281 的规定。

c. 辅助材料所用的交联剂、引发剂、填料等必须符合 GB 9685 中的规定。

JC 658.1 — 1997

② 附件材料

a. 人孔盖可直接压制或由单板加工而成。如另行制作，所用基体材料必须

符合 GB 8237、GB 13115 的规定，增强材料应满足 JC/T 277、JC/T 281 的规定。

b. 密封材料应无毒，对水质无污染，并能承受使用过程中的温度变化。

c. 螺栓、螺母应电镀或进行其他表面防腐处理。

d. 水箱内部支撑件可为不锈钢、食品级玻璃钢、聚氯乙烯或经过耐腐无毒材料涂装的低碳钢，外部支撑件为电镀低碳钢。

（2）单板

① 外观　单板内外表面应无表 2-1 所列的可见缺陷。

表 2-1　单板的缺陷

可见缺陷	说明	可见缺陷	说明
针孔	表面上出现的针孔	外观粗糙	尖的凸起或纤维裸露
浸渍不良	纤维未被树脂浸透	气泡	由空气积聚形成的表面鼓泡
伤痕	断裂、裂纹、擦伤		

② 外形尺寸

a. 单板外形尺寸极限偏差值应不大于其公称尺寸的 0.3%。

b. 单板顶出痕凸出不大于 0.5mm，凹入不大于 1.0mm。

③ 理化性能　单板理化性能应符合表 2-2 的规定。

表 2-2　单板理化性能

项目	性能指标	项目	性能指标
拉伸强度/MPa	≥60	巴氏硬度	≥60
弯曲强度/MPa	≥100	吸水率/%	≤1.0
弯曲模量/GPa	≥7.0	玻璃纤维含量/%	≥25

（3）水箱

① 组装　水箱组装时单板之间应连接平整、连接线平直，角接处相互垂直。

② 水箱性能　水箱性能应符合表 2-3 规定。

表 2-3　水箱性能

项目	要求
渗漏性	装满水后，无渗漏
满水变形	装满水后，侧壁最大变形不超过水箱高度的 1.0%，底部中心最大变形不超过 10mm
水质	符合 GB 5749

6. 试验方法

（1）单板外观　单板外观目测检验。

（2）单板外形尺寸　单板外形尺寸用精度不低于 0.05mm 的游标卡尺测量。

（3）单板理化性能　试验方法见表 2-4。

表 2-4　单板理化性能试验方法

试验项目	试样	试验方法
拉伸强度	随炉试样或单板切割	GB 1447
弯曲强度、模量	随炉试样或单板切割	GB 1449
巴氏硬度	单板或随炉试样	GB 3854
吸水率	随炉试样或单板切割	GB 1426
玻璃纤维含量	随炉试样或单板切割	附录 A

（4）水箱外观　水箱外观目测检验。

（5）水箱渗漏性　水箱安装完毕后，注水至溢流处，静置 24 h 观察有无渗漏。

（6）水箱满水变形　将刻度为 0.01mm，最小量程为 20mm 的百分表安装在水箱侧面最大变形处及水箱底部单板中心处（如图 2 所示），将百分表指针先调至零，然后水箱加满水至溢流面，立刻读下百分表的读数，过 2h 再读 1 次。

（7）水箱水质　水箱内水质按 GB 5750 测定。

7. 检验规则

（1）出厂检验

① 检验项目

a. 每块单板须进行外观检验，每台水箱须进行水箱外观、渗漏性检验。

b. 每批单板须对外形尺寸进行抽样检验。

② 抽样方案　以相同外形尺寸、相同材料及工艺连续生产的 1000 块单板为一批，采用正常检验一次抽样方案，抽样方案见表 2-5。

表 2-5　抽样方案

抽样依据	检验水平	AQL	样本数	判定数组
GB 2828	特殊检验水平 S—2	2.5	5	[0,1]

③ 判定规则

a. 外观不符合表 2-1 中质量要求的单板，判为不合格品。

b. 抽样检查单板外形尺寸时，如所抽五块单板均符合要求，判该批单板外形尺寸合格；如有一块不符合要求，判该批单板外形尺寸不合格。

c. 水箱外观、渗漏性均符合要求，判水箱合格；如不符合要求允许修复。

（2）型式检验

① 检验条件　有下列情况之一时，应进行型式检验：

a. 试制或正常生产后材料、结构、工艺有明显改变，可能影响水箱性能时；

b. 正常生产单板产量达到 10000 块时；

c. 长期停产后恢复生产时；

d. 出厂检验结果与上次型式检验有较大差异时；

e. 国家质量监督检验机构提出型式检验要求时；

f. 用户提出要求时。

② 检验项目　型式检验包括 5.（2）和（3）的所有项目。

③ 单板检验　单板外观、外形尺寸、理化性能指标在邻近周期检验时的一批产品中进行随机抽样检验，抽样方案同 7.（1）②。

④ 水箱检验　水箱外观、结构、性能的检验在邻近周期检查时组装的一台水箱上进行。

⑤ 判定规则　每项检验均符合要求时，判型式检验合格，否则判型式检验不合格。

8. 产品标志、包装、运输和贮存

（1）标志

① 每块单板的表面须有明显的标志，标明：

a. 产品名称；

b. 规格（长×宽×厚）；

c. 生产日期；

d. 生产厂家；

e. 检验员代号。

② 每台水箱应标明下列内容：

a. 注册商标；

b. 水箱标记；

c. 生产厂家；

d. 生产日期。

（2）包装每 20 件单板为一个包装单位，用硬质包装箱包装。

（3）运输水箱单板应放在铁架或木架上运输，运输过程中避免坚硬的物品撞击水箱板，装卸单板时不允许在地面上拖拉。

（4）贮存　单板贮存应远离污染源、火源。

（5）随同产品提供如下文件：

① 使用说明；

② 维护保养。

9. 其他

（1）水箱结构设计应考虑预期安装检修时的人载，户外使用时的风载、雪载。

（2）进出水孔位置由供需双方协议确定。进出水孔应有减震措施，进水孔和溢水孔之间有防止水倒流的空间。

（3）通气孔应有防虫网，结构应能防止灰尘、昆虫进入，其位置位于水箱顶部。

（4）入孔为内径 600mm 的圆形或有相似大小的其他形状的结构，入孔盖应易于开关且能防止雨水、灰尘进入，入孔不使用时应上锁。

（5）高于 1.5m 的水箱应备有内外梯子。

（6）混凝土撑条由混凝土浇铸成型或用砌砖灌浆水泥挂面而成，其宽度不小于 300mm，露出地面高度不低于 500mm，平行两撑条间距离不超过 2m；各混凝土撑条上表面应平整且在同一水平面内。

（7）钢制底座由型钢焊接或螺栓联接而成，各联接型钢上表面应平整且在同一水平面内。钢制底座应能保证每块单板四边都有支撑。

三、MFE-2、MFE-2A 乙烯基酯树脂卫生标准等举例

详细内容：乙烯基酯树脂（vinyl ester resins）是国际公认的高度耐蚀树脂，华东理工大学研制生产的 MFE 型乙烯基酯树脂已被中国政府部门认定为国家级新产品。

MFE-2 食品级树脂通过国家卫生防疫部门检测，符合"食品容器及包装材料用不饱和聚酯树脂及玻璃钢制品卫生标准"（GB 13115—9）的规定。

［特点］

MFE-2 树脂综合性能优良，具有良好的成型工艺性、力学性能和优秀的耐化学性。

MFE-2A 树脂除保留 MFE-2 树脂性能外，其耐碱性更为突出。

适用于手糊、挤拉、缠绕等玻璃钢成型工艺。

［适用场合］

制作各种规格耐蚀整体玻璃钢制品。

制作金属结构和混凝土结构表面的玻璃钢防护层。

制作耐蚀整体树脂砂浆地坪、花岗石、耐酸砖板的胶泥勾（灌）缝材料。

制作与食品介质接触的玻璃钢容器和包装材料。

［适用范围］

E44（6101），E20（601），E51，F51 等环氧树脂，广泛用于建筑耐腐蚀工

程、涂料、合成树脂和胶黏剂。

乙烯基酯树脂适用于制作各种耐腐蚀整体玻璃钢设备及其内衬,如贮罐、槽车、管道;制作金属结构或混凝土表面的耐腐蚀玻璃钢防护层,同时供应食品级MFE-31 SP乙烯基酯树脂。

[质量指标]

项目	MFE-2	MFE-2A	测试方法
外观	淡黄色,无异状	淡黄色,无异状	目测
黏度/Pa·s(25℃)	0.40±0.10	0.40±0.10	GB/T 7193—1987
酸值/(mgKOH/g)	12.0±4.0	14.0±4.0	GB/T 2895—1989
凝胶时间(25℃)/min	15.0±4.5	15.0±5.0	GB/T 7193—1987
固体含量/%	58.0±3.0	60.0±3.0	GB/T 7193—1987
热稳定性(80℃)/h	≥24	≥24	GB/T 7193—1987

[力学性能(浇铸体)]

项目	MFE-2	MFE-2A	测试方法
拉伸强度/MPa	60.0	63.0	GB/T 2568—1995
拉伸模量/MPa	$3.78×10^3$	$3.83×10^3$	GB/T 2568—1995
断裂伸长率/%	2.6	2.6	GB/T 2568—1995
弯曲强度/MPa	102.0	106.0	GB/T 2570—1995
抗压强度/MPa	$3.15×10^3$	$3.15×10^3$	GB/T 2570—1995
热变形温度/℃	102	102	GB/T 1634—1989

注:以上数据为典型物理性能,不应视为产品规格。

[耐化学腐蚀性能(浇铸体)]

介质	浓度/%	使用温度/℃	介质	浓度/%	使用温度/℃
醋酸	≤25	80	氢氟酸	10	65
乙醇	5~30	65	氢氧化钠	5~10	80
甲醇	10	65		25	65
氨水	≤20	65		50	80
氢氧化铵	58	0	次氯酸钠	5~15	80
铬酸	≤20	60	硫酸钠	90	
氢氧化钙		80	硫酸	≤70	80
四氯化碳	65	70~75			
柠檬酸	90		尿素	≤50	65
硫酸铜	90		二氧化氯	常压	85
甲醛	65		海水	100	
盐酸	≤20	90	双氧水	≤30	65
次氯酸	10	80	硝酸	5	65

［使用配比（质量比）］

MFE-2 或 MFE-2A 树脂　　　100 份

过氧化甲乙酮（引发剂）　　　2～3 份

辛酸钴液（促进剂）　　　　　1～4 份

注：辅料用量可根据施工期间环境条件在上述配比内调整。

［包装与贮存］

本产品包装在清洁干燥不影响质量和安全的容器内，密封桶口，净重 200kg。阴凉通风处，25℃以下 3 个月。

第三章

玻璃钢复合材料加工过程的问题分析

第一节　聚合物分类和流变学

人类利用天然聚合物的历史久远，直到 19 世纪中叶才跨入对天然聚合物的化学改性工作，1839 年 C. Goodyear 发现了橡胶的硫化反应，从而使天然橡胶变为实用的工程材料的研究取得关键性的进展。1870 年 J. W. Hyatt 用樟脑增塑硝化纤维素，使硝化纤维塑料实现了工业化。1907 年 L. Baekeland 报道了合成第一个热固性酚醛树脂，并在 20 世纪 20 年代实现了工业化，这是第一个合成塑料产品。1920 年 H. Standinger 提出了聚合物是由结构单元通过普通的共价键彼此连接而成的长链分子，这一结论为现代聚合物科学的建立奠定了基础。随后，Carothers 把合成聚合物分为两大类，即通过缩聚反应得到的缩聚物和通过加聚反应得到的加聚物。20 世纪 50 年代 K. Ziegler 和 G. Natta 发现了配位聚合催化剂，开创了合成立体规整结构聚合物的时代。在大分子概念建立以后的几十年中，合成高聚物取得了飞速的发展，许多重要的聚合物相继实现了工业化。

一、聚合物的分类

可以从不同的角度对聚合物进行分类，如从单体来源、合成方法、最终用途、加热行为、聚合物结构等。

1. 主链的元素结构分类

按分子主链的元素结构，可将聚合物分为碳链、杂链和元素有机三类。

（1）碳链　聚合物大分子主链完全由碳原子组成。绝大部分烯类和二烯类聚合物属于这一类，如聚乙烯、聚苯乙烯、聚氯乙烯等。

（2）杂链聚合物　大分子主链中除碳原子外，还有氧、氮、硫等杂原子。如聚醚、聚酯、聚酰胺、聚氨酯、聚硫橡胶等。工程塑料、合成纤维、耐热聚合物大多是杂链聚合物。

（3）元素有机聚合物　大分子主链中没有碳原子，主要由硅、硼、铝和氧、氮、硫、磷等原子组成，但侧基却由有机基团组成，如甲基、乙基、乙烯基等。有机硅橡胶就是典型的例子。

元素有机又称杂链的半有机高分子，如果主链和侧基均无碳原子，则成为无机高分子。

2. 材料的性质和用途分类

按材料的性质和用途分类，可将高聚物分为塑料、橡胶和纤维。关于增强塑料以外的［包括玻璃纤维和玻璃纤维增强塑料（玻璃钢）］，将在其他章节分别按材料的性质和用途分类介绍。

（1）橡胶　通常是一类线型柔顺高分子聚合物，分子间次价力小，具有典型的高弹性，在很小的作用力下，能产生很大的形变（500％～1000％），外力除去后，能恢复原状。因此，橡胶类用的聚合物要求完全无定型，玻璃化温度低，便于大分子的运动。经少量交联，可消除永久的残余形变。以天然橡胶为例，T_g 低（—73℃），少量交联后，起始弹性模量小（＜70N/cm^2）。经拉伸后，诱导结晶，将使模量和强度增高。伸长率为400％，强度增至1500N/cm^2；500％时为2000N/cm^2。橡胶经适度交联（硫化）后形成的网络结构可防止大分子链相互滑移，增大弹性形变。交联度增大，弹性下降，弹性模量上升，高度交联可得到硬橡胶。天然橡胶、丁苯橡胶、顺丁橡胶和乙丙橡胶是常用的品种。

（2）纤维　通常是线性结晶聚合物，平均分子量较橡胶和塑料低，纤维不易形变，伸长率小（＜10％～50％），弹性模量（＞35000N/cm^2）和拉伸强度（＞35 000N/cm^2）都很高。纤维用聚合物带有某些极性基团，以增加次价力，并且要有高的结晶能力。拉伸可提高结晶度。纤维的熔点应在200℃以上，以利于热水洗涤和熨烫，但不宜高于300℃，以便熔融纺丝。该聚合物应能溶于适当的溶剂中，以便溶液纺丝，但不应溶于干洗溶剂中。工业中常用的合成纤维有聚酰胺（如尼龙-66、尼龙-6等）、聚对苯二甲酸乙二醇酯和聚丙烯腈等。

（3）塑料　是以合成或天然聚合物为主要成分，辅以填充剂、增塑剂和其他助剂在一定温度和压力下加工成型的材料或制品。其中的聚合物常称作树脂，可为晶态和非晶态。塑料的行为介于纤维和橡胶之间，有很广的范围，软塑料接近橡胶，硬塑料接近纤维。软塑料的结晶度由中到高，T_m、T_g 有很宽的范围，弹性模量（15000～350000N/cm^2）、拉伸强度（1500～7000N/cm^2）、伸长率

（20％～800％）都从中到高。聚乙烯、聚丙烯和结晶度中等的尼龙-66 均属于软塑料。硬塑料的特点是刚性大、难变形。弹性模量（70000～350000N/cm^2）和拉伸强度（3000～8500N/cm^2）都很高，而断裂伸长率很低（0.5％～3％）。这类塑料用的聚合物都具有刚性链，属无定型。塑料按其受热行为也可分为热塑性塑料和热固性塑料。依塑料的状态又可细分为模塑塑料、层压塑料、泡沫塑料、人造革、塑料薄膜等。

二、聚合物流变学

研究聚合物流动和变形的科学，是介于力学、化学和工程科学之间的边缘科学，是现代流变学的重要分支。研究聚合物流变学对聚合物的合成、加工、加工机械和模具的设计等均具有重要意义。

流变学是在 20 世纪 20 年代随着土木建筑工程、机械、化学工业的发展需要而形成的。一些新材料的开发和应用，使传统的弹性力学和黏性理论已不能完全表征它们的特性。1928 年，美国物理化学家 E.C. 宾汉把对非牛顿流体的研究正式命名为流变学，并倡议成立流变学会，创刊了《流变学杂志》。此后，流变学逐渐为世界各国所承认并得到发展。聚合物流变学是随高分子材料的合成、加工和应用的需要，于 20 世纪 50 年代发展起来的。在聚合物的聚合阶段，流变学与化学结合在一起；而在以后的阶段，主要是与聚合物加工相结合。聚合物流变学在 20 世纪 70 年代发展较快，在 1984 年第九届国际流变学会议上总结了最近的研究成果，B. 米纳等主编了《流变学进展》一书。

1. 研究方法

主要有宏观与微观两种：宏观法即经典的唯象研究方法，是将聚合物看作由连续质点组成，材料性能是位置的连续函数，研究材料的性能是从建立黏弹模型出发，进行应力-应变或应变速率分析。微观法即分子流变学方法，是从分子运动的角度出发，对材料的力学行为和分子运动过程进行相互关联，提出材料结构与宏观流变行为的联系。两种方法结合起来的研究，常取得较好效果。但它们都离不开实验室流变性能的测定。常用的仪器主要有：挤出式流变仪（毛细管流变仪、熔体指数仪）、转动式流变仪（同轴圆筒黏度计、门尼黏度计、锥板式流变仪）、压缩式塑性计、振荡式流变仪、转矩流变仪以及拉伸流变仪等。

2. 影响因素

主要有聚合物的流动性、弹性和断裂特性。

（1）流动性　以黏度的倒数表示流动性。按作用方式的不同，流动可分为剪切流动和拉伸流动，相应地有剪切黏度和拉伸黏度。前者为切应力与切变速率之比，后者为拉伸应力与拉伸应变速度之比。聚合物的结构不同，流动性（或黏度）就不同。对于聚合物熔体，大多数是属于假塑性液体，其剪切黏度随剪切应力的增加而降低，同时测试条件（温度、压力）、分子参数（分子量及其分布、支化度等）和添加剂（填料、增塑剂、润滑剂等）等因素对剪切黏度-剪切应力曲线的移动方向均有影响。对于拉伸黏度，当应变速率很低时，单向拉伸的拉伸黏度约为剪切黏度的 3 倍，而双向相等的拉伸，其拉伸黏度约为剪切黏度的 6 倍。拉伸黏度随拉伸应力增大而增大，即使在某些情况下有所下降，其下降的幅度远较剪切黏度的小。因此，在大的应力作用下，拉伸黏度往往要比剪切黏度大一二个数量级，这可使化学纤维纺丝过程更为容易和稳定。

（2）弹性　由于聚合物流体流动时，伴随有高弹形变的产生和贮存，故外力除去后会发生回缩等现象，例如：塑料、橡胶挤出后和纤维纺丝后会发生断面尺寸增大而长度缩短的离模膨胀现象，或称弹性记忆效应；搅动时流体会沿杆上升，这种爬杆现象称韦森堡效应或法向应力效应。此外，聚合物加工时，半成品或成品表面不光滑，出现"橘子皮"和"鲨鱼皮"，出现波浪、竹节、直径有规律的脉动、螺旋形畸变甚至支离破碎等影响制品质量的熔体破裂和不稳定流动等现象，这些现象主要与熔体弹性有关。

（3）断裂特性　是影响聚合物（尤其是橡胶）加工的又一流变特性。它主要是指生胶的扯断伸长率以及弹性与塑性之比。扯断伸长率与弹塑比要适当地配合，一般都希望两者均大些为好，以便有利于炼胶等工艺的顺利进行。

3. 应用

研究聚合物流变学的意义在于以下几点。

① 可指导聚合，以制得加工性能优良的聚合物。例如：合成所需分子参数的吹塑用高密度聚乙烯树脂，则所成型的中空制品的冲击强度高，壁厚均匀，外表光滑；增加顺丁橡胶的长支链化和提高其分子量，可改善它的抗冷流性能，避免生胶贮存与运输的麻烦。

② 对评定聚合物的加工性能、分析加工过程、正确选择加工工艺条件、指导配方设计均有重要意义。例如：通过控制冷却水温及其与喷丝孔之间的距离，可解决聚丙烯单丝的不圆度问题；研究顺丁橡胶的流动性，发现它对温度比较敏感，故须严格地控制加工温度。

③ 对设计加工机械和模具有指导作用。例如：应用流变学知识所建立的聚合物在单螺杆中熔化的数学模型，可预测单螺杆塑化挤出机的熔化能力；依据聚合物的流变数据，指导口模的设计，以便挤出光滑的制品和有效地控制制品的尺寸。

第二节　聚合物的结构

聚合物的结构可分为链结构和聚集态结构两大类。

一、分子链结构

链结构又分为近程结构和远程结构。近程结构包括构造与构型，构造指链中原子的种类和排列、取代基和端基的种类、单体单元的排列顺序、支链的类型和长度等。构型是指某一原子的取代基在空间的排列。

近程结构属于化学结构，又称一级结构。远程结构包括分子的大小与形态、链的柔顺性及分子在各种环境中所采取的构象。远程结构又称二级结构。链结构是指单个分子的形态。

（1）近程结构　对聚合物链的重复单元的化学组成一般研究得比较清楚，它取决于制备聚合物时使用的单体，这种结构是影响聚合物的稳定性、分子间作用力、链柔顺性的重要因素。键接方式是指结构单元在高聚物中的联结方式。在缩聚和开环聚合中，结构单元的键接方式一般是明确的，但在加聚过程中，单体的键接方式可以有所不同，例如单烯类单体（$CH_2=CHR$）在聚合过程中可能有头-头、头-尾、尾-尾三种方式。

大多数烯烃类聚合物以头-尾相接为主，结构单元的不同键接方式对聚合物材料的性能会产生较大的影响，如聚氯乙烯链结构单元主要是头-尾相接，如含有少量的头-头键接，则会导致热稳定性下降。

共聚物按其结构单元键接的方式不同可分为交替共聚物、无规共聚物、嵌段共聚物与接枝共聚物几种类型。同一共聚物，由于链结构单元的排列顺序的差异，导致性能上的变化，如丁二烯与苯乙烯共聚反应得丁苯橡胶（无规共聚物）、热塑性弹性体 SBS（苯乙烯-丁二烯-苯乙烯三嵌段共聚物）和增韧聚苯乙烯塑料。

结构单元原子在空间的不同排列出现旋光异构和几何异构。如果高分子结构单元中存在不对称碳原子（又称手性碳），则每个链节就有两种旋光异构。它们在聚合物中有三种键接方式：若聚合物全部由一种旋光异构单元键接而成，则称为全同立构；由两种旋光异构单元交替键接，称为间同立构；两种旋光异构单元完全无规时，则称为无规立构。分子的立体构型不同对材料的性能会带来影响，例如全同立构的聚苯乙烯结构比较规整，能结晶，熔点为 240℃，而无规立构的聚苯乙烯结构不规整，不能结晶，软化温度为 80℃。对于 1，4 加成的双烯类聚合物，由于内双键上的基团在双键两侧排列的方式不同而有顺式构型与反式构型之分，如聚丁二烯有顺、反两种构型。其中顺式的 1,4-聚丁二烯，分子链与分子链之间的距离较大，在常温下是一种弹性很好的橡胶；反式 1,4-丁二烯分子链的结构也比较规整，容易结晶，在常温下是弹性很差的塑料。

（2）远程结构

① 高分子的大小：对高分子大小的量度，最常用的是分子量。由于聚合反应的复杂性，因而聚合物的分子量不是均一的，只能用统计平均值来表示，例如数均分子量和重均分子量。分子量对高聚物材料的力学性能以及加工性能有重要影响，聚合物的分子量或聚合度只有达到一定数值后，才能显示出适用的机械强度，这一数值称为临界聚合度。

② 高分子的内旋转：高分子的主链很长，通常并不是伸直的，它可以卷曲起来，使分子呈现各种形态，从整个分子来说，它可以卷曲成椭球状，也可伸直成棒状。从分子局部来说，它可以呈锯齿状或螺旋状，这是由单键的内旋转而引起分子在空间上表现不同的形态。这些形态可以随条件和环境的变化而变化。

③ 高分子链的柔顺性：高分子链能够改变其构象的性质称为柔顺性，这是高聚物许多性能不同于低分子物质的主要原因。主链结构对聚合物的柔顺性有显著的影响。例如，由于 Si—O—Si 键角大，Si—O 的键长大，内旋转比较容易，因此聚二甲基硅氧烷的柔性非常好，是一种很好的合成橡胶。芳杂环因不能内旋转，所以主链中含有芳杂环结构的高分子链的柔顺性较差，具有耐高温的特点。侧基极性的强弱对高分子链的柔顺性影响很大。侧基的极性越弱，其相互间的作用力越大，单键的内旋转困难，因而链的柔顺性差。链的长短对柔顺性也有影响，若链很短，内旋转的单链数目很少，分子的构象数很少，必然出现刚性。

二、聚集态结构

聚集态结构是指高聚物分子链之间的几何排列和堆砌结构，包括晶态结构、非晶态结构、取向态结构以及织态结构。结构规整或链次价力较强的聚合物容易结晶，例如高密度聚乙烯、全同聚丙烯和聚酰胺等。结晶聚合物中往往存在一定的无定型区，即使是结晶度很高的聚合物也存在晶体缺陷，熔融温度是结晶聚合物使用的上限温度。结构不规整或链间次价力较弱的聚合物（如聚氯乙烯、聚甲基丙烯酸甲酯等）难以结晶，一般为不定型态。无定形聚合物在一定负荷和受力速度下，于不同温度下可呈现玻璃态、高弹态和黏流态三种力学状态。玻璃态到高弹态的转变温度称玻璃化温度，是无定型塑料使用的上限温度，橡胶使用的下限温度。从高弹态到黏流态的转变温度称黏流温度，是聚合物加工成型的重要参数。

当聚合物处于玻璃态时，整个大分子链和链段的运动均被冻结，宏观性质为硬、脆、形变小，只呈现一般硬性固体的普弹形变。聚合物处于高弹态时，链段运动高度活跃，表现出高形变能力的高弹性。当线型聚合物在黏流温度以上时，聚合物变为熔融、黏滞的液体，受力可以流动，并兼有弹性和黏流行为，称黏弹性。聚合熔体和浓溶液搅拌时的爬杆现象，挤出物出口模时的膨胀现象以及减阻效应等，都是黏弹行为的具体表现。其他如聚合物的蠕变、应力松弛和交变应力作用下的发热、内耗等均属黏弹行为。

第三节　树脂基复合材料的加工过程的性能分析

一、树脂基复合材料的加工

天然聚合物多从自然植物经物理或化学方法制取，合成聚合物由低分子单体通过聚合反应制得。聚合方法通常有本体（熔融）聚合、溶液聚合、乳液聚合和悬浮聚合等，依据对聚合物的使用性能要求可对不同的方法进行选择，如带官能团的单体聚合常采用溶液或熔融聚合法。研究聚合过程的反应工程学科分支称为聚合反应工程学。聚合物加工成各种制品的过程，主要包括塑料加工、橡胶加工和化学纤维纺丝，这三者的共性研究体现为聚合物流变学。

二、树脂基复合材料的性能

高弹形变和黏弹性是聚合物特有的力学性能。这些特性均与大分子的多层次结构、大分子链的特殊运动方式以及聚合物的加工有密切的关系。聚合物的强度、硬度、耐磨性、耐热性、耐腐蚀性、耐溶剂性以及电绝缘性、透光性、气密性等都是使用性能的重要指标。

1. 高分子化合物

高分子化合物又称高聚物，是由几百～几千个原子彼此以共价键联结起来的大分子化合物，具有较大的分子量（$5 \times 10^3 \sim 10^6$）。此类化合物虽然分子量很大，但其化学组成、结构一般比较简单（蛋白质例外），通常是以简单的结构单元为链节，通过共价键重复结合形成高聚物。如聚氯乙烯的形成与结构就是这样。

氯乙烯这种能聚合成高分子化合物的小分子化合物称为单体，组成高分子的单体数量并不相同，所以高分子化合物的分子量是指平均分子量。

高分子化合物的分类众多，按其元素组成可分无机高分子化合物（如石棉、云母等）和有机高分子化合物（如橡胶、蛋白质）；按其来源可分天然高分子化合物（淀粉、天然橡胶、蛋白质、石棉、云母）和合成高分子化合物（合成塑料、橡胶、纤维），合成高分子化合物又可按生成反应类型分加聚物（聚乙烯、聚氯乙烯……）和缩聚物（聚酰胺、聚酯、酚醛树脂）；按链的结构可分线型高分子（合成纤维等）和体型高分子（酚醛树脂）等。高分子化合物分子中的各种官能团，都能正常发生反应，如羰基加成、脱碳、酯和酰胺水解等。由于分子量大，结构特殊，它们各自有独特的物理性质。作为高分子材料，正是利用了这些性质。

2. 高分子化合物的结构与性能

高分子化合物化学性质稳定，并具有优良的弹性、可塑性、力学性能（抗拉、抗弯、抗冲击等）及电绝缘性，不同高聚物性能间的差别与其分子结构、分子间作用力、分子链的柔顺性、聚合度、分子极性等因素有关。

高分子链的结构和柔顺性

链型（包括带支链的）高聚物的长链分子通常呈卷曲状，且互相缠绕，分子链间有较大的分子间作用力，显示一定的柔顺性和弹性。可溶解于合适的溶剂。它们在加热时会变软，冷却时又变硬，可反复加工成型，称为热塑性高聚物。聚氯乙烯、未硫化的天然橡胶、高压聚乙烯等都是链型高分子化合物。

体型高聚物是链型（含带支链的）高分子化合物分子间以化学键交联而形成的具有空间网状结构的高分子化合物，一般弹性和可塑性较小，而硬度和脆性则较大。一次加工成型后不再能熔化，故又称为热固性高聚物。它具有耐热、耐溶剂、尺寸稳定等优点。如酚醛树脂、硫化橡胶及离子交换树脂等都是体型高聚物。

3. 高分子化合物的物理形态

非晶态链型高分子化合物无确定的熔点，在不同的温度范围内可呈现三种不同的物理形态，即玻璃态、高弹态和黏流态。

高弹态是高聚物所独有的罕见的一种物理形态。呈高弹态的高聚物当温度降低到一定程度时，可转变成如同玻璃体状的固态，称为玻璃态（如常温下的塑料即处于玻璃态），该转化温度叫玻璃化温度，用 T_g 表示。如天然橡胶的 T_g 为—73℃。而当温度升高时，高聚物可由高弹态转变成能流动的黏液，称为黏流态。高弹态转变为黏流态的温度叫黏流化温度，用 T_f 表示。对于非晶态高分子化合物，T_g 的高低决定了它在室温下所处的状态，以及是否适合作橡胶还是塑料等。T_g 高于室温的高聚物常称为塑料。T_g 低于室温的高聚物常称为橡胶。用作塑料的高聚物 T_g 要高；而作为橡胶，T_g 与 T_f 之间温度的差值则决定着橡胶类物质的使用温度范围。

第四节　树脂基复合材料的降解

聚合物降解是挤出过程中常常发生的问题。降解通常表现的形式为变色、易挥发成分的释放（冒烟）或机械性能发生变化。根据降解发生的模式，可被区分为五种，即热、化学、力学、辐射、生物降解等。降解过程通常相当复杂，常常包括了一种以上的降解形式。热氧降解和热机械降解是双重降解类型的例子。这一情况与挤出机中的磨损很类似，在任何时候，都会有一种以上的磨损机理同时存在。

一、树脂基复合材料的降解类型

在挤出过程中，前三种降解类型，即热、力学和化学降解是最主要的。

1. 热降解

当一种聚合物在没有其他化合物的非活性环境中处于高温状态时，会发生热降解。抵抗这样降解的阻力依赖于聚合物主要成分的性质和内在的热稳定性。有三种主要的热降解形式：解聚、链无规则断裂和取代基开链。

解聚和开链包括了通过连续消除单体来减小主链长度。如有机玻璃、聚甲醛和聚苯乙烯这样的聚合物是以这种机理降解的。聚苯乙烯在降解过程中开链到一定程度，大约仅有40%转换为单体。由于取代基的开链是聚苯乙烯的主要断链过程，所以，它是一种重要的热降解机理。由于它们简单的碳链结构，无规则断裂发生在许多种聚烯烃材料中。

由于聚合物几乎不可能是化学纯的，所以区分热降解和热化学降解往往是很困难的。杂质和添加剂在非常高的温度下可能会与聚合物基质发生反应。

2. 力学降解

力学降解被看作由力学应力诱发的分子断裂。这些应力可能是剪切应力或拉伸应力，或这两种的组合。聚合物的力学降解可能发生在固体态、熔融态和液体中。Casale 和 Porter 发表了在聚合物中力学诱导反应这一领域大量的综述。在挤出机内，力学应力大多数被施加在熔融聚合物上。

已经研究出多种理论方法描述力学降解。较早的研究之一是由 Frenkel、Kauzmann 和 Eyring 进行的，他们提出在剪切场中，大分子沿运动方向被拉伸。分子上的应变主要集中在链的中部。当聚合度低于某临界值时，不会发生降解。

Bueche 预言缠绕也能在大分子中段产生明显的张力。因此，链断裂最可能发生在链的中心。他也预言主链的断裂可能会随着分子量的增加戏剧性地增加。这些理论分析提出，在聚合物熔体或溶液中的力学降解是非随机过程，产生新低分子量样品，其质量是原始分子量的 1/2、1/4、1/8。由于聚合物熔体的高温，力学降解主要总是伴随着热降解和可能的化学降解。当聚合物熔体处于强烈的力学变形和应变速率不均匀时，局部温度肯定会升高至整体温度以上。因此，整体温度测量也许不能正确地反映出实际原料的温度。这是在螺杆挤出机和高强度密炼机中的情况，这里可能会发生非常高的局部温度。在这样的装置中，纯力学降解是不可能发生的。因此，在含有力学应力的聚合物熔体中的降解过程可能相当复杂。

　　某些人已经报告说，在加工条件下的降解几乎只有热降解，而其他人断言说，降解主要是力学降解。但由于因力学变形而储存在聚合物链内的机械能，使反应所必需的温度存在明显的降低。这符合在势能函数中关于热键破坏的剪切诱导变化，这是由 Arisawa 和 Porter 提出的。在实践中，这意味着如果聚合物承受力学变形，在静态下确定的诱导时间将长于实际诱导时间。

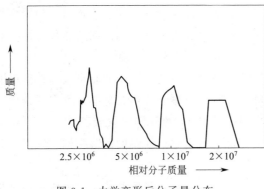

图 3-1　力学变形后分子量分布

　　由于上述的在聚合物熔体中力学降解的复杂性，在聚合物溶液中的力学降解较容易研究。Odell、Keller 和 Miles 描述了一项对经历力学变形的聚合物溶液连续监控分子量分布（MWD）的先进技术。十字槽结构被用于这项研究中，以便对窄 MWD 的无规聚苯的稀释溶液施加一纯拉伸流场。通过测量双折射可以获得关于这一聚合物 MWD 的信息。正如由该聚合物力学变形前后的 MWD 显示的那样（见图 3-1），可以观察到在被拉伸分子中心处的重复断裂现象。

3. 化学降解

　　化学降解被看作与聚合物接触的化学晶诱导过程。这些化学晶可能是酸、碱、溶剂、反应性气体等。在许多情况下，由于这些过程中的活化能较高，只有在高温下才能得到明显的变化。化学降解的两种重要形式是溶剂分解和氧化。溶剂分解反应包括了 C—X 键的断裂，X 表示非碳原子。水解反应是溶剂分解的一个重要类型。这一反应过程基本如下：

$$-\overset{|}{\underset{|}{C}}-X-\overset{|}{\underset{|}{C}}- \ +H_2O \longrightarrow \ -\overset{|}{\underset{|}{C}}-X-H + HO-\overset{|}{\underset{|}{C}}-$$

这种类型的降解发生在聚酯、聚醚、聚酰胺、聚氨酯和聚二烷基硅氧烷中。易于吸水的聚合物最容易发生水解反应。例如，在聚酯和聚酰胺的挤出过程中，聚合物正确的预先干燥是非常重要的。在许多应用中聚合物抵抗溶剂分解助剂的稳定性是很重要的。如此重要的聚合物如 PVC、PMMA、PA、PC、PETP、聚氨酯（PU）、聚丙烯腈（PAN）和聚甲醛（POM）在室温下抵御酸碱的稳定性很差。聚烯烃和含氟聚合物易于获得抵抗这些溶剂分解助剂的良好稳定性。

在高温挤出过程中，氧化降解是发生在聚合物降解中的最常见的类型。因此，这种降解称为热氧化降解。聚合物降解与自由基产生同时发生，自由基与氧具有很高的反应亲和力，以形成不稳定的过氧基。新的过氧基将诱捕相邻的不稳定的氢，生成不稳定的过氧化氢物和更多的自由基，这些自由基将再次进行同样的过程。这将导致自身催化过程，即一旦这一过程开始，自身繁殖就会发生。在连续的起动下，反应速率加速，导致转化与反应时间呈指数增加。当反应化学样品耗尽或反应产品抑制了繁殖时，这一过程将会停止。

一般添加抗氧化剂来阻止聚合物中的氧化降解。抗氧化剂的目的是为了在聚合物使用期的各个阶段截取自由基或防止自由基的产生，如聚合、加工、储存和结束使用。根据它们的功能性，抗氧化剂可以被划分为主抗氧化剂和助抗氧化剂。主抗氧剂或链终止剂（也被称为自由基清除剂）通过阻止自由基来中断连锁反应。助抗氧剂或预防性抗氧剂（也被称为过氧化物分解剂）破坏过氧化氢物。主抗氧剂主要是受阻碍的苯酚和芳族胺，它们可以抑制聚合的过氧基，形成聚合的过氧化氢基团和相对稳定的抗氧化物。助抗氧剂是各种含磷或含硫化合物，特别是亚硫酸盐、硫代酸酯可以使过氧化物变为无活性产品，因此可以预防烷氧基和羟基的增殖。选择一种有效的抗氧剂类型是塑料制品成功的关键因素之一。

在选择抗氧剂时应该考虑的某些因素是毒性、挥发性、颜色、可萃取性、气味、相容性、供货情况、价格和性能等。

二、树脂基复合材料的挤出过程中的降解

在挤出过程中的降解经常是热、力学和化学降解的组合。确定各种类型降解速率的重要因素如下。

① 停留时间和停留时间分布（RTD）。

② 料温及其分布。

③ 应变速率及其分布。

④ 溶剂分解助剂、氧或其他降解活性剂的存在。

⑤ 抗氧剂和其他稳定剂的存在。

前三个因素受机器结构和操作条件的影响很大。溶剂分解助剂或氧的存在也受到操作条件的影响。例如，通过将料斗置于氮气保护下，就可以从挤出机中消除氧气。抗氧剂和其他稳定剂的存在是材料选择过程的一部分。正确地选择一种稳定剂是非常重要的，然而，如何正确选择一种稳定剂的详情不属于本书讨论的范围。

1. 停留时间分布

挤出机的 RTD 是关于输送过程的重要信息之一。RTD 直接由机器内的速度场确定。因此，如果速度场已知，就可以计算出 RTD。不同的人员已经用机器内速度场对单螺杆挤出机的 RTD 进行了计算。很明显，预计的 RTD 的精度仅与构成计算基础的速度场精度相同。在单螺杆挤出机中，尽管采用了大量的简化假设，但确定的速度场也是相当合理的。对于其他类型螺杆挤出机的速度场的计算，例如双螺杆挤出机，是相当复杂的，因而预测其 RTD 也是更困难的。

对挤出机的 RTD 的实验测定产生的关于挤出机输送过程的信息，对其他众多领域以及分析机器内降解的可能性也是非常有用的。采用 RTD 可以分析挤出机中的混炼过程。当挤出机被作为一台连续化学反应器时，RTD 为过程设计和分析提供了重要的信息。RTD 也可以作为一个重要的选型标准，例如，用于型材挤出的挤出机应该具有很窄的 RTD 和很短的停留时间。在单螺杆挤出机内的 RTD 的实验研究已经有数篇文献报道。在双螺杆挤出机中的 RTD 的实验研究已经由 Todd、Janssen、Rauwendaal、Walk 和 Nichols 等报道。

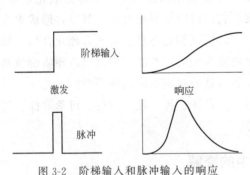

在输入变化后，通过测量输出响应可以确定 RTD。这也被称作激发响应方法，如 Levenspiel、Himmelblau 和 Bischoff 讨论的那样。系统由激发扰动，系统对激发的响应可被测量。两种普通的激发响应方法是阶梯输入响应方法和脉冲输入响应方法（见图 3-2）。

图 3-2　阶梯输入和脉冲输入的响应

其他可用的激发是随机输入和正弦输入。对阶梯输入的响应是 S 形曲线（图 3-2，上图）。

对脉冲输入的响应是钟形曲线（图 3-2，下图）。理想的脉冲输入具有无限短的波期，这样的输入被称作 delta 函数或冲量。对 delta 函数的标准化响应被称为 C 曲线，该曲线下的总面积被定义为 1。

RTD 函数的定义是由 Danckwerts 提出的。RTD 的内部函数，$g(t)dt$，被定义为系统内的流体体积与在 t 和 $t+dt$ 之间的停留时间的分数。RTD 的外部函数，$f(t)dt$，被定义为现有材料与在 t 和 dt 之间的停留时间的分数。RTD 的累

计内部函数 $G(t)$，被定义为

$$G(t) = \int_0^t g(t)\mathrm{d}t \tag{3-1}$$

式中，$G(t)$ 表示系统内的流体体积与在 0 和 t 之间的停留时间的分数。RTD 的外部累计函数被定义为

$$F(t) = \int_{t_0}^t f(t)\mathrm{d}t \tag{3-2}$$

式中，t_0 是最小停留时间；$F(t)$ 表示现有流体速率与等于或小于 t 的停留时间的分数。对于非常长的时间 t，函数 G 和 F 均等于 1。

$$G(\infty) = F(\infty) = 1 \tag{3-3}$$

由式(3-4)给出平均停留时间

$$\bar{t} = \int_0^\infty t f(t)\mathrm{d}t \tag{3-4}$$

平均停留时间由机筒内空腔的体积 V、填充度 X 和体积流率 $\dot{V}$ 确定

$$\bar{t} = \frac{XV}{\dot{V}} \tag{3-5}$$

RTD 内部函数与 RTD 累计外部函数由式(3-6)得出

$$g(t) = \frac{1 - F(t)}{\bar{t}} \tag{3-6}$$

在管内的牛顿流体流动中，使用的速度场表达式，能相当容易地计算出 RTD。RTD 的外部函数是

$$f(t) = \frac{2t_0^2}{t^3} \quad (t \geqslant t_0) \tag{3-7}$$

式中，最小停留时间为

$$t_0 = \frac{4\mu L^2}{\Delta P R^2} \tag{3-8}$$

图 3-3 给出了单螺杆挤出机典型的 RTD 累计曲线，它是由实验确定的。这条曲线的测试环境是：25mm 挤出机、20r/min 转速、产率 2.3kg/h。这一实验中的平均停留时间是 5.9min。由于人们可以很容易地得出机器内某一时间范围内的材料分数，所以这类信息是很有用的。例如，在图 3-3 覆盖的情况中，1% 以上的材料在挤出机内的停留时间为 17.7min，是平均时间的三倍。如果在工艺温度下材料降解的诱导时间小于 17.7min，1% 的材料可能会发生降解。

图 3-4 给出了啮合异向旋转双螺杆挤出机的几条 RTD 累计曲线。当加工条件发生变化时，曲线形状发生很大变化。在低转速和高产率下运转挤出机，可以

得到最窄的 RTD。很明显，图 3-4 中曲线显出了同向双螺杆挤出机的正位移输送特征的明显偏离。

这些标准化 RTD 曲线的一个主要优点是可以直接比较不同挤出机的输送特性。图 3-3、图 3-4 清楚地表明，与两台双螺杆挤出机相比，单螺杆挤出机输送特性相当明显。这是由于单螺杆挤出机内固体床的塞流。双螺杆挤出机内的固体床不是连续的，一般不会延伸在机器长度上的很大比例。

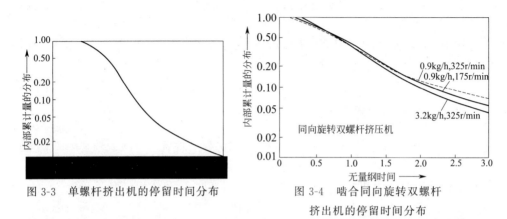

图 3-3　单螺杆挤出机的停留时间分布　　　图 3-4　啮合同向旋转双螺杆
挤出机的停留时间分布

RTD 很强地依赖于螺杆设计和操作条件。Kemblowski 和 Sek 讨论了影响单螺杆挤出机 RTD 的这些因素，作者（CR）已经讨论了双螺杆挤出机的相同问题。

2. 温度分布的简单计算

很明显，停留时间及其分布仅能部分地确定挤出机中降解的可能性。扮演重要角色的其他因素是实际料温和聚合物承受的应变速率。这两个因素紧密相关。在挤出机中，有两个重要考虑的部分，螺槽和螺棱间隙。Janssen、Noomen 和 Smith 研究了螺槽中聚合物熔体的温度分布。例如，Anders、Brunner 和 Panhaus 在螺杆的末端直接测量了聚合物的温度分布。螺杆末端处的螺槽内温度变化小于 5～10℃，相当接近机筒温度。最近 Noriega 等人用热温梳（thermo-comb）测量了熔体温度分布，并发现温度变化高至 20～30℃。

螺棱间隙的情况与螺槽有很大差异。螺槽内的应变速率相对较低，温度变化也相对较低。然而在螺棱间隙内，应变速率非常高，料温增值也相当高。这一点可以通过下列简单的分析得到证实。间隙内的剪切速率大约是库爱特剪切速率

$$\dot{r}_{cl} = \frac{\pi DN}{\delta} \tag{3-9}$$

式中，D 是直径；N 是名义速度；δ 是螺棱间隙内的间距：

幂律流体的单位体积的相应黏性生成热为

$$\Delta \overline{T}_a = \frac{2m\omega(\pi DN)^n}{\rho \sin\varphi C_p \delta^{1+n}} \tag{3-10}$$

式中，m 是稠度指数；n 是幂律指数。

如果假定在聚合物熔体和螺杆之间及熔体和机筒之间没有热交换，绝热温度的平均增加值可以由式(3-11)确定

$$\dot{E}_{cl} = m\left(\frac{\pi DN}{\delta}\right)^{1+n} \tag{3-11}$$

式中，$\overline{t}_R$ 是在螺棱间隙内聚合物熔体的平均停留时间；C_p 是比热容；ρ 是熔体密度。

$$\overline{t}_R = \frac{2w}{\pi DN \sin\varphi} \tag{3-12}$$

平均温度增加直接与稠度指数 m、切向螺棱宽度 $w/\sin\varphi$ 成正比，强烈地依赖于径向间隙 δ、聚合物熔体幂律指数 n 和螺杆转速 N。图 3-5 给出了螺棱间隙 δ 和幂律指数 n 的影响，相应参数：114mm 挤出机，转速 100r/min，比热容 2250J/(kg·℃)，熔体密度 900kg/m³。

很明显，在螺棱间隙内的绝热温度增值可能高得令人吃惊，特别是考虑到大约十分之一秒的非常短的停留时间。然而，由于热量将向螺杆和机筒传递，所以实际温度的增值将比绝热温度增值要低。事实上，在机筒和螺棱表面的热边界条件约在绝热和等温之间。

通过简单地减小螺棱宽度和增加螺纹升角，就可以降低在间隙内的温度增值。这些相同的方法也可以大幅度降低挤出机的能耗。因此，对螺棱的正确设计在降低挤出机中的能耗和减小降解的可能性等方面具有非常重要的意义。

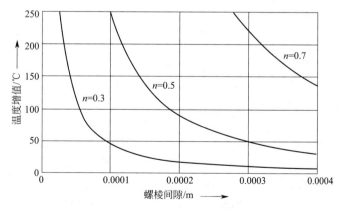

图 3-5　绝热温度增值与螺棱间隙

在挤出机中发生降解的过程中，螺棱间隙如此重要的另一个原因是，除了高

料温之外，聚合物熔体还承受非常高的应变速率、拉伸和剪切。正如早先讨论的那样，这将在用于热键断裂的势函数中引起流动诱导的变化。因此，这种降解将比仅受温度因素影响的更严重。很明显，另一个重要问题是在螺杆设计和口模设计中应消除死角。积料可能是非常有害的，如果可能的话，应当完全避免。例如，带有90°螺旋升角的螺纹混炼元件应当避免用于具有降解倾向聚合物的加工，因为这样的混炼元件具有滞流区。

最低的温度增值将发生在极端的情况下，此时的螺棱表面和机筒表面保持恒温，即等温边界条件。Meijer、Ingen Housz 和 Gorissen 分析了这一情况，主要目的是为了确定热发展长度（thermal development length）。他们假定间隙流在切向受拖曳流控制。牛顿情况的热发展长度被发现大约是 $0.36N_{pe}$，N_{pe} 是皮克里特（Peclet）数。因此，热发展所需的长度可以被写为

$$L_1 = \frac{0.36 v_b \delta^2}{\alpha} \tag{3-13}$$

式中，α 是热扩散系数；v_b 是机筒速度；δ 是径向间隙。

热发展长度与机筒速度 v_b 成正比（即和螺杆转速成正比），与径向间隙的平方成正比。由于热扩散系数值约 10^{-7} m²/s，当间隙采用标准设计值（$\delta \cong 0.001D$）时，热进口段长度（thermal entrance length）将与切向螺棱宽度的数量级相同。因此，在螺棱间隙出口处的温度场将非常接近于完全展开温度场。对于等温情况的完全展开温度场可被写为：

$$T_1 = \frac{\mu v_b^2}{2k}\left(\frac{y}{\delta} - \frac{y^2}{\delta^2}\right) + \frac{(T_b - T_s)y}{\delta} + T_s \tag{3-14}$$

式中，μ 是黏度；v_b 是机筒速度；k 是热导率；y 是法线距离；δ 是螺棱间隙；T_b 是机筒温度；T_s 是螺杆温度。

在等温情况下可以得到的最高温度 T_{max} 是

$$T_{max} = \frac{\mu v_b^2}{\delta k} + \frac{1}{2}T_b + \frac{1}{2}T_s \tag{3-15}$$

式(3-15)右边第一项是黏性温度增值。如果在螺棱间隙内的黏度被写为幂律流体，黏性温度增值可被写为

$$\Delta T_{黏性} = \frac{m v_b^{n+1}}{8k\delta^{n-1}} \tag{3-16}$$

在等温条件下黏性温度增值与螺棱间隙的关系曲线如图 3-6 所示。计算这一曲线的参数为：114mm 挤出机，100r/min 螺杆转速，热导率 $k = 0.25$J/(m·s·℃)。令人感兴趣地发现等温黏性温度的增值随着间隙的增大而变大，而绝热温度的增值随着间隙的增大而减小。在两种热边界条件下，温度增值随着聚合物熔体幂律指数的增大而急剧增大。这表明，弱剪切变稀聚合物在螺棱间隙内熔体温度的增值将大于高剪切变稀聚合物，高剪切变稀聚合物的幂律指数较低。

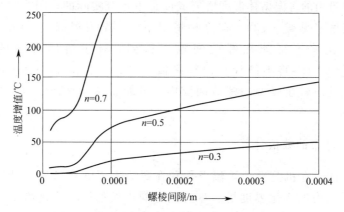

图 3-6　等温黏性温度增值与螺棱间隙关系曲线

事实上，真实的等温条件是不可能达到的，因为在螺杆和机筒界面上为保持等温条件所需的高热通量实际是不可能的。因此，在间隙内实际的最大料温将处于绝热和等温情况之间。用于计算熔体温度增值的这一表达式仅对在纯拖曳流中具有与温度无关的黏度的牛顿流体有效。显然，对于与温度相关的黏度，熔体温度的增值将小于黏度与温度无关的流体的温度增值。螺棱间隙的压力梯度也将影响速度和温度。在螺棱间隙内的压力梯度通常是负值，从推力面到后缘螺棱面递减。相对于纯拖曳流的情况，这将减小螺棱间隙内的熔体温度增值。

对于绝热和等温条件，用于表示在螺棱间隙内熔体温度增值的数值见图 3-7。当螺棱间隙值较小时，绝热温度增值大于等温条件温度增值。然而，在某一间隙值时，绝热和等温曲线交汇。在间隙值高于交汇值处，等温温度增值实际大于绝热温度增值。对于低幂律指数的情况，交汇点的间隙值（即 $\Delta T_{绝热} = \Delta T_{等温}$）大约是 0.001D，这是单螺杆挤出机的典型螺棱间隙。

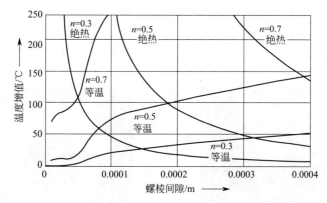

图 3-7　绝热和等温熔体温度增值与螺棱间隙

在幂律指数较高值处，交汇点的间隙值较大。对大螺棱间隙值（$\delta >$

0.001D）计算出的等温熔体温度增值或许是不切合实际的，因为热发展长度将大于螺棱宽度（见式3-13）。在这种情况下，完全发展温度（fully developed temperatures）将不可能在螺棱间隙内得到，对于熔体温度的增值，用式(3-15)和式(3-16)将不能计算出精确值。图 3-7 显示出，114mm 挤出机在 100r/min 转速下，在典型的螺棱间隙内，可能获得从 25～100℃ 的熔体温度增值。

3. 温度分布的数值计算

Winter 假设在机筒壁上等温条件和在螺棱表面绝热条件，计算了幂律流体在螺棱间隙内的变化温度场。尽管更好的边界条件可能是给出最大的热通量，但这些假设比纯绝热情况或纯等温情况更真实。Winter 计算了大约 150℃ 的典型最大温度增值。这一值更接近绝热情况中的最大温度增值。这些分析表明，螺棱间隙内的温度增值是相当显著的，可能极大地影响发生在挤出机内的降解量。

Rauwendaal 开发了确定在挤出机的熔体输送段内的温度场的有限元方法（FEM）程序。这一程序可以计算螺槽内任意一点的三维速度和温度。这一程序基于 2.5D 分析，即假定在顺螺槽方向速度变化很小。

有限元分析的结果 图 3-8 显示了一台 38mm 挤出机在 100r/min 转速下加工高密度聚乙烯（HDPE），具有标准螺棱间隙的顺螺槽速度。该图显示了纵横比 8∶1（螺槽深度被放大了 8 倍）的速度。因为螺槽通常具有很小的纵横比，大约 0.1∶1，用大纵横比显示结果比常规 1∶1 的纵横比更清晰。等速线（恒速线）与机筒表面 70% 以上的螺槽宽度平行。因此，螺腹对顺螺槽速度的影响在螺棱的前缘和后缘大约是螺槽高度的 1.5 倍。

对于相同的 38mm 挤出机的横向螺槽速度（v_x）见图 3-9。x 向的速度在螺槽顶部的 1/3 内是负值，在底部的 2/3 内是正值。在螺槽内产生了环流。螺棱上的漏流将减小环流作用。当采用典型的方形螺距螺纹升角时，横向螺槽速度大约是顺螺槽速度的 1/3。螺腹的影响大约是螺槽高度的 1.5 倍。

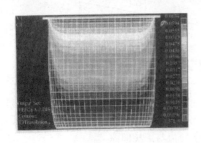

图 3-8　顺螺槽速度云图

图 3-9　横向螺槽速度云图

图 3-10 展示了法向速度（v_y）。y 速度的正值发生在螺腹的后缘，其最大值大约为 0.02m/s，大约是 z 速度最大值的 10％。负值发生在推力面或螺腹的前缘。法向速度的最大和最小值非常接近于螺腹，大约离螺腹 0.2H，H 是螺槽高度。在螺槽的中间区域，法向速度基本上为零。在螺腹推力面的向下流体速率与在螺腹后缘的向上流体速率相同，也与螺槽较低部分朝向螺腹后缘的横向螺槽流速相同。

在螺槽内的压力场见图 3-11。除了在螺槽拐角处有点差异外，等压线（压力常数线）基本垂直于机筒。这些差异表明，法向压力梯度是造成图 3-11 所示法向速度结构的原因。横向螺槽压力梯度是造成在螺槽较低部位，从推力面向螺腹后缘横向螺槽流动的原因。

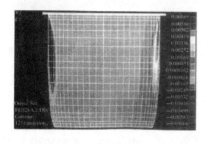

图 3-10　法向速度云图　　　　图 3-11　螺槽内的压力分布

温度场见图 3-12。机筒表面温度被设定为 175℃，螺杆表面取绝热（零热通量）。在螺槽内任意一点的熔体温度比机筒温度高许多。最高的温度，高出机筒温度大约 31℃，发生在螺槽高度大约 2/3 处，这里的横向螺槽速度最低。这也与实验结果非常吻合。在螺槽底部一半处的等温线清楚地显示了横向螺槽环流对温度场的影响。事实上，在螺腹和在螺槽底部较低的温度是螺槽内环流的直接结果。在这一区域内熔体温度低，这是因为环流引起在机筒表面附近的低温熔体沿螺纹表面流动。

令人感兴趣的一点是，螺棱间隙内的熔体温度要低于螺槽内部。由于在螺棱间隙内的剪切速率高于螺槽内的任何地方，最高的温度也许被希望发生在这里。对于间隙内低温的解释是间隙相当薄。由于非常接近机筒，在间隙内产生的大量黏性发热被有效地传导给机筒。这一效果也被 Pittman 的数值分析结果和 Rauwendaal 和 Ingen-Housz 的非等温拖曳流的解析解法所证实。由在漏流上的实验工作提供了进一步的证实。

当在相同的加工条件下增大螺棱间隙时，发生的主要变化在温度场（见图 3-13）。在螺槽较低位置的温度随间隙增加而显著增加。这是由于在机筒表面存在有一较厚、相对滞留层。这一绝热、滞留层阻碍了螺槽内材料与机筒之间的热量传递。这些结果与其他发表的实验结果相吻合。较大的螺棱间隙不仅导致了螺槽内最大温度的增加，而且也使高温区的范围增大。这是由于较弱的环流使得通过间隙的流动速率增大。大螺棱间隙降低了对熔体温度的控制。因为在螺纹表面处的停留时间最长，接近螺纹表面的高熔体温度能够导致降解。由于大螺棱间隙在螺纹表面产生的高温和长停留时间的组合使得降解更有可能发生。

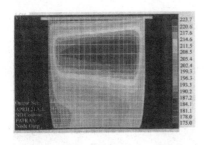

图 3-12 螺槽内的熔体温度分布

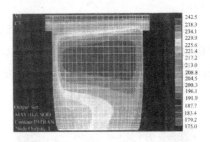

图 3-13 增大螺棱间隙的熔体温度分布

有限元分析的结论 在详细分析挤出机内的流场和热传递方面，由于在运行的挤出机上确定这些是非常困难的，所以用有限元分析是非常有帮助的。FEA可以预测螺杆挤出机内的三维速度场以及压力和温度场。

当黏性耗散热重要时，由螺槽内的环流模型引起的热对流，在螺槽中部形成高熔体温度区。因此，对于单螺杆挤出机中的流体，熔体温度的不均匀性发展是固有的。

当螺棱间隙增加时，螺槽内的熔体温度升高很大。高温区也扩展到螺纹根部。由于在螺纹根部的停留时间相当长，这将导致塑料的降解。

这些结果表明，热发展长度随着螺杆直径的增大而增加，如图 3-14 所示。对于小直径（不大于 60mm），生成热时间（thermal development time）大约是 10～20s，对于大直径（D > 100mm），生成热时间大于30s。由于在挤出机熔体输送区内的典型停留时间是 15～20s，显然，在挤出机内完全发展温度条件将不总是能够达到的。完全发展条件也许在低螺杆转速下发生，但在高螺杆转速下，在挤出机长度内达到完全发展温度是不可能的。

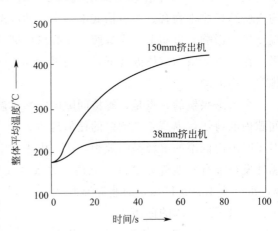

图 3-14 整体平均温度随时间的变化

因为增加螺杆直径不利于面积与体积比，熔体温度的增加和在大型挤出机内的不均匀性将大于小型挤出机，由此，保持熔体的低温和均匀性是比较困难的。这一点在实践中是可以认识的，由于这一原因，大型挤出机一般运行的螺杆转速比小型挤出机低。当螺杆直径大和挤出机在高速下运转时，沿挤出机螺杆配合良好的混炼是更重要的。

图 3-15 给出了用于分析高熔体温度问题的流程图。高熔体温度的问题是高熔体温度读数、在口模出口处的冒烟现象、塑料的变色、塑料降解、在口模出口处的低黏度和低熔体强度等。第二步是检查熔体温度的测量是否正确。熔体温度被不准确地频繁测量，例如，用组合式压力/温度（p/T）传感器测量熔体温度。因为温度传感器不是浸入到熔体流中，所以 p/T 传感器不能精确测量熔体温度。

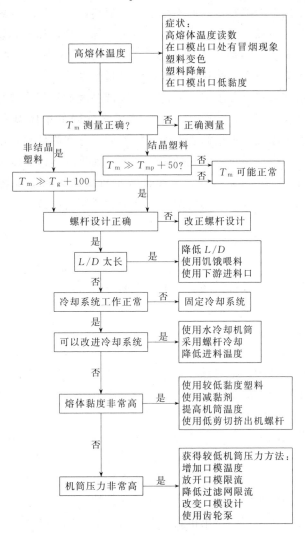

图 3-15　高熔体温度流程图（CNV）

如果熔体温度测量是正确的，检查非结晶塑料的熔体温度是否高于玻璃化转变温度100℃以上，或半结晶塑料的熔体温度是否高于熔点50℃以上。如果不是这种情况，那么熔体温度应该是正常的。如果是这种情况，应该检查螺杆设计。由于塑料生成热的大部分是由于螺杆的摩擦和剪切热引起的，高熔体温度常常是由于不正确的螺杆设计引起的。一般这种问题是将用于中低黏度塑料的螺杆（即浅螺纹螺杆）用于加工高黏度塑料时发生的。高黏度塑料要求深螺纹螺杆，以便黏性耗散热在控制中。

在某些情况下，挤出机的长度也许长于塑料加工所需的长度。在这种情况下，可以减小机器的长度，然而，这不是一个简单的改进问题。通常采用更简便的方法，使用"饥饿"喂料以降低挤出机的有效长度。如果挤出机有多个喂料口，也许可以使用下游喂料口，而不用第一个喂料口。

如果此时问题还没有得到解决，应该检查冷却系统，如果必要可加固之。如果冷却系统工作正常，但熔体温度仍然很高，那么应该考虑是否可改进冷却系统。可以采用水冷却机筒、螺杆冷却或降低进料温度等方法。

如果问题出在塑料高黏度上，探讨使用较低黏度的塑料或减黏剂。当在高螺杆转速下挤出高黏度塑料时，增加机筒温度可实际降低熔体温度的方法是少见的。较高机筒温度增加接近机筒表面的熔体温度，这将降低塑料熔体内的黏性耗散，可能导致在挤出机出口处的较低熔体温度。如果高熔体温度是由于非常高的机筒压力（大于30MPa）造成的，可通过减小机筒压力来降低熔体温度。可以采用增加口模的温度、放松口模的限流、减小过滤网的限流、改变口模设计或使用齿轮泵等方法实现这一目的。

4. 减少降解

这一过程的下列变化可以降低挤出机内的降解可能性：

减少停留时间和降低停留时间分布

降低原料温度和消除温度峰值

消除促进降解的物质

通常通过设计最大产量的螺杆来减少停留时间。如果可能的话，通过设计减小比能耗和避免滞留区的螺杆来获得低料温和降低温度峰值。因此，螺杆和口模的设计尽可能采用流线型设计。

在某些特殊情况下，设计一台低产量和小型制品的挤出机螺杆也许是有益的。一个实例是挤出非常小的导管，它的生产也许可以在2r/min螺杆转速下进行。在如此低的螺杆转速下，在挤出机内的平均停留时间将达到30～60min，在如此长的停留时间内很可能发生降解。在这样的情况下，设计一台具有低单位转速产量和小总体流道体积的挤出机是很有益的。通过减小螺棱升角、减小螺槽深度、增加螺棱宽度和增加螺纹数可达到这一目的。使用如此低产量的螺杆，螺杆转速可以从 2r/min 增加至 10r/min 平均停留时间可以从 60min 降低至 10min 以内。

高料温可能是挤出操作中的一个问题，在此情况中，挤出机高速运转，聚合物熔体黏度很高。影响黏性发热的一个主要螺杆参数是螺槽深度。增加螺槽深度可降低剪切速率，从而降低黏性发热，但螺杆的加工深度是有限制的。这些限制包括螺杆的强度、固体输送能力和熔融能力。增加螺槽深度到熔体输送能力超过熔融速率的程度是不可能的。在这种情况下，采用屏障式挤出机螺杆是非常有用的。

大多数要求控制熔体温度的情况之一是发泡挤出。在串联式发泡挤出生产线的第二台挤出机中，通常采用螺槽非常深的冷却螺杆，以降低黏性发热。也可以使用大螺纹升角的多级（一般为 6 级）薄螺棱，以增加螺杆的传热能力。

如果由于热氧化机理发生降解，应该从挤出机中排除空气。通过在料斗上、排气口或机头处设置氮气保护可以实现这一目的，可根据空气进入的位置来确定。如果由于水解作用发生降解，应该从工艺中排除湿气。如果在螺杆和机筒金属表面发生化学反应而发生降解，必须对螺杆和机筒选用非反应型材料。

第五节　树脂基复合材料挤出过程中最常遇到的问题分析

一、玻璃钢复合材料挤出过程的不稳定性

挤出机性能的变化也许是挤出过程中最常遇到的问题。不稳定性频繁发生的一个可能的原因是其产生原因的变化，其中：

（1）在加料斗内原料流动问题

（2）在挤出机内的固体输送问题

（3）熔融能力不够

（4）口模里的熔融温度不均匀

（5）螺杆温度波动

（6）牵引装置中的变化

（7）螺杆转速的变化

（8）螺缸磨损和螺杆磨损

（9）混炼能力的不足

（10）机头压力很低

（11）产生压力的能力不足

合适的仪器对于快速和准确地诊断问题是至关重要的。稳定挤出的先决条件是：一台性能良好的挤出机，一套良好的温度控制系统，一台良好的牵引装置，最重要的是良好的螺杆结构。大概由螺杆结构引起的不稳定比其他因素要多，但是，改变螺杆结构常常仅被认为是最后的选择。

挤出机设备应该能够控制螺杆速度精度在0.1%或更高，对于牵引装置也应该保持同样的控制精度。然而，在实际挤出机生产线，不是总能保持这样的状况。因此，挤出机应该配备某种类型的比例温度控制，最佳的如PID控制或更好。对于大多数的挤出操作而言，开关温度控制是不合适的。

熔体指数简称MI，是反映热塑性树脂熔体流动特性及分子量大小的指标，在一定的温度和负荷下，其熔体在10min内通过标准毛细管的质量值，以g/10min表示。熔融指数的大小可以在一定程度上反映聚合物分子量的大小。

在加工中熔融指数很常用，因为加工过程关心的是树脂熔体的流动性，不管分子量、分子量分布以及分子结构如何，最终都要反映在流动性上，所以熔融指数的意义对于加工来说很大。

二、玻璃钢复合材料挤出成型过程中挤出稳定及尺寸精度问题

挤出机的出口压力受各种因素的影响，存在着较大波动，必定会影响制品的尺寸精度，如果在挤出机的出口和模头之间加装一台熔体泵，可以用来稳定挤出机出口压力波动，使得线性挤出成为可能，从而提高塑料制品的尺寸精度，在单位时间内提高挤出机的产量。海科熔体泵是一种正位移输送设备，高精度的齿轮间隙和容积式结构设计，使稳定均衡的挤出成为可能，在化纤、造粒、塑料薄膜、片材、板材、型材、管材、电线电缆、拉丝、复合挤出等生产线上得到广泛应用，取得了比较好的效果。

（1）能实现稳定挤出，提高挤出制品尺寸精度，降低废品率。在挤出过程中，物料加料量的不均匀、机筒和机头温度的波动、螺杆转速的脉动等现象是难以避免的。使用熔体齿轮泵可消除加料系统的加料误差，大幅度减弱上游工艺传递的波动，快速地进入稳定的工作状态，提高挤出制品尺寸精度，降低废品率。

（2）提高产量，降低能耗，实现低温挤出，延长机器的寿命。由于挤出机安装了聚合物熔体泵，把挤出机的减压功能转移到齿轮泵上完成，挤出机可在低压低温状态下工作，漏流量大大减少，产量提高。齿轮泵比挤出机更易有效地建立机头压力，并可降低挤出机的背压，使螺杆承受的轴向力下降，延长使用寿命。

（3）具有线性挤出特性，便于上、下游设备协调工作。由于齿轮泵漏流量较少，泵的输送能力与转速基本呈线性关系，齿轮泵转速改变后，其流量能确切地

知道，由于可以确定上、下游设备与齿轮泵同步的工作速度，利用齿轮泵入口、出口处采集的压力、温度等信息资料，实现整个挤出过程全程在线监测与反馈控制。

控制系统采用西门子 PLC 可编程控制模式，配有先进的人机界面，能对压力、温度、流量、转速进行全方位的控制、自动和手动控制功能无忧切换，控制系统能很好地消除各种因素引起挤出机的压力波动，稳定出料口的压力，最大限度地发挥熔体泵在精密挤出方面的优势。

三、处理挤出不稳定性问题

导致玻璃钢复合材料挤出不稳定性有许多不同的原因。尽管其机理还不都是清楚的，下列的方法常常可以减小挤出不稳定性：降低螺杆温度波动；在出料端降低螺缸温度；在计量段减小螺槽深度；增加压缩段的长度；增加螺缸后部温度；增加机头温度。

解决这一问题的首要方法一般是调整螺缸温度设置或其他工艺条件。如果温度调整仍不能解决这个问题，应该检查硬件（热电偶，控制器，螺杆，螺缸，驱动装置等）。如果这个问题与硬件无关，它必定是一个功能问题，下一步是确定哪个功能区引起了这个问题。

如果通过改变加工条件仍不能解决这一问题，那么一般通过更换原材料、改变螺杆或螺缸设计来解决这个问题。在大多数情况下，更换原料是不可能的。在这种情况下，通常必须用新的螺杆结构来解决这个问题。

增加螺缸的温度通常将使挤出机出料端的聚合物熔体温度增加。然而，随着螺缸温度的增加，熔体温度也有可能降低。因为当螺缸温度增加时，局部熔体黏度减小，这将降低局部的黏性耗散热，所以这样的情况是可能发生的。这将导致在挤出机出料端较低的熔体温度。

四、斑点和变色

在玻璃钢挤出制品中，特别是在薄或透明制品中，斑点是常见的问题。斑点可以是黑色、棕色、黄色或不同于基质材料的其他任何颜色。斑点一般是由污染物，降解或磨损引起的。降解的表现形式有：变色、斑点、针孔、挥发物排出（烟雾）或挤出制品中物理性能的变化。

发现斑点和变色原因的方法：

① 检查污染物

② 检查高温

③ 检查停滞问题

④ 检查塑料的热稳定性

⑤ 检查异物粒子（或磨损）

减少降解的一般方法：

① 降低挤出机中原料的温度

② 减少在挤出机中的停留时间

③ 消除促进降解的物质，例如氧

④ 添加一些热稳定剂或改进热稳定剂的包装

能引起颜色不均匀的原因：

① 在挤出机中的混炼问题

② 颜色助剂或颜色浓度的变化

③ 颜色助剂与颜色深度和增量发生变化

④ 原料和母粒之间的兼容性问题

五、凝胶问题

关于凝胶粒的首要问题是，不同的人对凝胶一词的理解不同。

在玻璃钢制品加工中凝胶粒基本上是一个由不同折射率引起的可视缺陷。由于挤出机中流动过程的原因，凝胶粒通常是伸长椭圆形状，往往被称为鱼眼，因为凝胶粒能形成可视的缺陷，在薄壁制品中，如薄膜、软管和纤维等，它们可能会发生问题，在厚壁制品中，凝胶粒通常是不可见的，因此不会被认为是一个问题。

产生凝胶粒的原因有几种，其中包括高分子量物质、交联、降解和污染物等。高分子量物质和交联颗粒形成的伸长椭圆凝胶粒，通常在鱼眼中心没有点。异物（如在催化剂中使用的硅土）、无机材料、添加剂或硬物质微粒一般形成的凝胶粒，其中心有点，这些物质最像鱼眼。

为了避免凝胶粒，在挤出机中避免死角是很重要的。通过确认螺杆和机头都具有流线型设计，即可以达到这一要求。应该避免带有滞留区的混炼段。螺杆、螺缸和机头表面光滑，没有沟槽、刮痕都是很重要的，这些缺陷也许会积累熔融塑料，并引起降解。在挤出机中减少凝胶形成的另一种方法是，在开始挤出时采用该塑料的高稳定性品级或甚至不同的塑料，用一层塑料的抗降层涂敷必要的表面。这种方法能够减少降解和形成凝胶的可能性。检查树脂进料管、混料器、进料器、料斗和其他原料处理设备组件中的粉末、纸带或来自其他塑料的污染物。为了避免粉末、纸带和污染物等，在更换原料种类时，应该彻底排空和清理原料处理设备。

六、口模流动问题

口模流动问题将典型地导致外观问题。相关的问题有：熔体破裂、模唇挂料、凝胶粒、V-形状或 W-形状、斑点和变色、线痕与光学性质和外观的问题（例如透明度、消光度、光泽、光雾度等）。

（1）熔体破裂

表面粗糙，鲨鱼皮、橘皮和其他变形。减少或消除熔体破裂的方法有：使口模流道流线型化；在成型区段降低剪切应力（在低于熔体破裂的临界剪切应力下操作）；使用加工助剂（例如在聚乙烯中加入含氟弹性体）；采用超高挤出（在高于熔体破裂的临界剪切应力下操作）。

使口模流道流线型化总是一个好方法，但它将增加口模的成本。对于大体积制品，设计制造全流线型的口模通常是有意义的。对于小体积制品，这样也许没有经济价值。

在成型区段实现降低剪切应力的方法有：提高口模段温度；开大口模成型区段（增大口模间隙）；降低挤出速率；使用加工助剂（例如外润滑剂、降黏剂）；增加熔体温度；降低聚合物熔体黏度；采用较容易剪切变稀塑料。

超高速挤出技术是使在口模成型区的剪切应力高于熔体破裂临界剪切应力。它使聚合物呈现在高于熔体破裂区的第二稳定区。线性聚合物，如 HDPE、FEP 和 PFA，呈现出超高速挤出行为。可以使用毛细管流变仪测定聚合物的熔体破裂行为，在不同的剪切速率下挤出聚合物熔体并观察挤出制品相应的条件。

通过在这样的条件下运行，即剪切应力值低于熔体破裂的临界值或高于其临界剪切应力值，可以避免熔体破裂行为的发生。这需要操作时的剪切速率应低于熔体破裂临界剪切速率下限或高于熔体破裂剪切速率上限。

（2）模唇挂料

是挤出过程中常见的问题，材料正好积聚在口模处，挂料能够引起挤出制品上的线痕，这类问题常常被称为口模滴料。尽管也可能会发生在非混合塑料的挤出中，但是，它典型地是由混合物中不兼容的组分引起的。引起口模滴料的原因可能有：熔融塑料中的气体或湿气、降解、直填充料或添加剂的较差分散等。通过改变材料、工艺或口模设计，可以减少口模滴料现象。通过改变材料减少口模滴料的方法有：排除不相容的组分；增加含氟弹性体；增加兼容剂；改变共混程序。

改变工艺减少口模滴料的方法有：调整口模温度（通常是降低）；在口模出口吹空气；在口模出口使用刮刀。

改变口模设计减少口模滴料的方法有：在口模内采用低摩擦镀层；使用另一种口模材料，例如陶瓷；采用较长的成型段长度；在口模的成型段区采用小锥度。

检查口模内表面质量也是很重要的，如划痕、很差的镀层、凹痕表面或很差的表面质量。如果发现了这些情况中的任一种，都必须修正，以减少模唇挂料。有趣的是减少口模滴料的这几种方法也可以减少熔体破裂现象。减少熔体破裂的加工助剂常常也可减少口模滴料。

七、解决挤出模头渗料难题的问题

模头咬模现象也称为口模泄料、模头渗料、积垢，是挤出加工过程中一种常见的故障问题。这种故障会引起多种产品缺陷，如可见挤出产品表面缺料、加工流程中断和产品完全开裂等。碰到这种故障问题时，加工厂商往往只得花费时间和人力去排除故障，而至于如何才能避免出现这种故障问题则毫无办法和对策。

在挤出生产线运转时，形状简单的口模可能保持洁净状态。将挤出物牵引离开口模的角度改变，可改变口模上出现渗料的布局形状，并使之容易清洁。咬模现象也可有意识地转移在挤出产品上出现，使之进一步远离生产设备。如加工挤出片材时，安装使用机械式自动刮刀，可避免出现咬模故障。

但是，大多数加工厂通常不得不中断生产线运转，来排除咬模故障，在经济上很不划算。口模清除干净之后，在模头的外表面涂上脱模剂或硅酮，可减小咬模发生的几率，延长清洁模头的间隔周期。稍微降低生产速率，也可减少咬模现象的出现，但这会影响产量。所有的上述解决方法，都不是关键所在。有一种更好的解决方法可以使你懂得引发咬模现象的原因所在。

咬模现象与模口处的应力大小有关，树脂在模头内相对缓慢地流动，当挤出至模口时突然加速运动。这种加速运动会在熔体内产生一种应力。在应力作用下，低分子量聚合物组分与熔体内其他的组分相互分离，并且积聚在模口。解决的方法无非是降低模口处的应力，或者降低熔体内各种组分相互分离倾向。这些解决方法包括改变工艺条件、原材料以及口模。

1. 改变工艺方法

提高熔体温度和模头温度是降低挤出物在模口应力的方法之一，但这可能会造成低分子量组分发生降解。改变熔体和模头温度的方法容易操作和便于观察。有时，设置较低的模头温度可能会在模芯表面形成一层树脂冷流层，该冷流层会缓慢蠕动，挤出至模口后即刻与主体熔体流分离，进而形成咬模现象。

首先检测熔体的真实温度，然后将模头温度设置为同一温度。由于普通熔体热电偶检测的数据通常是错误的，所以须手工检测熔体温度。手工检测步骤操作虽然麻烦，但很有必要这样做。同时，模头的外表面要比模头内部的温度低得多。可以试用一个表面热电偶探测模头出口的温度。

在模口外进行鼓风有助于减少和控制咬模现象。鼓风棒上设有钻孔，均匀地喷出压缩空气，其形状要根据挤出型材的轮廓来设定。经鼓风后可直接将模头上形成的烟雾和冷凝物除去，同时还可使模口处的渗料冷却降温，使之不会发生氧化和变黑。

氮气可用于防止氧化，但须注意鼓送氮气的风速不能过大，以避免冷却模头造成挤出故障。

2. 改变材料方法

使用不同的加工原材料会造成不同的咬模现象，从轻微的引流口现象到严重的有蓬松状物出现等咬模问题。轻微的、引流口咬模现象通常是由原材料中的低分子量组分引起，挤出模口后形成挥发，并凝结在模头的外表面。出现严重的、有蓬松状物咬模现象的原因通常是：熔体内产生了部分发泡、原材料的相容性不佳或是模头内存在过高压力。还有就是树脂有过高的湿气度，加工过程中易引起树脂发生降解、熔体发生断裂以及设备排气不良等现象。

有部分牌号树脂在挤出加工过程中更易出现咬模问题，即使与其他牌号树脂的性能指标非常相似。如果发生模头咬模现象，可以改用其他树脂制造商提供的相似牌号材料。若改用材料后咬模情况得到改观，说明原先的树脂供应商着重解决材料的性能问题，如此解决了出现咬模的问题。

不同厂家出品的树脂有可能具有相同的剪切黏度，但其拉伸黏度却相差甚远。若各种树脂之间没有发现其他的差异，可尝试检测一下拉伸黏度。由于模口处存在较高的挤出应力，拉伸黏度较高的树脂更易出现多种咬模故障问题。

具有高离模膨胀比的树脂有时会导致咬模现象高发生概率。分子量分布较窄的树脂通常有较低的离模膨胀比，但并不意味着必然很少发生咬模问题。分子量分布较窄的树脂通常难以加工，并含有低分子量的组分，这也导致易出现咬模现象。

人们可能希望有一套模头咬模故障的公式化检测及解决方法。再次重申，边角再生料由于热降解的原因而通常含有低分子量组分，防降解助剂或者链增长剂有助于组分进行重聚合化。如果没有生成重聚合化作用，须更换所使用的边角再生料。

有时候添加润滑剂也可减少出现咬模现象，但添加过多的润滑剂实际上反而容易造成模头渗料。配方中不同材料组分的化学相容性也是一个需考虑的问题。例如，出现严重的模头渗料情况往往是由于在熔体混料中存在着较高的聚合物不相容性。在某些情况下，添加增容剂可改善这一问题。添加少量的氟化聚合物助剂也有助于降低模口的挤出应力。

部分类型的模头渗料会很快发生氧化，漏料变为棕色或黑色。添加抗氧剂可改善这种现象，但不能从根本上解决模头漏料问题，却可以使部分漏料附着在挤出产品上，外观上不易被发现。

3. 改变模口形状方法

在模口外表面涂覆 PTFE 等氟化聚合物以防止出现咬模现象的解决方法很

少有成功的案例。更有效的方法是将模头内部结构采用金属涂料和氟化聚合物同时结合涂覆，以降低模口处的挤出应力。

目前，人们已成功地应用模头流动模拟分析方法来探索模口产生挤出应力的原因，并用于评估改变模口的几何形状的效果。改变模口几何形状以减小挤出应力的方法，是目前流行的研究课题。

有部分塑料制品加工厂和树脂供应商申请了一些关于模口几何形状的专利，这些专利介绍称，可减少模头出现咬模故障的模口几何改变措施包括：突变方形模口、方形针尖式模口、半弧形模口、向外台阶式模口、向内台阶式模口、向外胀口式模口。

增加模头成型段长度可减小膨胀比，因而可减少出现咬模现象。或者扩大模口尺寸，以降低模口的挤出应力，进而加工得到理想尺寸的挤出产品。

八、空气滞留问题

空气滞留是挤出过程中相当普遍的问题。它是由随着从料斗进入的原料颗粒被带入的空气引起的。正常情况下，在加料段中对固体原料粒的压力将迫使空气脱离固体床。然而，在某些环境下，空气不能从料斗中释放出来，并随着聚合物移动直至从口模排出。随着气穴从挤出机中排出，压力突然释放至非常低的环境压力，这将引起被压缩的气泡以爆炸的方式爆裂。即使气泡不爆裂的话，由于空气的存在，挤出制品一般也是不合格的。

对于空气滞留问题，有一些可能的解决方案。第一种方法应该是改变固体输送区的温度，以使固体床更加压实。往往螺缸第一段温度的增加将减少空气滞留，但在某些情况下，温度的降低将改善滞留空气问题。任何情况下，在空气滞留的过程中，固体输送段的温度是重要的参数。螺缸和螺杆的温度都是很重要的。因此，如果螺杆温度调节能力可行的话，应该明确地用它来降低空气留滞问题。

第二个步骤是增加机头的压力，沿挤出机改变压力分布，以实现固体床更快地挤压。可以通过在多孔板前增加过滤网来增加机头的压力。另一种可能的选择方案是对挤出机进行饥饿加料。然而，这将降低挤出机的产量和需要辅助的硬件，如精确的加料装置。

上述的推荐解决方案的执行都相当简单。然而，如果这些方法都不能解决问题，必须采用更有效的步骤。必须考虑的一种可能性是改变颗粒尺寸和形状。如果这是一种合理的选择，它将最有希望解决这个问题。

应当指出的是，挤出制品中的气泡不仅是空气滞留的一个信号，也可能是湿气、表面处理剂或聚合物本身的可挥发成分。

在某些情况下，料粒本身也含有少量的气泡。在这种情况下，少数可能的方案之一是排气挤出，因为其他推荐的大多数方案在这种情况下都是不起作用的。树形图介绍了在系统分析处理中上述的帮助方案。

九、玻璃钢复合材料挤出制品中的线痕

可能造成线痕的因素有：口模，多孔板，螺杆，模唇挂料，下游设备，如测径仪、冷却水槽、牵引机等。在口模出口处立刻可见的线痕所形成的位置必定是在口模出口处（例如由口模滴料引起的线痕），口模内（口模内很差的表面情况，或在口模内的挂料），上游位置（在多孔板，过滤网或螺杆）。单根线痕常常是在直角口模内形成的。当由直通口模引起线痕时，线痕的数量将与支架肋数量相匹配。多孔板能在制品中引起大量的线痕。

线痕也可能来自于口模的下游，例如在测径仪中。线痕可能由与挤出制品接触的物品引起，或由局部冷或热区造成。通过观察挤出过程中线痕发生的位置，一般很容易诊断出这些问题。

熔接痕在挤出制品中的线痕可能来自于熔接痕。当聚合物熔体在口模中或者甚至在口模前分离和重新熔合时，会形成这些熔接痕。熔接痕也被称为汇合痕，这些线痕可能在软管和硬管口模内形成，所发生的位置是模芯被支架的肋条支撑的地方。聚合物熔体在支架肋条开始处被分离，并在流经支架后再一次流动到一起。由于聚合物大分子的有限的迁移度，这些分子重新缠绕需要一定的时间。这种重新缠绕的过程也被称为恢复过程。分子越长重新缠绕所需的时间越长。因此，高分子量（高黏度）聚合物比低分子量（低黏度）聚合物更易产生熔接痕。

决定熔接痕问题的严重程度的因素有：①从熔体流线重新接合到口模出口的时间长度（停留时间）；②聚合物熔体恢复的时间。如果停留时间长于恢复时间，熔接痕将在口模内消失，不会在挤出制品上出现问题。然而，如果停留时间短于恢复时间，熔接痕将不会在口模消失，将在挤出制品上引发问题。通过在口模内增加停留时间或减少聚合物熔体的恢复时间，可以减少或消除熔接痕问题。

可以通过降低流量（挤出机产量）或改变口模几何结构，增加在口模内的停留时间。流动分流结构必须尽可能地远离口模出口处。某些口模结构可以减少熔接痕的问题。例如，可用于硬管、软管、吹膜的螺旋芯棒模头，当熔体流过螺旋模芯部分时，熔接痕被展开，这种方法在很大程度上能消除熔接痕。带有旋转芯棒或旋转口模的软、硬管模头也可以有效地展开熔接痕，并消除熔接痕。某些口模具有弛豫区，用于强化恢复过程。弛豫区是口模流道内的主要局部区域，在这里，流道的横截面积被增加。恢复时间取决于聚合物的分子量和熔体温度。降低聚合物分子量将加速再缠绕过程。较高的熔体温度也将增加聚合物分子的迁移度和降低恢复时间。分子结构也将起着重要的作用。线型聚合物的分子更易于排列。

第六节 透明玻璃钢制品注塑过程中
最常遇到的问题分析

透明塑料由于透光率要高，必然对塑料制品表面质量要求严格，不能有任何斑纹、气孔、泛白、雾晕、黑点、变色、光泽不佳等缺陷，因而在整个注塑过程对原料、设备、模具甚至产品的设计，都要十分注意和提出严格甚至特殊的要求。其次由于透明塑料大多熔点高、流动性差，因此为保证产品的表面质量，往往要对温度、注射压力、注射速度等工艺参数做细微调整，使注塑料时既能充满模，又不会产生内应力而引起产品变形和开裂。

因此对原料准备、对设备和模具的要求、注塑工艺和产品的原料处理几方面都要进行严格的操作。

一、原料的准备与干燥

由于在玻璃钢复合材料中含有任何一点杂质，都可能影响产品的透明度，因此在储存、运输、加料过程中，必须注意密封，保证原料干净。特别是原料中含有水分，加热后会引起原料变质，所以一定要干燥，并在注塑时，加料必须使用干燥料斗。还要注意的一点是干燥过程中，输入的空气最好应经过滤、除湿，以便保证不会污染原料。其干燥工艺如表 3-1 所示。

表 3-1 透明玻璃钢复合材料的干燥工艺

材料/工艺	干燥温度/℃	干燥时间/h	料层厚度/mm	备注
PMMA	70～80	2～4	30～40	
PC	120～130	>6	<30	采用热风循环干燥
PET	140～180	3～4		采用连续干燥加料装置为佳

二、机筒、螺杆及其附件的清洁

为防止原料污染和在螺杆及附件凹陷处存有旧料或杂质，特别是热稳定性差的树脂存在，因此在使用前、停机后都应用螺杆清洗剂清洗干净各件，使其不得粘有杂质，当没有螺杆清洗剂时，可用 PE、PS 等树脂清洗螺杆。当临时停机时，为防止原料在高温下停留时间长，引起降解，应将干燥机和机筒温度降低，如 PC、PMMA 等机筒温度都要降至 160℃ 以下。（料斗温度对于 PC 应降至 100℃ 以下）

三、在模具设计上应注意的问题

为了防止出现回流动不畅，或冷却不均造成塑料成型不良，产生表面缺陷和变质，一般在模具设计时，应注意以下几点。

（1）壁厚应尽量均匀一致，脱模斜度要足够大；

（2）过渡部分应逐步、圆滑过渡，防止有尖角、锐边产生，特别是 PC 产品一定不要有缺口；

（3）浇口、流道尽可能宽大、粗短，且应根据收缩冷凝过程设置浇口位置，必要时应加冷料井；

（4）模具表面应光洁，粗糙度低（最好低于 0.8）；

（5）排气孔、槽必须足够，以及时排出空气和熔体中的气体；

（6）除 PET 外，壁厚不要太薄，一般不得小于 1mm。

四、注塑工艺方面应注意的问题

为了减少内应力和表面质量缺陷，在注塑工艺方面应注意以下几方面的问题。

（1）应选用专用螺杆、带单独温控射嘴的注塑机；

（2）注射温度在塑料树脂不分解的前提下，宜用较高注射湿度；

（3）注射压力：一般较高，以克服熔料黏度大的缺陷，但压力太高会产生内应力造成脱模困难和变形；

（4）注射速度：在满足充模的情况下，一般宜低，最好能采用慢-快-慢多级注射；

（5）保压时间和成型周期：在满足产品充模，不产生凹陷、气泡的情况下，宜尽量短，以尽量减低熔料在机筒的停留时间；

（6）螺杆转速和背压：在满足塑化质量的前提下，应尽量低，防止产生降解；

（7）模具温度：制品的冷却好坏，对质量影响极大，所以模温一定要能精确控制其过程，有可能的话，模温宜高一些好。

五、其他方面的问题

由于要防上表面质量恶化，一般注塑时尽量少用脱模剂，当需用时用量不得大于 20%。

除 PET 外，制品都应进行后处理，以消除内应力，PMMA 应热风循环干燥 4h；PC 应通过清洁空气、甘油、液体石蜡等加热至 110~135℃，时间按产品而定，最高需要 10h。而 PET 必须经过双向拉伸的工序，才能得到良好的力学性能。

第七节　玻璃钢加工过程最常出现的质量问题与现象分析

一、玻璃钢加工过程白斑现象的出现原因与分析

玻璃钢，即玻璃纤维增强塑料（GFRP 或 FRP），是一种品种繁多、性能各别、用途广泛的复合材料。它是由合成树脂和玻璃纤维经复合工艺制作而成的一种功能型的新型材料。

玻璃钢材料，具有重量轻，比强度高，耐腐蚀，电绝缘性能好，传热慢，热绝缘性好，耐瞬时超高温性能好，容易着色以及能透过电磁波等特性。与常用的金属材料相比，它还具有可设计性、一次性、节能性。一次性决定了它制作工艺的严谨性，因此在制作的过程中往往会出现很多预想不到的问题，如下主要是对玻璃钢制作过程中出现白斑的现象，做原因分析和解决方案。

原因分析：

（1）色浆本身没有做好，会因浮色而形成玻璃钢白斑。

（2）料团黏度过高不利于分散搅拌。

（3）固化时间较短的树脂更容易产生像这样纤维浸润不透的玻璃钢白斑现象。

（4）进料速度过快，最后把树脂都抽出去了，会产生玻璃钢白斑。

（5）玻纤和粉体填料的分散问题，也很容易造成玻璃钢白斑。

（6）经受了不适当的机械外力的冲击造成局部树脂与玻璃纤维的分离而形成玻璃钢白斑。

（7）局部板材受到含氟化学药品的渗入而对玻璃纤维布织点的浸蚀，形成有规律性的白点（较为严重时可看出呈方形）。

（8）受到了不当的热应力作用也会造成玻璃钢白斑。

解决方法：

（1）从工艺上采取措施，尽量减少或降低机械加工过度的振动现象以减少机械外力的作用。

（2）特别是在退锡铅合金镀层时，易发生在镀金插头片与插头片之间，须注意选择适宜的退锡铅药水及操作工艺。

（3）特别是热风整平、红外热熔等如控制失灵，会造成热应力的作用导致基板内产生缺陷。

（4）检查材料的水分，另外在压制过程中减少放气次数。

（5）改变导流管/导流网的铺制。

二、玻璃钢加工过程中防止玻璃钢模具表面出现气泡的问题分析

在实际生产中，玻璃钢模具表面存在着或多或少的气泡。这些气泡是导致玻璃钢模具表面质量下降的主要原因，从而影响产品的表面质量，甚至导致产品脱模困难。这是因为在使用过程中，由于大量气泡的存在，容易使树脂固化过程中形成的低分子量的苯乙烯或受热气化的脱模蜡等被吸附，沉积在该处，产生明显的积垢，影响产品的表面质量和脱模，从而在生产中造成了困难，影响生产效率。笔者认为产生气泡的原因是多方面的，解决表面气泡的方法主要从模具胶衣、固化体系和胶衣施工的操作方法来寻求。

首先选择优质的模具胶衣。模具胶衣作为模具的表层，要求固化后的表面致密，具有一定的强度和硬度。但由于胶衣的树脂基体、添加的辅料、质量控制等方面的影响，胶衣的流平性、消泡性、黏度、触变性等最终产品质量指标有着很大的区别，也会在胶衣层产生不同的缺陷。这样的胶衣在施工时又对操作人员的技能要求更高，体现在施工时现场人员必须根据实际情况进行相应的调整。优质的模具胶衣应该是喷涂型胶衣，具有低黏度、高触变性、良好的消泡性和流平性，固化特性稳定。为了达到以上的目的，胶衣中除使用优异的基体树脂，同时需要添加流平和消泡类物质，以提高胶衣的流平性和消泡性，但注意这类物质为小分子类物质，不参与反应，同时因为有溶剂存在，可能导致气泡的出现，从而必须选择高效的流平和消泡助剂，避免使用较多的添加量而引入过量的小分子物质。因此应该选择优质的模具胶衣，采用喷涂方式，这样可以有效地降低模具胶衣层中的气泡。

其次，胶衣的固化体系也是容易产生气泡的因素之一。不成比例的促进剂和引发剂会在胶衣固化后，多余的部分残留在胶衣中，出现在胶衣表面脱模后则形成气泡。过量的固化体系或过高的气温容易导致胶衣的凝胶时间缩短过多，使胶衣在应用过程中带入的空气无法及时逸出，导致胶衣中有大量微型气泡存在，在胶衣表面时就形成气泡。在胶衣量少的时候，容易因计量的误差导致加入量的不成比例或过多，因此建议使用预促型胶衣，促进剂的加入比例比较精确，凝胶时间比较稳定，减少了搅拌促进剂时引入气泡次数。也可以容易地做到凝胶时间的控制。一次喷涂过厚的胶衣，在高触变性的胶衣中操作过程中带入的气泡不会很方便地逸出，往往形成胶衣中的气泡。适量的引发剂和促进剂、合理的凝胶时间、均匀的胶衣厚度可以有效地降低气泡。引发剂的质量也会影响胶衣的质量。优质的引发剂含有的过氧化氢少，在引发树脂聚合反应时分解产生的水分子少，从而提高了胶衣的固化程度，降低了气泡等缺陷出现的几率，从而有效地提高表

面硬度和表面致密程度等表面质量。

在胶衣的施工过程中，模型表面、操作环境、操作方法等也会不同程度地导致气泡的出现。首先作为模具的模具——产品模型，表面质量将直接影响模具的表面质量。疏松、粗糙的表面是不利形成良好的胶衣表面的，由于疏松、粗糙的表面的表面积较大，不利于胶衣施工过程中微小气泡的排出。对于疏松的、粗糙的表面必须采用表面处理，提高表面的致密程度和硬度，以便于提高表面的光洁度。其次在模型投入使用时，环境的空气清洁程度也将会造成影响，如空气中粉尘落在模型表面或在胶衣喷涂过程中一起落在模具表面，就会产生质量隐患，再者喷涂用的压缩空气清洁程度是是否产生气泡缺陷的原因之一，必须使用干净清洁的空气，避免水汽油滴等污染造成气泡的产生。

胶衣的施工方法不当也会造成气泡的产生，喷涂胶衣比手刷胶衣产生气泡的概率小，主要是因为喷涂胶衣黏度低，喷涂施工厚度均匀，容易控制，比较有利于气泡的排出。在喷涂时应该在模型表面脱模处理完成后及时进行，避免脱模层的污染，喷涂时应该在首遍的首层薄喷，每层之间间隔 1～2min，以利于胶衣中的气泡排出，减少气泡产生。选择触变性好、黏度低的胶衣是气泡少的必要条件，好的胶衣具有优秀的消泡性和流平性，模具胶衣黏度过大时，最好不要使用溶剂（苯乙烯、丙酮等）来稀释。由于溶剂的小分子会挥发形成气泡，增加胶衣中产生气泡的可能性，最佳的方法是提高环境温度和胶衣温度来降低胶衣的黏度。18～30℃ 的温度，35%～65% 的相对湿度是胶衣喷涂的最佳条件，温度过低，胶衣的黏度过大，不利于胶衣中气泡的排出；温度过高，胶衣的胶凝时间过短，在胶衣中气泡没有排出就已经胶凝。这些均可以导致气泡的产生。

综上所述，制作无气泡模具应从模型的表面、模具胶衣材料及引发固化体系、操作环境、施工的方法等多方面来整体解决。不能完全依靠某个方面的改善，而期望得到一个理想的没有气泡的模具表面。作为玻璃钢生产重要的工装设备之一的模具，其表面质量的好坏直接影响产品的质量和生产效率，良好的模具表面可以减少大量的产品后处理人力和物力，缩短了工作流程，节约了操作场地，提高了生产效率，改善了工作环境，降低了劳动强度。

三、影响玻璃钢性能的因素和预制技术及质量问题分析

玻璃钢液压机配备的润滑系统，为系统须润滑部分（主要是导轨）提供润滑油，减少运动件的磨损。润滑回路的开启与关闭由 PLC 进行控制。

1. 玻璃钢的耐腐蚀性能

玻璃钢的耐腐蚀性能主要取决于树脂。树脂属于塑料和橡胶一类的高分子材料，具有很好的耐腐蚀性能。但是，不是所有的树脂都能既耐酸又耐碱溶液的腐

蚀。如酚醛树脂耐稀酸性能很好，在硫酸浓度小于 50％、温度至沸点的条件下，其年腐蚀率为 0.05～0.5mm；但在氢氧化钙浓度小于 50％、温度高于 25℃的条件下，其年腐蚀率为 0.5～1.5mm，腐蚀严重。而呋喃（糠醇）树脂的耐碱性能很好，在氢氧化钙浓度小于 30％、温度低于 110℃的条件下，其年腐蚀率为 0.05～0.5mm；但在硫酸浓度 10％～70％，温度高于 25℃的条件下，其年腐蚀率为 0.5～1.5mm，腐蚀严重。所以对于不同的腐蚀环境，针对性选择合适的树脂类型，才能很好地满足设备和工艺的防腐要求。

2. 修补玻璃钢制品裂缝用的玻璃钢材料技术及质量问题

所用材料：高强玻纤布、环氧树脂和配套的固化剂。

修补方法：裂缝周围清理干净；调好环氧树脂；把调好的环氧树脂涂到裂缝周围；贴玻纤布；干燥凝固；再涂一层环氧树脂；再贴一层玻纤布；干燥凝固；再涂一层环氧树脂；再贴一层玻纤布……最后表面再涂一层环氧树脂就可以。一般做 3 胶 2 布就可以，为了增加强度，也可以做成 4 胶 3 布或更多。

（1）表面封闭法　用 AF855 防水材料或 AE111 密封材料直接将裂缝封闭。裂缝封闭的主要目的是防止渗漏和避免钢筋锈蚀，适用于宽度小于 0.2mm 且在规范允许范围内的裂缝。

（2）低压注射法　以 0.4MPa 的压力持续将高强度、高流动度的裂缝修补剂 AE160 注射入裂缝内，从而恢复混凝土强度和刚度。该方法主要适用于宽度在 0.01～1.5mm 的静止裂缝。

（3）高压注射法　以 20～40MPa 的压力将 AE160 或 AS155 等裂缝修补材料压入裂缝中。该方法适用于较细较深的裂缝和大体积的混凝土疏松或蜂窝。

（4）V 型切槽法　在构件表面沿裂缝走向切出 V 型槽，用 AE111 改性环氧树脂、AF806 弹性填缝胶、AS155 改性聚氨酯、AF855 丙烯酸充填，表面用纤维材料封闭。该方法适用于 0.5mm 以上的活动或静止裂缝。

四、玻璃钢加工过程中如何解决不饱和树脂出现颜色黄变的问题与分析

热氧和紫外线是黄变的主要原因，除了在生产、储存过程中充惰性气体尽可能隔绝与氧气的接触外，更有效的方法是添加抗氧剂与紫外线吸收剂，可有效地防止与延迟聚酯发生黄变。

不饱和聚酯树脂作为复合材料，在涂料、玻璃钢、人造石、工艺品等领域，都已经得到了较好的应用。但不饱和树脂的颜色黄变，一直是一个困扰生产厂家的问题。据不饱和树脂网专家介绍，通常不饱和树脂的黄变原因包括以下几种：

（1）不饱和树脂酯化合成过程中，由于高温引起的热老化黄变。不饱和树脂

一般酯化温度为 $180 \sim 220{}^{\circ}\mathrm{C}$ 甚至更高，在此温度下树脂很容易因热老化而变黄，影响树脂产品外观；

（2）树脂接触紫外线而引起的黄变，主要因素是树脂中存在的苯环（包括芳香族二元酸酐和苯乙烯引入的苯环），原因可能是芳香族化合物在高温时发生热氧降解，容易发生 $\pi \rightarrow \pi$ 轨道上的电子跃迁，使树脂呈现黄色；

（3）树脂生产过程中，因装置密封性不好等原因使原料接触氧气，通用不饱和聚酯分子链中不仅含有酯基、羟基、羧基，而且含有双键和芳香环，微量氧能使其发生热氧化降解，最明显的表现就是树脂颜色变黄；

（4）添加剂的影响。如抗氧剂、阻聚剂、固化剂等，胺类抗氧剂易转变成氮氧自由基而使制品着色，常用的阻聚剂，如对苯二酚，在微量氧存在时氧化为醌类，醌类本身带有颜色，从而影响树脂的颜色，固化剂有些厂家仍采用过氧化酰类-叔胺体系和过氧化酮类-金属皂体系，由于叔胺和金属皂都有颜色，容易使树脂着色。当然也会有其他导致树脂变黄的原因。总的来说热氧和紫外线是黄变的主要原因。采用饱和二元酸（或酸酐）代替芳香族二元酸（或酸酐），虽然可以在一定程度上使树脂颜色浅一点，但考虑到树脂性能、成本等各方面的因素，所以此法也是不够理想的。

据不饱和树脂网专家介绍，除了在生产、储存过程中充惰性气体尽可能隔绝与氧气的接触外，更有效的方法是添加抗氧剂与紫外线吸收剂，可有效地防止与延迟聚酯发生黄变。专家推荐的不饱和树脂抗黄变解决方案是：选用不含胺类的抗氧剂，而采用主辅抗氧剂复配使用，主抗氧剂通常为受阻酚类，可以捕捉过氧化自由基；辅助抗氧剂则为亚磷酸酯类，在分解的同时还能螯合金属离子，防止树脂氧化变色。如果想进一步提高耐黄变、耐候性，建议再添加紫外线吸收剂进去，添加紫外线吸收剂能有效抑制高分子材料在紫外线作用下的黄变现象，且给产品提供优异的保护作用，有效防止光泽的降低、裂纹、气泡、脱层的产生，明显提高产品的耐候性，与抗氧剂一起使用有很好的协同效应。当然抗氧剂与紫外线吸收剂的使用，并不能从根本上解决黄变问题，但是在一定的范围内，还是能有效地防止不饱和聚酯产品氧化黄变，保持产品水色透明，提高产品的档次。

第八节　玻璃钢加工过程材料/制作设备/成型方法与分析

一、玻璃钢加工过程的原材料分析

质量是一个古老而又常新的话题。玻璃钢模具的质量，无论是模具的设计者和制造者、制件的设计者，还是模具的使用者都应积极关心。技术的不断创新、新材料的广泛采用、加工工艺的不断变革、使用与维护条件的差异等都不同程度地影响模具的质量。

玻璃钢制作时所用的原材料树脂品种，主要有不饱和聚酯树脂（UP）、环氧树脂、酚醛树脂、热固性树脂（呋喃类树脂、三聚氰胺甲醛树脂、聚丁二烯树脂、有机硅树脂等）、聚氨酯树脂，以及其他热塑性树脂类，例如聚乙烯、聚丙烯、聚苯乙烯、苯乙烯-丙烯腈树脂（SAN 或 AS 树脂）、ABS 树脂、聚酰胺、聚碳酸酯、聚甲醛、聚酰亚胺、改性聚酰亚胺、聚砜、聚砜醚、聚芳醚酮、聚苯硫醚、芳香族聚酯等热塑性树脂。玻璃钢制作使用最多的是不饱和聚酯树脂，其原因是由于不饱和聚酯树脂的原材料来源较为广泛，价格较为便宜、并且成型工艺简单、成型温度较低、生产成本低等。

若按产品性能来分类，可分为如下的类别：

（1）通用型不饱和聚酯树脂：这种树脂是应用得最多的树脂品种，如 191 树脂、196 树脂等。

（2）柔韧型不饱和聚酯树脂：这种树脂制成玻璃钢制品后，其制品具有较好的柔韧性。其牌号为 TM182、304、T541 等。

（3）弹性不饱和聚酯树脂：这种树脂具有较高的弯曲强度，更坚韧而无脆性，适宜制作家具高档涂料，以及机器外壳等。

（4）耐化学药品型的不饱和聚酯树脂：这类树脂具有较好的耐腐蚀性能，由于腐蚀介质种类很多，因此针对不同的介质可以使用不同的耐腐蚀树脂。其牌号有 197、3301、323、MFE-2 等。

（5）阻燃型不饱和聚酯树脂：这类树脂可分为合成型和添加型两种，均可达到阻燃的效果。其牌号为 7901、S-906、TM302、317 等。

（6）耐热型不饱和聚酯树脂：这类树脂可以制成在较高温度下使用的玻璃钢制品，其热变形温度至少不低于 110℃。其牌号为 TM197、TM199、S685 等。

（7）光稳定型和耐气候型不饱和聚酯树脂：这类树脂具有较好的耐大气的老化性能，暴露在日光条件下可以长期使用，仍保存一定的使用性能。其牌号为 TM195、S692、F45、515 等。

（8）空气干燥型不饱和聚酯树脂：这类树脂具有空干性，即暴露在空气中进行固化，其表面不会发黏，以便改善其工艺性能及产品的使用性能，但其固化条件仍与通用型不饱和树脂的相同，在低温或室温下进行固化。其牌号为 SGA20、桐酸型不饱和聚酯树脂等。

（9）铸塑型不饱和聚酯树脂：这类树脂是一类低收缩、低放热的树脂，其主要的特性是铸塑时不会产生裂纹及破裂，可避免产生应力集中现象，并且颜色浅，透明性好。其牌号为 SB39、S793 等。

（10）胶衣不饱和聚酯树脂（通常称为胶衣树脂）：这类树脂在手工制作玻璃

钢制品时十分重要。它不但可以起到玻璃钢表面的保护层作用，而且可以起到表面的装饰效果，起着十分重要的作用。

（11）由于玻璃钢制品的使用环境及要求各不相同，因此必须根据实际情况，选用不同品种的胶衣树脂。目前的牌号为 TM-33、TM-35、S-739、胶衣 33 等。

（12）SMC/BMC 专用不饱和聚酯树脂（简称 SMC/BMC 专用树脂）：这类树脂的主要特点是黏度低、增稠快、活性高，能快速固化，耐水性和耐热性能好，稳定性好等。目前的牌号为 22、S-816、S-817 等。

二、无碱布增强玻璃钢固化全透成型材料配方分析

无碱布增强玻璃钢固化全透成型材料，它主要由大料、稀释剂、小料按重量组成。大料：苯酐 115～130g、顺酐 85～113g、乙二醇 50g、丙二醇 52～70g、二甘醇 12.5g；稀释剂：苯乙烯 90～100g、甲基丙烯酸甲酯 60～70g；小料：UV9 0.616～0.685g、TBC 0.0121～0.0135g、环烷酸铜 0.0126～0.014g、HQ0.045～0.05g、石蜡 0.098～0.105g、亚磷酸三苯酯 0.12g。本发明的特点在于配方合理、制作方法简单。用其制作的无碱布增强玻璃钢，强度高，透光率好，用肉眼看不到玻璃丝内的网格。可广泛用于制作透光率要求较高的建筑、温室、大棚或建筑物的屋顶。

三、双曲面玻璃钢化过程的转移成型方法

一般双曲面玻璃钢化过程的技术方案是在传动辊道中设有升降装置，该升降装置隐藏在辊道中。利用升降装置的升起将加热后的玻璃从传动辊道上托起，并通过在模具上开缺口使模具能移动到托起的玻璃下方，再利用升降装置的下降使玻璃转移到模具上进行成型。这是利用设置在运动辊道中的升降装置将加热好的玻璃从辊道上托起，并通过在运动小车架及模具上开一缺口就可使模具移动到托起的玻璃下方，再利用升降装置的下降就可快捷地将玻璃转移到模具上进行成型，从而使玻璃转移过程中的温度损失降到了最低，保证了玻璃的成型温度，提高了双曲面钢化玻璃各种弯曲深度的成型效果和成品率。由于升降装置制作费用和使用费用均较低，因而降低了双曲面钢化玻璃的生产成本。

四、厚壁玻璃钢管连续卷制成型制作设备分析

厚壁玻璃钢管连续卷制成型制作设备主要包括 4 只轧辊，压辊，胎模，减速机，电机，升降轮和布轴等。4 只轧辊两两对应分别放置在两个轧辊支架上，上面两只轧辊与下面两只轧辊之间为线接触。压辊和胎模放置在带有滑槽的支架上，两者保持线接触。卷制时，绕在布轴上的纤维布分别通过 4 只轧辊和压辊后卷制到胎模上。胎模的转速可由减速机进行调速。成型制作设备结构简单、成本

低、投资小、能耗低。卷制生成的玻璃钢管没有分层现象。

五、低温厚壁玻璃钢管连续卷制成型制作方法

低温厚壁玻璃钢管连续卷制成型制作方法，采用的原料为经沃兰偶联处理的脱脂无碱型玻璃纤维布、所用的胶是由70％双酚A型环氧树脂E51和30％651Ⅱ型聚酰胺树脂调配而成。采用常温湿法连续卷制成型工艺，玻璃布在上胶、压胶、补胶、刮胶、卷管一体的机械化流水线上连续卷制成型。当玻璃钢管外径达到规定尺寸后，停止送布，设备继续运行进行常温固化，常温固化结束后，放入烘箱进行后固化处理。

以上所述的方法制作低温厚壁玻璃钢管，不会出现分层现象，且具有良好的力学性质和隔热性能。

六、玻璃钢拉挤型材生产工艺制作中常见问题分析

（1）遇到的疑问剖析　玻璃钢拉挤型材技能因为具有机械化程度高、能接连出产、商品质量稳定等特色，这些年来获得了持续稳定的高速添加。可是因为国内大多数拉挤厂规模较小，技术薄弱，对出产中遇到的许多技能疑问无法判别其发生的缘由，因而无法找到处理疑问的办法，并且其运用的出产配方许多系道听途说，缺少科学的根据，存在不合理的地方。本文对几个常常能够遇到的疑问剖析其缘由并试图给出处理的办法。

（2）对填料的选择　填料在拉挤配方中是非常重要的组成，使用得当，可以改善树脂系统的加工性和固化后制品的性能，也可以显著降低复合材料的成本。如使用不当，也会严重影响加工性能和制品性能。一般来说，任何粉状矿物都可当做填料。填料对液体树脂系统的影响是提高黏度，产生触变，加速或阻滞固化，减少放热。在其所影响的工艺因素中，最重要的是对黏度与流变性的影响。而影响黏度的主要是填料的吸油率。吸油率上升则黏度上升，或者换句话说，在保持相同黏度情况下，吸油率越低，则该种填料的添加量就可以越大。此外，填料的比表面积会影响聚合速度。轻质碳酸钙、滑石粉等的比表面积大，会阻滞固化；而重质碳酸钙的比表面积较小，固化性能较优。

通过对碳酸钙的表面用有机物包覆形成活性碳酸钙，使得聚集态颗粒减少，分散度提高，颗粒间空隙减少，从而更加降低其吸油率。此外，填料的价格也是选择使用何种填料的重要参考。在几种填料中，成本最低的是重质碳酸钙和滑石粉，表面活化重质碳酸钙的成本略有升高，高岭土的成本居中，最高的是氢氧化铝。氢氧化铝通常用作阻燃填料而不作为普通填料使用。各种填料对固化后制品的机械物理性能的影响大致相当，对阻燃性、电性能的影响略有不同。此外，对制品的动态力学性能的影响比较复杂，与填料的颗粒大小、粒径分布、颗粒形

状、硬度及填充量等都有关系。

综上所述，对填料的选择应视对制品的最终性能要求而定。通常情况下，性能最好且成本最低的填料当属重质碳酸钙和表面活化重质碳酸钙。此外，除非有特殊要求，一般不建议使用复合（同时使用两种或两种以上）填料系统。

（3）树脂混合料的增稠现象　所谓增稠现象是指配好的树脂混合料在使用过程中黏度逐渐增高，且黏度的增高速度逐渐加快，直至达到混合料很难甚至无法使用的程度。这一现象国内的拉挤厂经常碰到，但却很难找到真正的原因和解决办法，导致这一现象的原因是由于配方中存在有高酸性的组分，主要是配方中所使用的液体内脱模剂（目前国内销售的液体内脱模剂大部分属于此类），这一组分与混合料中的碱性填料如碳酸钙或金属氧化物颜料发生化学反应，使钙离子或其他金属离子游离出来。这些游离出来的钙离子或其他金属离子则很快与聚酯分子链端部的羧基发生化学反应，生成络合物，形成一种聚酯-金属络合物的网状结构，从而使混合料的黏度急剧升高，流动性降低，黏度的迅速升高导致其难以浸透玻璃纤维，使拉拔的阻力也升高。所得到的制品由于浸润不够而导致性能下降。高酸性的组分还会与某些对酸敏感的颜料发生化学反应，使制品的颜色发生飘移。

另外，酸性组分还对非镀铬模具（目前国内大部分合缝模均未镀铬）产生腐蚀，使模具寿命变短。它与模具的反应产物还会污染产品，使产品的某些富纤维部分变黑。此外，还有非常重要的一点是，过氧化物在中性或碱性介质中，其受热分解的形式是分解成两个自由基。但若在酸性介质下，其裂解反应将可能是离子裂化反应而不是自由基裂解反应。

（4）玻璃钢拉挤型材成品的开裂　成品的开裂，包含外表裂纹和内部裂纹，是令拉挤厂最为头痛的技能疑问。这一疑问呈现的频率最高，简直能够任何时刻出现在任何商品中。裂纹发作的最主要缘由是放热缩短产生的热应力。对这点许多厂家也都有一致的看法。但目前国内还难以找到较好的消除热应力的办法。尽管适当地调整模具温度和拉挤速度能够暂时平缓这一疑问，可是随着环境条件的改变以及某些无法确知的缘由，裂纹又会从头呈现。有时在十分正常的情况下会偶然呈现开裂，令人防不胜防。只需添加少数（树脂量的 2%～5%）即有显著的效果。因为添加量不大，对成品功能影响很小，对某些功能还能起到增强效果。除了能削减开裂，它还具有增加成品外表的光泽，使成品的色彩愈加均匀的长处。在配方中添加这种组分，能够在很大程度上降低废品率，使出产愈加平稳顺利。

DP—防裂增亮粉避免成品开裂的机理如下：因为它不溶于树脂，因而当它涣散于树脂中以后，就在树脂接连相中构成巨细约为 $50～100\mu m$ 的涣散球粒，在这些球粒中又涣散有少数的液体树脂。

当对树脂加热时，接连相和涣散相都发生胀大。在加热到 $120\%～140\%$ 时，树脂开端固化交联并发作缩短，涣散相球粒内的树脂也发生交联固化。但此刻涣散相球粒仍随着温度升高而继续胀大，因而在涣散相球粒和接连相的界面处就发生了应力和应变。随着温度的继续升高，接连相的固化交联继续发生并趋于完结，这一进程伴随着接连相的持续缩短。这样在界面处就发生了更大的应力和应变。当这一应力和应变大到必定程度以后，涣散相球粒内的已交联的树脂网络发生微裂纹并在球粒内拓展，从而使界面处的应力和应变得到释放。经过这样一种机理，避免了成品呈现主骨架网络的接连裂纹。

以上扼要评论了拉挤填料的挑选和两种最扎手的技能疑问。当然拉挤技能中存在的疑问远不止这些。关于呈现的每种疑问，均需要拉挤厂、设备制造商和原材料供货商的密切协作，才有可能使疑问得到较好的处理，设备制造商和原材料供货商的商品开发才能与售后服务才能对帮忙处理拉挤出产中呈现的疑问是至关重要的。

第四章

玻璃钢模具事故分析及故障处理

当今玻璃钢产品需求量不断增长，尤其是大型玻璃钢产品。如玻璃钢游艇、风机叶片等，由此也出现了相应的大型玻璃钢产品的模具生产业。

目前，玻璃钢模具材料作为一种新型材料已在各国广泛应用。随着玻璃钢制品加工技术的引进、消化、吸收，玻璃钢制品在我国的应用也必将越来越广泛，成型玻璃钢模具的需求量也将越来越大。

很多大型玻璃钢产品生产企业也自行开发模具。但是，无论是专门制作模具的生产企业，还是自行开发的生产企业，大多数还处于发展阶段，经验的不足使大多数企业在玻璃钢模具生产中出现各种事故，造成玻璃钢材料极大的浪费。

第一节　玻璃钢模具概述

一、玻璃钢模具质量的问题

玻璃钢模具质量的高低，将直接影响到产品的质量、产量、成本、新产品投产及老产品更新换代的周期、企业产品结构调整速度与市场竞争力，因此经济形势对模具的质量提出了越来越高的要求。如何才能更合理地提高模具质量，是制造业实现飞跃的关键。怎么样才能让模具在高精度、低成本、高效率条件下，更长时间地、更多模次地生产出质量合格的制件，已经越来越成为人们关注的焦点。

玻璃钢模具质量包括以下几个方面：

（1）制品质量：制品尺寸的稳定性、符合性，制品表面的光洁度，制品材料的利用率，等等；

（2）使用寿命：在确保制品质量的前提下，模具所能完成的工作循环次数或生产的制件数量；

（3）模具的使用维护：是否最方便使用、脱模容易、生产辅助时间尽可能短；

（4）维修成本、维修周期性等等。

提高玻璃钢模具质量的基本途径：

（1）制件的设计要合理，尽可能选用最好的结构方案，制件的设计者要考虑到制件的技术要求及其结构必须符合模具制造的工艺性和可行性。

（2）模具的设计是提高模具质量的最重要的一步，需要考虑到很多因素，包括模具材料的选用，模具结构的可使用性及安全性，模具零件的可加工性及模具维修的方便性，这些在设计之初应尽量考虑得周全些。

二、玻璃钢模具结构形式的问题

玻璃钢模具结构形式大致分为阴模、阳模、对模三种。阴模：能使产品获得光滑的外表面，因此适用于产品外表面要求较光，几何尺寸较精确的产品。

阳模：能使产品获得光滑的内表面，适用于内表几何尺寸要求较严的制品。

对模：能使制品两边都获得光滑的表面，产品的厚度也较容易控制，适用于一些装配尺寸较严的制品。一般玻璃钢制品都是要求外表面光滑，所以模具大多数是阴模结构的。

玻璃钢主要的产品玻璃钢管道的模具是阳模具，因为管道的内表面非常光滑。模具的种类及采用的材料非常多，常用的有：金属模具、玻璃钢模具、木质模具、石蜡模具、石膏模具、水泥模具、软聚氯乙烯模具。

三、玻璃钢模具加工的问题

原来制作玻璃钢模具法兰所用的铁模具都是委托加工的，加工成本高，时间长。改为用玻璃钢模具后，设计和加工都由玻璃钢厂家自己完成。其中主要对玻璃钢法兰模具制作时的选材、模具内外径的精度保证、模具表面光洁度等问题进行了研究。通过采用库存的玻璃钢管、玻璃钢板作为制作材料，最大程度节省成本；通过用千分尺和游标卡尺选取最符合要求的玻璃钢管保证模具内径精度；通过对制成模具外径后的玻璃钢板进行精确修整打磨，确保模具外径精度；玻璃钢板表面事先用水磨纸和抛光机进行打磨和抛光，保证模具底面的平整度。

以前，玻璃钢模具手糊制品在制作完毕后再进行喷漆上色，这样的上色方法虽然较为简便，但是缺点是喷漆不易控制，容易出现上色不均等问题，严重影响手糊制品的外观质量，且喷漆人工和材料成本大。针对此问题，改进了工艺，在制作过程中，直接在配比树脂时把色浆混入树脂中，搅拌均匀。既有效解决了手糊制品的外观问题，又节省了生产时间，降低了生产成本。

四、玻璃钢模具结构设计的问题

① 模具材料的选用，既要满足客户对产品质量的要求，还须考虑到材料的成本及其在设定周期内的强度，当然还要根据模具的类型、使用工作方式、加工速度、主要失效形式等因素来选材。例如：冲裁模的主要失效形式是刃口磨损，就要选择表面硬度高、耐磨性好的材料；冲压模主要承受周期性载荷，易引起表面疲劳裂纹，导致表层剥落，那就要选择表面韧性好的材料；拉深模应选择摩擦系数特别低的材料；压铸模由于受到循环热应力作用，故应选择热疲劳性强的材料；对于注塑模，当塑件为 ABS、PP、PC 之类材料时，模具材料可选择预硬调质钢，当塑件为高光洁度、透明的材料时，可选耐蚀不锈钢，当制品批量大时，可选择淬火回火钢。另外还需要考虑采用与制件亲和力较小的模具材料，以防黏模加剧模具零件的磨损，从而影响模具的质量。

② 模具结构设计时，尽量结构紧凑、操作方便，还要保证模具零件有足够的强度和刚度；在模具结构允许时，模具零件各表面的转角应尽可能设计成圆角过渡，以避免应力集中；对于凹模、型腔及部分凸模、型芯，可采用组合或镶拼结构来消除应力集中，细长凸模或型芯，在结构上须采取适当的保护措施；对于冷冲模，应配置防止制件或废料堵塞的装置（如弹顶销、压缩空气等）。与此同时，还要考虑如何减少滑动配合件及频繁撞击件在长期使用中产生磨损所带来的对模具质量的影响。

③ 在设计中必须减少在维修某一零部件时须拆装的范围，特别是易损件更换时，尽可能减少其拆装范围。

④ 模具的制造过程也是确保模具质量的重要一环，模具制造过程中的加工方法和加工精度也会影响到模具的使用寿命。各零部件的精度直接影响到模具整体装配情况，除掉设备自身精度的影响外，则须通过改善零件的加工方法，提高钳工在模具磨配过程中的技术水平，来提高模具零件的加工精度；若模具整体装配效果达不到要求，则会在试模中让模具在不正常状态下动作的几率提高，对模具的总体质量将会有很大影响。模具行业专家罗百辉指出，为保证模具具有良好的原始精度和原始的模具质量，在制造过程中首先要合理选择高精度的加工方法，如电火花、线切割、数控加工等等，同时应注意模具的精度检查，包括模具零件的加工精度、装配精度及通过试模验收工作综合检查模具的精度，在检查时还须尽量选用高精度的测量仪器，对于那些表面曲面结构复杂的模具零件，若用

普通的直尺、游标卡就无法达到精确的测量数据，这时就须选用三坐标测量仪之类的精密测量设备，来确保测量数据的准确性。

⑤ 对模具主要成型零部件进行表面强化，以提高模具零件表面耐磨性，从而更好地提高模具质量。对于表面强化，要根据不同用途的模具，选用不同的强化方法。例如：冲裁模可采用电火花强化、硬质合金堆焊等，以提高模具零件表层的耐磨性和抗压强度；压铸模、塑料模等热加工模具钢零件可采用渗氮（硬氮化）处理，以提高零件的耐磨性、耐热疲劳性和耐磨蚀性；拉深模、弯曲模可采用渗硫处理，以减少摩擦系数，提高材料的耐磨性；碳氮共渗（软氮化）可应用于各类模具的表面强化处理。另外，近几年发展起来的一种称为 FCVA 真空镀金刚石膜技术，能在零件表层形成一层与基体结合异常牢固又十分光滑均匀密实的保护膜，这种技术特别适合于模具表面保护性处理，也是提高模具质量的一种效果显著的方法。当然，如果制件属试制产品或生产批量相当小的话，就不一定非要进行模具零件的表面强化处理。

⑥ 模具的正确使用与维护，也是提高模具质量的一大因素。例如：模具的安装调试方式应恰当，在有热流道的情况下，电源接线要正确，冷却水路要满足设计要求，模具在生产中注塑机、压铸机、压力机的参数须与设计要求相符合等等。在正确使用模具时，还须对模具进行定期维护保养，模具的导柱、导套及其他有相对运动的部位应经常加注润滑油，对于锻模、塑料模、压铸模之类的模具在每模成型前都应将润滑剂或起模剂喷涂于成型零件表面。对模具进行有计划的防护性维护，并通过维护过程中的数据处理，则可预防模具在生产中可能出现的问题，还可提高维修工作效率。罗百辉认为，要想提高模具的质量，首先必须每个环节都要考虑到对模具质量的影响，其次还须各部门的通力合作。模具的质量是模具企业自身实力的真实体现。

五、玻璃钢模具材质与性价比的问题

一般玻璃钢拉挤型材有很多种，玻璃钢圆管、玻璃钢方管、玻璃钢矩形管、玻璃钢圆棒、玻璃钢工字钢。拉挤玻璃钢型材的基本成分为树脂和玻璃纤维（包括布、毡等），它是以纤维（包括玻璃纤维、碳纤维、有机纤维和其他金属、非金属纤维）为增强材料，以树脂（主要是环氧树脂，聚酯树脂，酚醛树脂）为胶联剂，辅之其他辅助材料（主要辅料：脱模剂、固化剂、催化剂、封模剂、UV光稳定剂、洁模水、胶衣等）复合而成的。它具有耐高温、抗腐蚀、强度高、比重小、吸湿低、延伸小及绝缘好等一系列优异特性。

如玻璃钢拉挤模具材质根据使用寿命采用三种材料，经过锻造、粗加工、热处理调质、精加工、再热处理、时效、超精加工、超声波抛光、人工研磨等工序，达到模具不变形、型腔表面粗糙度 Ra0.1、表面硬度 56-62HRC、直线度 0.03。

LM-P 普通模具采用 40Cr 优质合金钢，型腔镀硬铬，理论寿命 8 万米。

LM-国产淬火模具采用国产 Cr12MoV 模具钢，整体淬火处理，寿命 20 万米。

LM-进口淬火模具采用日本大同 SKD11 模具钢，高温淬火，高温回火，硬化涂层，型腔硬度达到 HV3200，是硬质合金车刀硬度的 4 倍，寿命 200 万米，是当今最好的、最耐用的玻璃钢拉挤模具，性价比高，适合大批量产品的生产。

玻璃钢拉挤模具制造选用的优质钢材，一般采用先进的锻打工艺，并进行高效的热处理。为数控模拟精磨和超静电精密抛磨工序提供了有力保证。表面镀硬铬，使模具硬度足以达到洛氏 58-62，内腔光洁度 0.0025，直线度达到 0.0025。模具钢材内部组织致密，硬度均匀，材质稳定。

六、环氧树脂模具适用制作范围的问题

环氧树脂适合于制作以下几种类型的模具：

在冷压模具方面有：弯曲模、拉延模、落锤模、铸造模等。

在热压模具方面有：塑料注射模、注蜡模、吹塑模、吸塑模、泡沫成型模、皮塑制品成型模等。

环氧树脂注射模作为一种简易、快速模具，因为它成型快，外形精确，但缺点是耐热性差，而且根据以前使用环氧树脂模的经验，这种模具虽然容易修补，但是对于比较精细的结构或者高精度的结构或者长期大量开模的产品均不适合。它主要适合小批量、特殊功能或者要求快速出产品的结构，比如雕塑型面，机加工难以加工，环氧树脂模具就没问题。

七、玻璃钢模具制作方法的问题

用来做玻璃钢的模具有很多种，如木模，硅胶模，石膏模，玻璃钢模，钢模等。现简单说说玻璃钢模具的制作方法：玻璃钢模具有阴模、阳模、对合模等，具体选用哪种类型要看产品的结构、工艺、质量要求等。不管选用哪种内型，做之前先分析产品结构，要考虑怎样分型，以便于脱模。

制作：模具胶衣（如 940）一遍，厚度在 0.2mm 左右，涂刷均匀，胶衣固化后粘一层表面毡，注意控制树脂含量。表面毡固化后检查表面有无气泡，如果有的话用刀挑掉，180 号砂纸将表面打毛，除去灰尘，做无碱 300G 毡，一般建议做两到三层待其固化，做的时候用辊筒赶尽气泡，毡做好后，做 04 或 06 布（布与毡交替制作，注意方向性），直到所需厚度（一般模具厚度不超过 10mm）。模具做好后，有的还需要制作加强筋。有条件的话可将模具放置于烘房（温度

40℃左右）24 小时。脱模，切除毛边，打磨（鹰牌水砂纸），根据模具表面情况一般从 600 号开始，直至 2000 号，（水磨时注意方向性）间隔性检查一下。抛光，先用 1 号抛光剂，后用 3 号。处理结束之后打蜡或者脱模剂。

至于能抗裂则在涂刷胶衣的时候注意不能刷的太厚，模具树脂选用低收缩型的，促进剂和固化剂不能加得过多，使用时注意保养。高光洁度则在于模具的后处理了，水磨到位，抛光到位就可以了。

八、玻璃钢模具的制备工艺的问题

玻璃钢模具是以玻璃纤维及其制品（玻璃布、带、毡、纱等）作为增强材料，以合成树脂作基体材料的一种复合材料。玻璃钢的强度相当于钢材，具有坚硬不碎的特点，且由于它耐高温，抗腐蚀、可设计性好，是制作各种模特架的良好原材料。由于用玻璃钢浇注成型的模特架表面粗糙，需要进行涂饰才能达到美观效果。

玻璃钢模具有干燥速度快、价格便宜、不含 TDI 等有害物质和使用方便等优点。但由于传统的硝基漆膜较脆，附着力差，而玻璃钢的表面较硬，涂覆在玻璃钢模特架上的硝基漆膜干燥后漆膜收缩容易开裂，故需要一种柔韧性极佳的硝基漆进行涂饰，且考虑到工业化生产的要求，在提高漆膜的拉伸韧性前提下，还必须考虑提高玻璃钢表面漆膜的干燥时间、回黏性、硬度等性能指标。

由于玻璃钢模具硝化棉链段上含有大量的极性基团，分子间作用力很强，从而降低了链的活动性，所以漆膜硬脆，附着力差，通常在配方中选用树脂来进行改性，常用的树脂有天然树脂、松香树脂、醇酸树脂、氨基树脂、丙烯酸树脂、乙烯类树脂、脲醛树脂和酮醛树脂等，而醇酸树脂由于具有较好的综合性能而被广泛应用。几乎所有的醇酸树脂都可对硝基漆的性能进行改性，但不同油类的醇酸树脂改性效果是不同的，由于长油度醇酸树脂虽然可以提高漆膜的附着力和柔韧性，但玻璃钢模具漆膜的耐溶剂性能很差，重涂易咬底，因此一般不采用长油度的醇酸树脂进行改性。短油度醇酸树脂中不同油类的醇酸树脂改性效果也不一样，采用了不同的短油度醇酸树脂对硝基漆进行了改性。

玻璃钢模具硝化棉的应用面很广，选用时以其含氮量及黏度为技术要求。含氮量影响硝化棉的溶解性、机械性能及对光、热的稳定性。含氮量较低的品种较难溶解，含氮量较高的品种耐光及耐热性均差，易分解爆炸。常应用于涂料的硝化棉为含氮量 11.7%～12.2% 的品种。涂料用的硝化棉黏度一般在 1/4～40Pa·s 之间，分子量高的硝化棉表现为溶解后黏度高，成膜后柔韧性和延展性好，但喷涂固体分偏低。反之，黏度低的硝化棉表现为溶解后黏度低，但成膜光泽度和硬度方面较好，涂膜会偏脆。

第二节　玻璃钢拉挤设备性质、特点和模具性能选择及保护与颐养的问题

一、玻璃钢设备的性质

玻璃钢设备控制系统不但提供伺服驱动、变频器、电动机故障报警、超温报警、断线断偶报警和通信出错报警等提示功能，而且还具有风压和燃气气压、压缩空气压力、润滑压力等诸多异常报警提示。原有助燃风机由接触器控制，送入助燃风总管的风量恒定，不可调节，总管风压的传感器只用于显示，总管风压频繁波动。当炉体升温且4个助燃风支管阀门同时为最大开度时，总管风压下降明显，表明原设计的风机送入风量是偏低的。

自动钢化机使用压缩空气作为钢化工件的淬冷介质，为确保工件被均匀钢化，减小玻璃应力的分布不均，生产工艺要求压缩空气的压力必须在设定的压力范围内，也易导致玻璃钢设备应力的分布不均，其结果是提高了钢化玻璃工件的自爆率，且在生产中可能导致工件连续发生自爆。

淬火钢化玻璃是将普通玻璃在加热炉中加热到接近玻璃的软化温度时，通过自身的形变消除内部应力，然后将玻璃移出加热炉，再用多头喷嘴将高压冷空气吹向玻璃的两面，使其迅速且均匀地冷却至室温，即可制得钢化玻璃钢设备。

特殊机器使高压钢化玻璃绝缘子具有所需的高强度和热稳定性，是钢化生产线的另一重要单体玻璃钢设备，由现场总线系统直接控制。在均温炉中被重新均化加热的玻璃工件，在钢化机上被上、下和中间钢化吹风喷嘴吹出的压缩空气所钢化，其压缩空气喷枪是由气缸带动贴近玻璃强力吹风的；整个钢化机器的组装和冷却单元位于旋转工作台上且在整个操作中都围绕中心轴旋转。工作台由一台大伺服电动机驱动整个机体旋转，以便让20个工位轮流承接机械手从均温炉输送过来的绝缘子。同时20个工位也在自行360°旋转，以便能均匀地钢化工件，每个工位的自转电动机均可由变频器来控制转速。

二、玻璃钢拉挤设备的特点

该机组配以不同的玻璃钢拉挤模具，可生产不同的玻璃钢产品，如电缆桥架、电工梯、门窗型材、格栅、护栏等等截面玻璃钢拉挤制品。

调试、断续、连续三种工作方式便于工艺调整。

牵引力、牵引速度数字显示，根据生产需要调节。

液压油冷却功能适于连续生产，液压油加热功能适于寒冷地区。

速度0.1～1.0m无级调速。

多种故障预警功能。

1. 机械控制系统

整机采用国内知名品牌液压元件，继电器电路，温度控制为智能仪表，固态继电器触发，龙门行走采用最先进的直线导轨，保证运行的稳定，消除抖动现象。液压系统冷却方式为水冷却。

2. 电气控制系统

控制部分为继电器电路，达到维修方便，易学易懂的目的。也可根据客户要求定制PLC控制系统。

加热部分采用智能仪表，固态继电器触发。一般控制温度都能做到±1℃。

3. 润滑装置

玻璃钢拉挤设备设计为多路传动，很多传动机构都设立在内部，手动润滑无法实现，所以在设备的内部结构中，加入了自润滑装置，每个班次，或每个操作时间段，操作人员只要用手压润滑装置数次，就能达到润滑的目的，从而延长设备的使用寿命，降低设备的故障率。

4. 外观设计

装饰围板采用1mm冷轧钢板，不易损坏，整机更加美观、牢固，嵌入式安装，方便拆卸，维修保养更加方便、快捷，使整机线条更加流畅，立体感更强，机架采用天蓝油漆，面板为电脑灰色。

三、玻璃钢拉挤模具的性能及选择

对于玻璃钢拉挤模具，模具材料的选择直接影响着模具的性能，特别是拉挤窗框型材，由于窗框型材市场前景广阔，需求量大，这就要求玻璃钢拉挤模具本身的使用寿命要特别长，因此对玻璃钢拉挤模具材料的选择要求具备以下性能：

（1）较高的强度、耐疲劳性和耐磨性；

（2）较高的耐热性和较小的热变形性；

（3）良好的耐腐蚀性；

（4）良好的切削性和表面抛光性能；

（5）受热变形小，尺寸稳定性好。

玻璃钢拉挤模具技术是生产大量玻璃钢产品必不可少的。玻璃钢功能极多，经久耐用，且用途广泛，可用于住宅、工作场所、道路等其他领域中。玻璃钢型材可有效减少室内取暖费，将其降至最低。玻璃钢窗框和玻璃钢门可减少热量流失。玻璃钢游泳池生产商可为其产品提供终身保修服务。玻璃钢为车辆修理提供了理想材料，可用来生产车身部件替代产品。

在适宜的环境下，如果将其与树脂正确混合在一起，在足够高的温度下，玻璃纤维材料具有极高的可塑性。就是这种流动性产生了模具最初所需的流动性。树脂和纤维温度降下来后，变得异常坚固。玻璃纤维和树脂复合物强度极高。由于玻璃纤维具有高强度特性，尤适用于制造门、船舶、储存重型材料的库房。

要生产玻璃钢拉挤模具，需要有母模，即产品实样。母模也就是人们所希望生产的产品的精确复制品。在模具上制作的胶衣层可应用于母模上，涂抹一层润滑剂非常重要，制造完毕，这层润滑剂可有助于模具顺利从母模中脱落下来。一般情况下，这些润滑剂是一些蜡状物质，有时也使用其他一些材料用作润滑剂。模具脱落后，蜡状物润滑剂对模具造成的损害最小。

使用玻璃钢拉挤模具之前，需要使用滚筒移除气泡。如果不将气泡移除掉，模具强度将会降低，可导致模具生产的产品易于弯曲，至少会减少产品的尺寸。玻璃纤维层涂于模具的表面，旨在提高产品强度。玻璃纤维和树脂凝固后，可将模具移开。使用楔型物将模具从母模中移开。

当然，玻璃钢拉挤模具是所要生产的产品的底板。玻璃钢拉挤模具可用于生产固体产品。一旦生产出一个产品，就有可能进一步生产出这种产品的模具，进而可大量生产这类产品。当然，所面临的最大挑战是如何自动将成品从玻璃钢模具中脱开。

四、玻璃钢型材的选择关系和玻璃钢拉挤模具的性能

1. 模具的选材

对于玻璃钢拉挤模具，荧光增白剂模具材料的选择直接影响着模具的性能，特别是拉挤窗框型材，由于窗框型材市场前景广阔，需求量大，这就要求模具本身的使用寿命要特别长，因此对窗框模具材料的选择要求具备以下性能：

（1）较高的强度、耐疲劳性和耐磨性；

（2）较高的耐热性和较小的热变形性；

（3）良好的耐腐蚀性；

（4）良好的切削性和表面抛光性能；

（5）受热变形小，尺寸稳定性好。

2. 分型面的选择

玻璃钢拉挤模具一般由几块模具拼装组合而成。玻璃钢平台在模具设计时，分型面选择的原则是：在满足模具制造的前提下，尽量减少分型面，保证合缝严密。由于拉挤玻璃钢窗框模具形状复杂，在选择分型面时就显得尤为重要。一般玻

璃钢窗框的模具设计中，首先从满足玻璃钢拉挤模具制造的前提出发，把整个模具分成了五个部分，同时为保证合模缝严密，故采用如图所示的模具设计方式。

3. 模具入口设计

玻璃纤维浸树脂后进入成型模具时，纤维束是在成型机牵引作用下进入模具的。由于模具进口处纤维束十分松散，玻璃钢电工梯往往在入口处积聚缠绕，造成断纤。再者，模具在长时间使用过程中，由于积聚缠绕的影响，往往造成入口磨损严重，影响产品质量。为解决这一问题，在模具入口处周边倒一截面为 1/4 椭圆截面圆角，同时入口采用锥形，角度为 5°～8° 为宜，长度为 50～100mm 为宜，这可大大减少断纤现象的发生，提高了玻璃钢拉挤制品的质量。

4. 模具尺寸的确定

由于玻璃钢窗框的壁厚较薄，在玻璃钢拉挤模具中热传导较快，因此，模具长度不宜过长，这也有利于模具的机加工和拉挤工艺的顺利进行。因此在设计时，模具长度与原材料选择有关，目前国内模具长度一般设计为 900mm 左右。一般模具厚度为制品厚度的 2～3 倍。模具型腔尺寸决定于制品的尺寸及收缩率。对于玻璃钢窗框型材，一般采用不饱和聚酯树脂玻璃纤维体系，收缩率一般在 2% 左右。

5. 模具结构处理

玻璃纤维在进入模具时，由于纤维束较松散容易在玻璃钢拉挤模具入口处纠结缠绕，造成入口处严重磨损，缩短玻璃钢拉挤模具寿命，同时也影响玻璃钢制品成型质量。从理论上分析证明了在模具入口处采用特殊结构，可以减少模具的磨损，提高模具的使用寿命，并在实际应用中取得了良好的效果。由于该类玻璃钢拉挤模具整体长度达 1m 以上，加工十分困难。为便于制造，该模具结构处理上采用模具设计整体结构处理新方法，并且充分考虑了型腔截面的几何形状特点，采用特殊的定位方式，确保了装配精度。

玻璃钢拉挤模具型腔表面研磨难度较大，该拉挤模具采用特殊的型腔表面研磨新工艺，使每次研磨纹理不重合，提高了表面研磨质量。

第三节　玻璃钢模具选择技术特点和材料搭配方案及原因分析与解决措施

一、玻璃钢模具选择

对于玻璃钢模具，模具材料的选择直接影响着模具的性能，特别是拉挤窗框型材，由于窗框型材市场前景广阔，需求量大，这就要求模具本身的使用寿命要特别长，因此对模具材料的选择要求具备以下性能：

① 较高的强度，耐疲劳性和耐磨性；

② 较高的耐热性和较小的热变形性；

③ 良好的耐腐蚀性；

④ 良好的切削性和表面抛光性能；

⑤ 受热变形小，尺寸稳定性好。

玻璃钢模具材质根据使用寿命采用三种材料，经过锻造、粗加工、热处理调质、精加工、再热处理、时效、超精加工、超声波抛光、人工研磨。达到模具不变形、型腔表面粗糙度 Ra0.1、表面硬度 56～62HRC、直线度 0.03。LM-P 普通模具采用 40Cr 优质合金钢，型腔镀硬铬，理论寿命 80000m。LM-国产淬火模具采用国产 Cr12MoV 模具钢，整体淬火处理，寿命 200000m。LM-进口淬火模具采用日本大同 SKD11 模具钢，高温淬火，高温回火，硬化涂层，型腔硬度达到 HV3200，是硬质合金车刀硬度的 4 倍，寿命 2000000m。是当今最好的最耐用的玻璃钢拉挤模具。但性价比高，适合大批量产品的应用。

二、玻璃钢模具的技术特点

(1) 硬度高，使用寿命长，表面光洁度高，满足制品要求；

(2) 材料采用优质模具钢，经过氮化处理或镀硬铬并进行抛光处理；

(3) 圆管模采用深孔加工技术并最终镀铬并抛光处理。

玻璃钢模具制造选用的优质钢材，采用先进的锻打工艺，并进行高效的热处理。为数控模拟精磨和超静电精密抛磨工序提供了有力保证。表面镀硬铬，使模具硬度足以达到洛氏 58～62，内腔光洁度 0.0025，直线度达到 0.0025。模具钢材内部组织致密，硬度均匀，材质稳定。

作为一个资深的专业模具制造厂家，深知材料的质量及稳定性对玻璃钢拉挤模具制造的重要。在当今竞争激烈的市场情况下，即使客户可以购买一些非常平价的模具，但在加工及生产时会发生这样或那样的问题，所损失的加工费及时间远远超过玻璃钢模具本身的价值。所以一个产品质量稳定并有信誉的模具供应商对拉挤型材生产厂家非常重要。

三、玻璃钢模具的材料搭配优选方案

1. 适合高强度、耐高温、机械性能好、使用寿命长、生产数量多的高品质模具

(1) 选用 2♯蜡在母模打蜡。再用 10♯脱模水涂刷一层。

(2) 选用 DSM 公司的 8393 系列的乙烯基模具胶衣。或者是 8366 乙烯基模具胶衣作为模具胶衣。乙烯基模具胶衣的优点：硬度高/耐划伤、高热变形温度/耐高温、高断裂延伸率、耐化学腐蚀、抗刷痕/水痕。分两次涂刷/喷射。积层厚度 0.6～0.8mm 为最佳。

（3）选用 DSM 公司的乙烯基树脂 430ACT 系列做表面毡层，即耐久层。特点：优异的机械性能、耐苯乙烯、耐热性能、耐久性、低收缩。

（4）结构层树脂选用 DSM 公司的间苯型 A400TV-957 系列树脂、快速制模的树脂选用 1982-W-1 低苯乙烯树脂（5mm 积层零收缩树脂）。选择 OCV 公司的 450 克正负 45 度轴向布。300♯无碱玻纤毡。作为加强层。一般铺设 300 玻纤毡＋450 轴向布＋300 玻纤毡为第一次铺层。待完成固化后再进行第二次铺设 300 玻纤毡＋450 轴向布＋300 玻纤毡＋450 轴向布＋300 玻纤毡。可以根据模具要求适当增加或者减少结构层的厚度积层。

（5）如果从质量考虑，模具成本比较低的情况下，可以选择用乙烯基树脂做结构层。

2. 常规玻璃钢模具、产品生产在 500 套以下的材料选择

（1）模具胶衣的最佳选择是乙烯基模具胶衣 DSM 公司 8366 系列胶衣。备选胶衣是间苯型 8300 系列。

（2）耐久层树脂选用乙烯基树脂 430 系列。

（3）结构层树脂选用间苯型 A400 系列树脂，备选 05544 邻苯型树脂。

（4）玻纤首选无碱玻纤毡＋轴向布结构，备选无碱玻纤毡＋04 铂金布＋06 铂金布。

3. 不常用的、几次性生产的模具选材

（1）8300 系列胶衣。36 号模具胶衣。

（2）05544 系列树脂，8200 树脂，196 系列树脂。

（3）04 铂金布，300 无碱玻纤毡。

玻璃钢模具材料不建议客户选用 04 混纺布、高碱玻纤毡、191 树脂、33 胶衣。因为这些材料生产的模具没有机械强度，收缩性很大，耐热性能差，非常容易变形，有裂纹，易碎，使用寿命低。当客户选用模具材料的时候，一定要了解客户的产品需求，推荐合适、合理、综合性价比高的材料给客户。同时必须说明推荐材料的优缺点、性能、价格供客户参考。可以帮助客户提供合理的配比方案，最好是与客户的模具师傅一起确认材料选择的方案，这样会迅速提高销售员的技能。

四、玻璃钢模具产生缺陷原因分析及解决措施

（1）色斑、颜色不均匀、变色　原因：树脂中颜料混合不均匀，颜料分解耐

温性不好。措施：加强搅拌，使树脂胶液混合均匀，更换颜料类型。

(2) 污染、异物混入　原因：树脂胶液中混入异物，玻璃毡表面被污染，进入模具时夹带进了异物。措施：细心检查防止成型中异物的混入，更换被污染的原材料。

(3) 表面粗糙无光泽　原因：玻璃钢模具表面粗糙值高，脱模剂效果不好，制品表面树脂含量过低，成型时模腔内压力不足。措施：选用表面粗糙度值低的模具，选用好的脱模剂，采用表面毡或将连续毡、针织毡通过浸胶槽，增加纱含量或添加填料。

(4) 表面凹痕　原因：缺纱或局部纱量过少，模具黏附造成碎片堆积，划伤制品表面。措施：增加纱量，清理模具，短暂停机后再重新启动，选用好的脱模剂。

(5) 玻璃毡包敷不全　原因：玻璃毡宽度过窄，毡的定位装置不精确造成成型中毡的偏移。措施：设计毡宽时应考虑一定的搭接长度，在毡进入玻璃钢模具前，预成型模具上一定要有比较精确的导毡缝，必要时在模具入口处加限位卡。

(6) 表面皱痕　原因：玻璃表面毡太硬，入模时打折，聚酯表面毡或无纺布太软，入模时有一定斜度，拉挤曲面制品时在牵引力作用下发生聚集起皱。措施：选用较软的玻璃表面毡，用聚酯表面毡或无纺布时应精心操作，必要时在模具口设卡具精确定位。

(7) 表面液滴　原因：制品固化不完全，纤维含量少，收缩大，制品表面与模壁产生较大空隙，未固化树脂发生迁移。措施：提高温度或降低拉速，使其充分固化，这对厚壁制品来说尤其重要，增加纱含量或添加低收缩剂、填料。

(8) 表面起皮、破碎　原因：表面富树脂层过厚，在脱离点产生爬行蠕动，凝胶时间与固化时间的差值过大，脱离点太超前于固化点。措施：增加纱含量以增大模内压力，调整引发系统，调整温度。

(9) 白粉　原因：脱模效果差，模具内壁黏模上碎片堆积划伤制品表面，模具内壁表面粗糙度值太高（制造原因或使用时划伤、锈蚀）。措施：选用好的脱模剂，清理、修复或更换合格的玻璃钢模具，停机片刻再重新启动，拉出黏模碎片，达到清理的目的。

(10) 分型线明显，分型线处磨损　原因：玻璃钢模具制造尺寸精确度不够，在合模时各模块定位偏差大，分型线处有粘模情况。措施：修复模具，拆开模具重新组装，停机片刻再重新启动。

(11) 表面纤维外露，纤维起毛　原因：此缺陷一般在只用纤维纱增强的制品如棒材上出现，可能的原因是纤维含量太高或模腔内壁粘有树脂碎屑。措施：降低纤维含量，暂停机后再重新开机。

(12) 不耐老化，易褪色　原因：没有添加光稳定剂和热稳定剂，颜料耐光性差。措施：添加抗老化剂，选用优质色糊。

（13）绝缘性差　原因：树脂、纤维的绝缘性较差，界面黏结性能较差。措施：改进原材料的选择，使用偶联剂以增强界面性能。

（14）强度不够、力学性能差　原因：原材料的力学性能指标较低，固化度不够。措施：选用优质原材料，如高强纤维，高强树脂，合理控制工艺参数以保证固化度，进行后固化处理。

（15）密集气孔　原因：原材料质量较差，温度控制不合理。措施：选用好的原材料，控制温度不能太高。

第四节　复合材料 RTM 模具的手糊制作工艺

RTM（resin transfer molding）是将树脂注进闭合模具中浸润增强材料并固化成型的工艺方法，适于多品种、中批量、高质量先进复合材料成型。这一先进工艺有着诸多优点，可使用多种纤维增强材料和树脂体系，有极好的制品表面。适用于制造高质量复杂外形的制品，且纤维含量高、成型过程中挥发成分少、环境污染少，生产自动化适应性强、投资少、生产效率高。因此，RTM 工艺在汽车产业、航空航天、国防产业、机械设备、电子产品上得到了广泛应用。决定 RTM 产品的首要因素就是模具，由于 RTM 模具一般采用阴阳模对合方法，因而想办法进一步提高阴阳模的表面质量和尺寸精度就成为决定产品质量的一个关键因素。

一、材料的选择

模具的质量怎样，材料选择是关键，根据 RTM 成型工艺的特点，进行材料的选择。

（1）胶衣层：RTM 成型放热较高，4mm 厚的产品放热温度一般能达到 120℃以上。这就要求胶衣树脂具有耐热冲击性能。工艺选用美国 COOK 公司生产的 CCP-945-YJ-071 乙烯基模具胶衣，它的热变形温度为 160℃～172℃，有良好的力学性能。

（2）表面层：主要考虑耐热和耐裂性，采用 $30g/m^2$ 表面毡和 $300g/m^2$ 无碱短切毡作增强材料，树脂选用 AOC（F010-TBN-23）双酚 A 环氧基乙烯酯树脂。该树脂持续耐高温性好，收缩率低。

（3）增强层：重视强度和收缩性，选用的增强材料为 0.4 的无碱布和 $300g/m^2$ 无碱短切毡，采用零收缩树脂 RM2000 树脂为基体材料。

（4）加固层：增加模具的整体刚度，便于开合模操纵，采用钢框架加固的方式。

二、原模的制作

一直以来 FRP 模具的原模较多采用石膏、木材、水泥、石蜡等作为基材，采用手工制作的方法，用这些材料和制作工艺制作的母模表面很难达到 A 级表面要求，尺寸精度也无法控制，制作程序复杂、周期长、轻易产生缺陷，平整度较差，只适合那些精度要求较低、表面质量要求不高的 FRP 模具制作。假如采用上面的方法，根本无法达到 RTM 模型的制作要求。

为满足 RTM 模型的要求，可以采用块状可加工树脂为原料，通过数控加工制作。块状可加工树脂俗称代木。采用环氧树脂、ABS 塑料、玻璃微珠、二氧化铝、羧甲基纤维混合后搅拌均匀，与二丁酯等按一定比例混合后，加热使混合物溶解成糊浆液，经过真空消泡处理后进入模具进行成型，成型后的固体经过加热形成固化物。代木具有热塑性好、稳定性强、机械加工性能好等优点。

以代木为材料制作模型时，首先应根据产品的设计要求，利用三维绘图软件如 Pro/e、UG、CATIA，绘制生产品的三维模型。在产品进行三维数模设计时，为保证产品精度，应根据选用树脂的收缩率留放一定的余量。然后通过数控加工将原模加工出来，原模一般加工为产品实样，产品尺寸和厚度都要达到设计要求。这样制作时就省去了制作模腔的步骤，使产品的尺寸和厚度精度大大提高。

三、模具的制作

材料选择和原模制作为成功地制作一个 RTM 模具提供了条件，不过也不能忽略对制作过程的控制。原模通过数控加工，尺寸精度达到了要求，但加工的刀痕还是对模具表面有很大的影响。需要通过精修打磨，经过细微打磨抛光使模型达到 A 级表面要求。

首先开始第一片模具胶衣层的制作，对于胶衣层为了获得一个好的表面效果，胶衣层需要采用喷涂的方法进行制作。喷涂胶衣时，一般胶衣用量为 $1000g/m^2$，分 3 次进行喷涂，第一层胶衣用量为 $200g/m^2$，颜色区别于后两次，后两次胶衣用量为 $400g/m^2$。胶衣喷枪气流要均匀，胶液成雾状，均匀喷涂在模型表面。待其最后一次喷涂胶液凝胶后，便进行表面层的展放。表面层是由一层 $30g/m^2$ 的表面毡和 4 层 $300g/m^2$ 短切毡组成。表面毡应展覆平整，不能有搭接和褶皱，对于棱角处要特别小心，用刷子角进行充分的按压，赶走气泡。待表面层固化后需要进行挑气泡的工作，将气泡扎破然后用砂纸打磨往毛刺并用丙酮擦拭，接着就可以进行糊制了。4 层 $300g/m^2$ 短切毡分 2 次糊制完成，每次糊制前都要确认前一次胶液完全固化和挑气泡工作完成。增强层的糊制可以采用布和毡交替，4 层固化一次的方式进行糊制。糊制展覆一定要平整，接缝应互相错开，不要在棱角处搭接，要严格控制每层树脂胶液的用量，要既能充分浸润纤维，又不能过多。糊制到设计厚度就可以进行加固钢框架的糊制了，钢框架与模具不能有间隙，最好能够现场制作，糊制前钢框架需要经过处理消除焊接应力。第一片模具固化 24 小时后，就可以进行脱模了。脱模时一定要小心不要让原模离模。假如发现离模可以用抽真空的方法让原模与第一片模具重新贴合。经过简单修整，在设计位置安放注胶口和出胶口后就可以开始下片模具的制作了。制作完第二片模具后，将整个模具放进烘箱中，从室温逐渐升温到 75℃，保温 2 小时，停止加热，逐渐冷却至室温。焊接导向后就可以进行脱模处理了。

四、模具的后处理

脱模后，去除多余的飞边，将模具内的小颗粒用压缩空气吹净。

打磨：用 400♯ 的水砂纸经水浸泡后，包在平顺的打磨板上，往返反复打磨，直至第一层胶衣层全部被砂磨掉为止；用净水将模具洗净后，用 600♯ 水砂纸按上述方法打磨，直至磨具表面看不出有粗细不均的明显划痕为止；洗净模具，用 800♯ 水砂按上述方法打磨，直至目视模具表面上无明显划痕，手感光滑细腻为止；用净水洗净，最后用 1200♯ 水砂纸按上述方法反复打磨一次。

抛光：将 1000♯ 的抛光膏均匀涂在模具表面上，2～3min 后用带有布轮的抛光机开始逐段反复抛光，直至目视模具表面镜面反光和无残留（一般需要抛光 2 遍）；净水洗净后，将 2000♯ 的抛光膏均匀涂在模具表面，2～3min 后用带羊毛轮的抛光机逐段抛光，直至目视模具表面高度清楚的镜面反光为止。抛光完毕后，可以用洗衣粉水洗掉抛光膏后用净水洗净晾干。

封孔剂：待模具表面完全干燥后，用干净的布蘸取封孔剂，均匀地涂抹在模具表面，间隔 20～30min 后再涂一遍。

脱模剂：采用高效液体脱模剂，用干净的纯棉纱布浸满脱模剂，但不要滴落。擦拭一层光滑涂层，涂湿、涂遍，等待 20～30s 后，用另一块棉布擦掉多余的脱模剂，但不要太用力，以手掌自重压向模具便可。这样重复操作 6 次，每次间隔 20～30min。

从 RTM 模具的整个制作过程中可以看出，原模设计与制作为整个模具的制作打下基础，由于新的原型制作技术的采用使原型的制作具有了快速、高精度、工艺简捷、操作简便、省去模腔制作等优点，既缩短了工期，又满足了现代企业快速响应市场需求的发展趋势。加上材料选择和模具制作的控制，使 RTM 成型工艺的应用将越来越广泛。

五、手糊成型工艺中的脱模和修整

手糊成型工艺中的脱模要保证制品不受损伤。脱模方法有如下几种：

① 顶出脱模　在模具上预埋顶出装置，脱模时转动螺杆，将制品顶出。

② 压力脱模　模具上留有压缩空气或水入口，脱模时将压缩空气或水（0.2MPa）压入模具和制品之间，同时用木锤和橡胶锤敲打，使制品和模具分离。

③ 大型制品（如船）脱模　可借助千斤顶、吊车和硬木楔等工具。

④ 复杂制品可采用手工脱模方法　先在模具上糊制两三层玻璃钢，待其固化后从模具上剥离，然后再放在模具上继续糊制到设计厚度，固化后很容易从模具上脱下来。

修整分两种：一种是尺寸修整，另一种缺陷修补。

① 尺寸修整　成型后的制品，按设计尺寸切去多余部分；

② 缺陷修补　包括穿孔修补，气泡、裂缝修补，破孔补强，等。

第五节　玻璃钢雕塑模具制作材料与制作方法及问题的处理

一、玻璃钢雕塑模具的种类和特性

1. 玻璃钢雕塑石膏模

玻璃钢雕塑石膏模特点是耐热、价廉、导热系数小、复印性好。一般用于制作母模。制造方便，适用于制作大型制品。但是不耐用，怕冲击，干燥慢。多用于单一产品以及线型复杂的产品，如浮雕、中小型尺寸圆雕等。所用的石膏多为半水石膏即熟石膏。与水泥模一样，可用砖头、木材做骨架基础，再覆以石膏层造型。为了提高刚度，防止裂纹，可在石膏中加入足够的填料，如加入石英可减少收缩和裂纹，加入水泥（石膏：水泥＝7：3）增加强度。也有人提出在石膏加入适量乳胶，用水稀释来制模，强度好，不起粉。

石膏模可用作低熔点合金模的母模，在热态下浇铸合金。用石膏母模翻制石膏铸型（子模）时，母模表面要涂上分离剂，如钾皂溶液、变压器油、食用油、20%硬脂酸加80%煤油、汽油加凡士林等。石膏模可用带水笔蘸取石膏粉进行修补。石膏模烘干工艺是：（60～120）℃/（4～5）L，自然冷却后用金相砂纸轻轻抛光，然后再以（100～150）℃/（8～10）L，（200～230）℃/（20～24）L烘干。

2. 玻璃钢雕塑橡胶模

橡胶模一般用硅橡胶、聚氨酯树脂制作，用于制作造型复杂的浮雕、圆雕及各种造型，并不单独使用，须与石膏套模等其他材料混用，通常用于模具中因线型倒入或重叠而不能直接脱模的某一部位，因它有一定软性，当外模脱模后，它能随意拉出，如狮子、龙等动物或菩萨、卡通人物。批量不大时，用此方法。

3. 玻璃钢雕塑石蜡膜

石蜡膜用于数量不多或者线型复杂、不易脱模的产品。比如，要制造一个整体式弯管，包括 90° 弯管，可用两个弯头哈夫作母模，在内 90° 腔注满石蜡，脱去哈夫母模后，将石蜡模芯稍加修整，然后在外壁包覆玻璃钢，固化后加热，使石蜡熔化流出，即可得到一个整体的玻璃钢产品。

为了减少收缩变形，提高刚度，可在石蜡中加入 5% 左右的硬脂酸。制造方便，脱模容易，石蜡可反复利用。但精度不高。另一种用法——湿法卷管，可将钢管浸到 70~80℃ 熔化的石蜡中，提起来冷却后再浸，反复进行，直到所需厚度时，表面稍加修整，即可包覆玻璃钢，为防止石蜡开裂，可在蜡中加入少量黄油。也可在蜡的外面包覆一层薄的玻璃纸，以此作为模芯，玻璃钢固化后，加热钢管熔化石蜡即可脱模。

4. 混凝土模

混凝土模多用于线型规则和重复使用次数少的产品，如螺旋形、波形、圆形、拱形或立体槽状产品。成本低，刚性好，可用砖头砌成基础，再覆以水泥砂浆，进行打磨、上腻子，再进行打磨、抛光、喷漆等。这种水泥模可直接用于生产玻璃钢制品，也可用于翻制玻璃钢模具的母模。水泥模干燥慢，即使在正常条件下，也要一周以上才能进行涂漆等表面施工。

5. 玻璃钢雕塑木模

木模主要用于线形较平直的大型产品。木模可以直接用来作为玻璃钢产品的成型模具，也可作为翻制玻璃钢模具的过渡母模。用于制作模具的木材有红松、银杏、杉木等，要求含水量达 15%，并且不易收缩变形，无节。木模制作后，可涂上 0.2~0.3mm 厚度的树脂（表面腻子），再用水砂纸由粗到细打磨四次，最后一次用 800♯ 或 1000♯ 砂纸打光，涂上抛光膏，用抛光器抛光，再打上石蜡，木模即成。也可直接在木模上刷油漆、罩光来制造木模。

6. 玻璃钢雕塑金属模

金属模特别是钢模，一般用于尺寸小、批量大的模压产品，如制作玻璃钢平板时表面光洁的不锈钢板。制作型材时用角钢、槽钢。因为模压产品不仅要加压，还要加热。也有用于外形不复杂的大型产品。黄铜虽是常见金属，但因易受树脂辅助剂侵蚀，并会对树脂固化产生不利影响，除非在工作面已镀铬或其他金属的场合，否则不宜采用。金属模具的制造加工很困难、成本高。另有低熔点合金模，当温度为 50～80℃时，合金硬度（HB）为 100 左右。其流动性好，耐磨性差，适于制造形状复杂、花纹精细的塑料成型模腔，使用温度一般大于 80℃。另一种低熔点金属是 58％铋，42％锡，熔点 135℃。低熔点合金模的优点是制模周期短、工艺简单，可重复使用。

二、玻璃钢雕塑模具制作材料与制作方法

玻璃钢（也称玻璃纤维增强塑料，国际公认的缩写符号为 GFRP 或 FRP，属热固性塑料）是一种品种繁多、性能各异、用途广泛的复合材料。它是由合成树脂和玻璃纤维及其他一些添加剂经复合工艺制作而成的一种功能型的新型材料。其实，玻璃钢既非玻璃，也不是钢，它的基体是一种高分子有机树脂，用玻璃纤维或其他织物增强。因为它具有玻璃般的透明性或半透明性，钢铁般的高强度而得名。它的科学名称是玻璃纤维增强塑料。

1. 玻璃钢雕塑模具材料主要有三类

（1）石膏材料做成的模具型腔，也叫碎模法。但石膏材料强度低、放置时间长时容易变形。

（2）硅橡胶材料做成的模具型腔，也叫软模法。硅橡胶材料使用前为流体状态，流动性及填充性好。配制后经交联反应形成橡胶弹性体，可具有较大的弹性变形。交联后的硅橡胶密封性好，与原模及玻璃钢皆不粘接。用其做玻璃钢雕塑模具的表面层材料，既可以高质量地复制出作品的形状，又可以保证顺利脱模。但是，硅橡胶交联体容易变形，在用作模具时，需有支撑载体。可以利用玻璃钢易成型的特点，用作模具的载体材料。具体的模具制作方法是：将配制好的硅橡胶分几次涂在原模上，硅橡胶层厚度应在 1mm 以上。待硅橡胶交联后，在硅橡胶上再成型厚度为 3mm 左右的玻璃钢层。玻璃钢固化后，沿着划分出的单元块将整体模具切开，切割时注意将玻璃钢层及硅橡胶层同时切开。在单元块间制作连接肋，连接肋处应设定位槽，以保证通过连接肋使单元块模具组合成一整体。以上工作完成后，将玻璃钢单元块脱模，然后脱下硅橡胶层，脱下的硅橡胶块立即放回玻璃钢单元模中。

（3）用玻璃钢材料做成的模具型腔，也叫硬模法。也就是在玻璃钢模具上翻制玻璃钢雕塑，玻璃钢模具一般采用手糊成型方法，制作前应设计成型线路。

2. 玻璃钢雕塑的手糊制作步骤

玻璃钢雕塑由于具有成型灵活、生产开发周期短、工艺性好、耐磨、使用寿命长等优点，在雕塑业得到了广泛应用，尤其是基于手糊成型技术的玻璃钢工艺品雕塑制作工艺的发展更为迅速。雕塑裱糊成型又称手糊成型或接触成型。是在

模具上先涂一层胶液，接着铺一张布，使胶液浸渍纤维并排除气泡后，再继续一层一层地裱糊上去直到铺完，经固化后即得成品。

(1) 雕塑常用树脂　雕塑常采用的树脂有两种：不饱和树脂和环氧树脂。

① 不饱和树脂成型配制方法：191♯树脂100份，过氧化环己酮4份，环烷酸钴溶液1～4份，色浆适量。若按生产条件流水作业进行配制，在搪瓷盆内放入100千克树脂，再加入4千克氧化环己酮糊，搅拌均匀，再加入适量钛青绿色浆糊，目测颜色达到所需要求即可，放置备用。不饱和树脂的优点是价格便宜。

② 环氧树脂的优点是固化收缩率低，电绝缘性能极好，对各种酸碱及有机溶剂都很稳定，拉伸强度可达45～70MPa，弯曲强度可达90～120MPa。配套固化剂可采用环氧树脂常温E-999固化剂。稀释剂采用丙酮（或环氧丙烷丁基醚）。模具胶衣采用耐高温、硬度高、韧性好的模具专用胶衣。制作的纤维增强材料采用33g/m² 无碱短切毡和0.2mm玻璃纤维方格布。

(2) 涂刷脱模剂：在玻璃钢雕塑手糊成型前，先把阴模模具型腔表面清洁干净，同时把玻璃纤维毡裁成与型腔形状大小相似的形状，若型腔形状复杂，可以裁成若干块简单形状的，然后在手糊时再拼起来。在模具型腔表面涂上脱模剂，以便成型后产品的脱模顺利。在原型和分型面上涂刷脱模剂时，一定要涂均匀、周到，须涂刷2～3遍，待前一遍涂刷的脱模剂干燥后，方可进行下一遍涂刷。脱模剂成分有很多种，一种是煤油（汽油等）加地板蜡；还有是一种凡士林加机油；再有用油漆也行。

(3) 涂刷胶衣层：待脱模剂完全干燥后，将专用胶衣用毛刷分两次涂刷，涂刷要均匀，待第一层初凝后再涂刷第二层。在这里要注意胶衣不能涂太厚，以防止表面起皱和产生裂纹。胶衣层的厚度一般是0.5～0.8mm。胶衣本身是一种树脂，这类树脂在手工制作玻璃钢制品时十分重要，它不但可以起到玻璃钢表面的保护层作用，而且可以起到表面的装饰效果，只要在胶衣里加进色浆，产品表面就会有相应的颜色。由于玻璃钢制品的使用环境及要求各不相同，因此必须根据实际情况，选用不同品种的胶衣树脂，目前的牌号为TM-33、TM-35、S-739、胶衣33等。胶衣可以用刷子涂到模具型腔上，也可以用气动喷枪喷射到上面，用喷枪比用刷子涂要均匀，效果好，目前一般都是用喷枪涂胶衣的。胶衣的自然固化一般需要半个小时左右，可以用烘房来加快固化的时间，等到所喷的胶衣干了后，就可以开始糊树脂和玻璃纤维。

(4) 树脂胶液配制树脂：首先要和固化剂以一定的比例搅拌均匀，以便加快产品的固化时间，不饱和树脂的牌号一般以191♯、196♯树脂用得最广。若使用的是环氧树脂的话。根据常温树脂的黏度，可对其进行适当的预热。然后以100份WSP6101型环氧树脂和8～10份（质量比）丙酮（或环氧丙烷丁基醚）混合于干净的容器中，搅拌均匀后，再加入20～25份固化剂（固化剂的加入量应根据现场温度适当增减），迅速搅拌，进行真空脱泡1～3min，以除去树脂胶液中的气泡，即可使用。

（5）玻璃纤维逐层糊制：待胶衣初凝，手感软而不粘时，将调配好的树脂胶液涂刷到胶凝的胶衣上，随即铺一层短切毡，用毛刷将布层压实，使含胶量均匀，排出气泡。有些情况下，需要用尖状物将气泡挑开。第二层短切毡的铺设必须在第一层树脂胶液凝结后进行。其后可采用一布一毡的形式进行逐层糊制，每次糊制2～3层后，要待树脂固化放热高峰过了之后（即树脂胶液较黏稠时，在20℃一般为60min左右），方可进行下一层的糊制，直到所需厚度。糊制时玻璃纤维布必须铺覆平整，玻璃布之间的接缝应互相错开，尽量不要在棱角处搭接。要严格控制每层树脂胶液的用量，要既能充分浸润纤维，又不能过多。含胶量高，气泡不易排除，而且固化放热大，收缩率大。含胶量低，容易分层。再在玻璃纤维毡上刷树脂，让树脂浸入玻璃纤维毡中。等整层纤维毡浸满树脂后，还需要用刷子在纤维表面上刷动，把树脂和纤维毡之间的气体全部赶去，否则会影响玻璃钢产品的质量和外观。接着就是重复上述步骤，铺一层玻璃纤维毡，涂一层树脂。玻璃纤维毡的层数决定着产品的厚度，玻璃纤维毡的厚度一般有0.2mm、0.4mm等规格，胶衣厚度加上纤维毡厚度乘以纤维毡层数就基本等于产品的厚度。在转角位置因为强度需要，可以多加一两层纤维毡；在一些需要防止变形、增强强度的地方，可以增加一层高强度材料的玻璃纤维布。若防止浪费刷子有两个办法，一是刷子用完后在树脂里浸泡，二是用丙酮洗刷子，这样刷子下次还可以再用。模具上糊好树脂和玻璃纤维后就等产品固化。固化时间与树脂中加入的固化剂比例以及所处的温度有关，为了有较高的生产效率，一般的固化时间控制在1～2h内较合适，这需要加入较多的固化剂，但会影响到产品的质量，解决办法就是放到约60℃的烘房内，这就可以减少固化剂的比例，提高固化时间。雕塑产品在模具内固化以后就可以脱模，脱模以后产品还需要自然固化约1h左右，这对产品修边后尺寸的收缩量减少很有帮助。玻璃钢产品的修边一般是按要求的尺寸画线，然后用电动切割机沿线切去费料同时留2～3mm的余量，再用电动砂轮来打磨修正。此时，产品成型完毕。

（6）脱模修整：在常温（20℃左右）下糊制好的雕塑，一般48h基本固化定型，即能脱模。对于一件完整的玻璃钢雕塑产品，成型后的后续工序还是非常有必要的。有些雕塑产品脱模后，表面有点刮伤或对接不到位，这就需要用同一牌号的树脂来粘补，固化后打磨修正。如果是光洁度要求高的雕塑，一般用400#～1200#水砂纸依次打磨雕塑表面，使用抛光机对雕塑进行表面抛光。有些雕塑边缘是与其他部件配合，需要保证厚度，就要在产品背面把过厚地方打磨一下以达到要求的厚度。很多玻璃钢雕塑产品是需要通过预埋钣金件来与其他产品安装在一起的，要预埋这些钣金件，首先把产品和钣金件放到靠模（靠模就是一个架子，产品和将要预埋的钣金件在其上都可以固定在要求的尺寸关系的位置上）上，然后通过树脂和玻璃纤维毡像糊产品那样把钣金件预埋到产品上。这些工序都会直接影响到产品的质量。

玻璃钢雕塑自从玻璃钢材料问世后，由于其具有成型方便、可设计性强、轻质高强以及造价相对低廉等诸多优点，很快被应用到雕塑艺术中。应用玻璃钢雕塑技术，可以快速、逼真地将泥塑出的玻璃钢雕塑作品翻制并长期保存下来。因此，玻璃钢雕塑较多成为广场、商业网点、生活小区及游乐场所的标志物。玻璃钢制作工艺：成品制作前，先将所要制作的产品用特定泥巴材料塑造出相应要制作的产品，在泥塑稿制作完成后，翻制石膏外模，然后将玻璃钢（即树脂和玻璃丝布的结合物）涂刷在外模内部。等其干透后打开外模，经过合模的程序，获得玻璃钢雕塑成品。

第六节　玻璃钢模具在试模中常见的问题和处理方法

玻璃钢产品的光洁度取决于玻璃钢模具的光洁度，因此国内外上档次的玻璃钢制品，对玻璃钢模具表面处理精而又精，玻璃钢模具是产品之母，在玻璃钢模具上多下一遍功夫，将来在玻璃钢产品上可获得更好的效果。玻璃钢模具表面处理技术介绍如下。

一、新模及旧模翻新

（1）水磨　新模具或旧模具翻新，首先用水砂纸水磨，水磨时水砂纸起点要高，一般从 600♯ 开始，有些用户为提高工效，从 400♯ 甚至 400♯ 以下更加粗的水砂纸开始，为图一时之快，殊不知粗砂纸造成的粗砂痕以细砂纸无论再怎么砂磨也是磨不掉的；600♯ 以后要 800♯、1000♯、1200♯、1500♯（甚至 2000♯）循序渐进，一种都不能省，而且要精工细作，舍得下大力气、花细功夫，来不得半点投机取巧。

（2）抛光　先把适量 1♯（粗）抛光剂（美国进口金冠牌、船牌皆可）涂在模具表面上，用日本进口电动抛光机抛光，抛光时，将羊毛盘平放在模具表面，开动抛光机作圆形螺旋状运转，一片片抛过去，不要漏抛，主要工作量在粗抛，所以一般粗抛起码要两遍，直至模具光滑为止。粗抛完毕后，换上新的羊毛盘，再用 3♯（细）抛光剂细抛（美国进口金冠牌、船牌皆可），重复上述操作，粗细抛光剂不可同用一个羊毛盘，最好各用一台抛光机。

（3）洁模　洁模过程是要将模具表面上的抛光剂残余或油剂等清除掉，使随后加上的封孔剂及脱模剂（蜡）可牢固地附在模具上，洁模水用美国进口船牌 69♯ 洁模水，一般擦两遍，先将船牌 69♯ 洁模水用纱布擦在模具表面然后抹干，再涂一层船牌 69♯洁模水，让其充分挥发干燥后（约 0.5h），再用干净干布擦至光亮。

（4）封模　对于要求中等光洁度的玻璃钢产品来讲，一般用 3♯抛光剂抛光过即可。但是模具表面仅经过抛光后，仍有很多肉眼看不见的微细孔，所以对于要求高精度的玻璃钢制品来讲，必须要把这些微细孔封掉，这样，玻璃钢制品精度又上了一个等级。具体的方法是将船牌 86♯封孔剂用纱布均匀地涂在模面上，让其干透（约 30～60min），再用干净干布擦至光亮。如果是新模具，要封孔四次，如果是旧模翻新，封孔两次即可。

（5）脱模　根据所生产玻璃钢产品的厚度不同，选择不同脱模剂。对于一般厚度的玻璃钢制品，可选择美国产三星牌 102♯、金冠牌 8♯、或船牌 333♯三种脱模剂，金冠牌较硬、船牌较软，三星牌最好；对于浇铸成型玻璃钢卫生洁具或其他厚度达 5mm 左右的较厚玻璃钢制品，因玻璃钢固化发热量比较大，要选用三星牌 104♯或船牌 1000P 高温脱模蜡。具体涂脱模蜡时，最好用纱布把适量脱模蜡包起来，然后挤过纱布均匀地涂覆到模具表面上，这样既均匀又节省，不至于脱模蜡大量散落，待其干透（30～60min），再用手包干净纱布擦或抛光机抛至光亮照人。新模具要上 4～5 次脱模蜡才可使用。第一只产品脱模后，以后每一次脱模上一次脱模蜡即可。

为了提高产品光洁度和工作效率，现在又有美国产三星牌 210♯液体脱模剂，涂一次脱一次，产品光洁度高，又避免使用脱模蜡多次后须清洁蜡污之苦。

随着科技高速发展，近年来美国又推出三星牌 900♯型和 PMR 高效脱模剂，玻璃钢制品正常生产时，涂一次可脱 30～50 次产品，既提高工效，光洁度又高，且无脱模蜡沉积，推广 3～4 年来深受用户欢迎。

二、生产过一段时间模具表面翻新

多次使用脱模蜡或长期储存的模具脱模蜡已氧化（使用 210♯、900♯、PMR 脱模剂即不存在这个问题），再生产玻璃钢制品时表面因积蜡而粗糙，影响产品光洁度，这时要重新翻新，可用船牌 69♯洁模剂清洁两次，把所有积蜡全部清洗掉，再用船牌 86♯封孔剂封两次，再上三次脱模蜡，模具又焕然一新，即可重新正常使用。

三、玻璃钢产品表面处理

玻璃钢产品表面的胶衣会在紫外线及水分、酸雨等侵蚀下褪色而失去光泽，擦上 1～2 层三星牌 500 表面处理剂。

四、玻璃钢制品的表面装饰层

为了改善和美化玻璃钢制品的表面状态，提高产品的价值，并保证内层玻璃钢不受侵蚀，延长制品使用寿命，一般是将制品的工作表面做成一层加有颜料糊（色浆）、树脂含量很高的胶层，它可以是纯树脂，也可用表面毡增强。这层胶层称之为胶衣层（也称为表面层或装饰层）。胶衣层制作质量的好坏，直接影响制品的外在质量以及耐候性、耐水性和耐化学介质侵蚀性等，故在胶衣层喷涂或涂刷时应注意以下几点：

（1）配置胶衣树脂时，要充分混合，特别是使用颜料糊时，若混合不均匀，会使制品表面出现斑点和条纹，这不仅影响外观，而且还会降低物理性能。

（2）胶衣可以用毛刷或专用喷枪来喷涂。喷涂时应补加 5%～7% 的苯乙烯以调节树脂的黏度及补充喷涂过程中挥发损失的苯乙烯。

（3）胶衣层的厚度应精确控制在 0.3～0.5mm 之间，通常以单位面积所用的胶衣质量来控制，即胶衣的用量为 $350～550g/m^2$，这样便能达到上述要求的厚度。

胶衣层的厚度要适宜，不能太薄，但也不能太厚。如果胶衣太薄，可能会固化不完全，并且胶衣背面的玻璃纤维容易显露出来，影响外观质量，起不到美化和保护玻璃钢制品的作用；若胶衣过厚，则容易产生龟裂，不耐冲击力，特别是经受不住从制品反面方向来的冲击。胶衣涂刷不均匀，在脱模过程中也容易引起裂纹，这是因为表面固化速度不一，而使树脂内部产生应力的缘故。

（4）胶衣要涂刷均匀，尽量避免聚集在局部。

（5）胶衣层的固化程度必须要掌握好。

检查胶衣层是否固化适度的最好办法使采用触摸法，即用干净的手指触及一下胶衣层表面，如果感到稍微有点发黏但不粘手时，说明胶衣层已经基本固化，可进行下一步的糊制操作，以确保胶衣层与背衬层的整体性。一般产品上光剂可使产品长期保持光亮。

第七节　大型玻璃钢模具问题分析及故障排除

一、概述

大型玻璃钢模具在制作过程中经常遇到的问题包括：钢架模具表面代木层开裂、木架模具表面代木层开裂、阳模表面亮光处理多余、阴模拐角有气泡、阴模表面玻璃钢层较厚、阴模玻璃钢与钢架硬连接处变形、阴模钢架无热膨胀胀缝、阴模导流管接头过多等，并提出相应的解决方法。

当今玻璃钢产品需求量不断增长，尤其是大型玻璃钢产品，如玻璃钢游艇、风机叶片等，由此也出现了相应的大型玻璃钢产品的模具生产业，如太仓红枫、北京恒吉星。很多大型玻璃钢产品生产企业也自行开发模具。但是，无论是专门制作模具的生产企业，还是自行开发的生产企业，大多数还处于发展阶段，经验的不足使大多数企业在模具生产中出现各种问题和浪费。

本节针对不同工艺的模具制作中出现的主要常见问题做了细致的分析。

二、代木层开裂

生产过程中，为了更快、更精确地制作模具，往往会采用阳模（母模）涂敷糊状代木层，固化后 CNC 加工代木的方法。但是，加工、生产过程经常会遇到代木层开裂的情况。此类问题又分为以下几种情况。

1. 钢架模具表面代木层开裂

钢铁的热膨胀系数为 $(1.14 \sim 1.2) \times 10^{-5} K^{-1}$，玻璃钢的热膨胀系数与之接近，而糊状代木的热膨胀系数一般约为 $70 \times 10^{-5} K^{-1}$ 左右，最低也大于 $30 \times 10^{-5} K^{-1}$。也就是说，假设当温度变化 10℃时，一段 10m 的钢架变化就要与代木变化有近 6mm 的不同。

因此，当用钢架制作模具，上面制作代木层时，必须注意长度不能过长，如生产长度过长，甚至 40m 以上的模具时，要考虑是否将模具分段制作加工并留出胀缝。不同材料的热膨胀系数问题是大型模具不同于小型模具之处，也是必须考虑的问题之一，忽略这个问题，模具就可能出现修复十分繁复的代木开裂现象。为了降低糊状代木的固化收缩，对于大型模具，涂敷代木层时可以采用每次涂敷层厚最好不多于 8mm，尤其是第一层。这样，代木的固化收缩就会以厚度方向为主，从而减小了长度向的收缩造成的内应力。

2. 木架模具表面代木层开裂

包括密度板在内及其他木质材料的模具，其吸水率都是不容忽视的。天气的温、湿变化直接导致木架模具变形，特别是存放或加工时间长的模具更容易因此变形。木质材料一旦受潮变形，便难以恢复到原状。因此防潮处理事关重要。表面喷涂或刷涂胶衣、树脂或其他防水涂层可以有效防止受潮变形，如果存放时间超过一年，应手糊或喷射短切毡，达到更好的防潮效果。尽管如此，木架模具依然不适合频繁、长期的使用。

3. 其他影响

代木自身的内应力可能导致代木层开裂。代木的固化速度会影响其固化后的内应力，固化慢，则可以化解一部分的内应力，这就要求适宜的材料和环境来避免过快的固化。代木自向的性能十分重要，要选择热膨胀系数低、固化收缩率小、韧性较好、易加工、粘接性能强的糊状代木涂敷。

代木黏度大，混合不均是最常见的问题，要格外注意。一般来说，机械要比手工混合均匀，价格昂贵的混合设备还是有好处的。

另外，顺便指出的是，环氧代木与不饱和树脂层的粘接要引起重视，两层面之间要拉毛，粘接试验也是必不可少的。以往代木与易打磨层、玻璃钢糊层、聚酯腻子层等粘接不牢导致脱模时分层的事故时有发生，因此，与上、下层粘接良好的中间层、增加层间面粗糙度等试验都是有必要的。

三、阳模表面多余亮光处理

习惯性地，阳模采用胶衣面高光处理，砂纸应该打到 1200 目或以上并抛光。但是，现今玻璃钢产品表面效果趋势为哑光面，以减少光污染，表面亮度高无重要意义。而且，合模阴模紧挨处，哑光比亮光面密封效果好。

阳模只是为制作阴模，产品都以哑光为宜，因此阳模没有必要喷胶衣并大量打磨。可以考虑脱模效果和哑光处理经验问题，而采用亮光面。当然，也可以做亮光面，产品采用哑光胶衣以得到亚光效果，但亮光面要浪费阳模胶衣和打磨工序，还是哑光省工又省钱。

阳模喷完易打磨层，用偏心振动磨砂机打磨表面（磨砂机下连接软曲面板，模具不同位置要用不同曲面板，曲面板可用泡沫或曲面包布玻璃钢板），打磨至300 目即可，砂纸必须用干砂纸。然后用 1～3 号高级抛光膏（3M 即可）抛光，注意抛光次数最好比说明次数多，最后用洁模剂、封孔剂和脱模剂处理表面。如果采用的是不饱和聚酯的代木层或易打磨层，在抛光后最好停放 2 日以上再做表面处理，以便让反应的挥发性有机气体充分逸出，避免粘模。

四、阴模拐角有气泡

不同曲面交界处有凸起，此位置普遍存在有气泡的问题。阴模弯折大的棱角处，没有将此处压实，就易产生气泡。此气泡可能会由于脱模扯破或由于真空吸注被真空吸破，造成模具崩裂甚至由破损处向外延伸的崩裂。

气泡已经大量产生，不易修补。但制作时，可以采用以下方法尽量避免气泡的产生。

（1）在叶片型面与法兰交界处，也就是弯折角度大处，预先手糊玻璃纤维毡，以减缓角度。

（2）预先手糊玻璃纤维毡后，还可以加预浸玻璃纤维纱填充弯折角，再次减缓角度。

（3）铺放玻璃布时要注意压实，尽量不让玻璃布挺起。

（4）根据弯折角度自制硅胶软模，硅胶软模放置在脱模布外或真空袋外，然后按压硅胶软模，可以很好地将玻璃布压实。

（5）前两层玻璃布用 0.2mm 以下的较软玻璃布，以便易于压实。

五、阴模表面玻璃钢较厚

有些玻璃钢制造厂，将有加热系统的玻璃钢阴模的模具表面玻璃钢层制作厚达 15mm 左右，加热系统与未脱模产品之间的玻璃钢层厚，这就造成模具导热慢，热损失大；而只有一层玻璃钢，对于几十米的模具也不能起到很好的强度作用，可能在今后使用过程中变形。

可以采用夹层结构，第一层玻璃钢不宜超过 8mm（5mm 即可），然后将加热系统后面用氧化铝粉固定。如是电加热，宜采用粗电热丝，最好是半圆管。氧化铝粉后面再糊玻璃钢层，此次可以将玻璃钢层糊厚些，如 15mm 以上。其后还可加任意形式保温层。如此可达到导热快、强度好的效果。

六、阴模玻璃钢与钢架硬连接处变形

阴模与阴模支架之间仅靠法兰与钢架连接，连接采用硬性无缓冲的等距点接触、死连接，钢架上焊有等距支出的短钢管，钢管上焊有小钢板，钢板被手糊于法兰下表面。此类模具连接处有凸起变形，并且随时间推移而日趋明显。

复合材料（玻璃钢）在长期外力作用下，即便后固化很好也会有形变，尤其是当连接是无缓冲硬连接时，模具玻璃钢重量大，压在没有弹性的一些点上，长此以往必会变形。

阴模与阴模支架之间，可以垫聚氨酯泡沫，用玻璃钢立筋更好。立筋制作如下：阴模玻璃钢层、加热层、保温层都制作完成后，将钢架吊起，将准备连接处，保持与模具5cm 左右的间距，不要太远更不要接触，然后手糊玻璃钢布连接，在法兰与钢架之间就形成立筋，充分固化后脱模。这种连接有很好的弹性，即使较沉重的模具也不会被支架支得变形。

七、阴模钢架无热膨胀胀缝

钢铁膨胀系数与玻璃钢不同，钢架的热胀冷缩将拉伸模具，如果模具钢架没有设计胀缝，完全一体，对大型模具长期使用十分不利。应将钢架分成若干段，设计每段钢架间活动连接。有的生产厂家采用弹性钢片立筋连接，此法确实较好，缓解钢铁与玻璃钢膨胀系数不同带来的形变，但效果有限，不推荐。如制作滑块连接或轴承连接最佳，即连接部位采用活动连接方式，可以任由模具和模具支架伸缩。

八、阴模导流管接头过多

一般间距 1.5m 左右设置一套吸胶口及管路，遍布整个模具。如按此设计，生产产品过程一旦漏气，很难查几十套管道的漏气点，可能需要大量人力和时间去查漏。管路接口太多，不仅查漏难，平时操作也要为装、拆大量管路而花费更多时间。

可以用一条长螺旋管代替诸多接头，铺设于模具边缘，抽真空吸胶即可。例如，40m 长模具，一般单侧只需 3～4 套吸胶口及管路（间距约 10m），在模具法兰边上从头到尾各铺设螺旋管一根做吸胶之用即可。

总之，以上分析了现今大型玻璃钢模具制造业的七个常见问题，是作者工作中经验的总结。现今玻璃钢行业飞速发展，大型风机叶片等模具的优劣将很大程度上决定竞争的成败，常见问题的分析和解决必将促进玻璃钢企业的发展。

第八节　玻璃钢模具爆裂原因分析及其故障排除

一、概述

模具爆裂原因主要有以下几种：

(1) 模具材质不好在后续加工中容易碎裂。

(2) 热处理：淬火回火工艺不当产生变形。

(3) 模具研磨平面度不够，产生挠曲变形。

(4) 设计工艺：模具强度不够，刀口间距太近，模具结构不合理，模板块数不够无垫板垫脚。

(5) 线割处理不当：拉线线割，间隙不对，没作清角。

(6) 冲床设备的选用：冲床吨位、冲裁力不够，调模下得太深。

(7) 脱料不顺：生产前无退磁处理，无退料梢；生产中有断针断弹簧等卡料。

(8) 落料不顺：组装模时无漏料。

(9) 生产意识：叠片冲压、定位不到位，没使用吹气枪，模板有裂纹仍继续生产。

冲模失效形式主要为磨损失效、变形失效、断裂失效和啃伤失效等。然而，由于冲压工序不同，工作条件不同，影响冲模寿命的因素是多方面的。下面就冲模的设计、制造及使用等方面综合分析冲模寿命的影响因素，并提出相应的改善措施。

二、冲压设备

冲压设备（如压力机）的精度与刚性对冲模寿命的影响极为重要。冲压设备的精度高、刚性好，冲模寿命大为提高。例如，复杂硅钢片冲模材料为Cr12MoV，在普通开式压力机上使用，平均复磨寿命为 1 万～3 万次，而新式精密压力机上使用，冲模的复磨寿命可达 6 万～12 万次。尤其是小间隙或无间隙冲模、硬质合金冲模及精密冲模必须选择精度高、刚性好的压力机，否则，将会降低模具寿命，严重时还会损坏模具。

三、模具设计

（1）模具的导向机构精度。准确和可靠的导向，对于减少模具工作零件的磨损，避免凸、凹模啃伤影响极大，尤其是无间隙和小间隙冲裁模、复合模和多工位级进模更为有效。为提高模具寿命，必须根据工序性质和零件精度等要求，正确选择导向形式和确定导向机构的精度。一般情况下，导向机构的精度应高于凸、凹模配合精度。

（2）模具（凸、凹模）刃口几何参数。凸、凹模的形状、配合间隙和圆角半径不仅对冲压件成型有较大的影响，而且对于模具的磨损及寿命也影响很大。如模具的配合间隙直接影响冲裁件的质量和模具寿命。精度要求较高的，宜选较小的间隙值；反之则可适当加大间隙，以提高模具寿命。

四、冲压工艺

（1）冲压零件的原材料。实际生产中，由于外压零件的原材料厚度公差超标、材料性能波动、表面质量较差（如有锈迹）或不干净（如有油污）等，会造成模具工作零件磨损加剧、易崩刃等不良后果。为此，应当注意：①尽可能采用冲压工艺性能好的原材料，以减少冲压变形力；②冲压前应严格检查原材料的牌号、厚度及表面质量等，并将原材料擦拭干净，必要时应清除表面氧化物和锈迹；③根据冲压工序和原材料种类，必要时可安排软化处理和表面处理，以及选择合适的润滑剂和润滑工序。

（2）排样与搭边。不合理的往复送料排样法以及过小的搭边值往往会造成模具急剧磨损或凸、凹模啃伤。因此，在考虑提高材料利用率的同时，必须根据零件的加工批量、质量要求和模具配合间隙，合理选择排样方法和搭边值，以提高模具寿命。

五、玻璃钢模具材料

模具材料对模具寿命的影响是材料种类、化学成分、组织结构、硬度和冶金质量等诸因素的综合反映。不同材质的模具寿命往往不同。为此，对于冲模工作零件材料提出两项基本要求：①材料的使用性能应具有高硬度（58～64HRC）和高强度，并具有高的耐磨性和足够的韧性，热处理变形小，有一定的热硬性；②工艺性能良好。冲模工作零件加工制造过程一般较为复杂，因而必须具有对各种加工工艺的适应性，如可锻性、可切削加工性、淬硬性、淬透性、淬火裂纹敏感性和磨削加工性等。通常根据冲压件的材料特性、生产批量、精度要求等，选择性能优良的模具材料，同时兼顾其工艺性和经济性。

六、玻璃钢模具热加工工艺

实践证明，模具的热加工质量对模具的性能与使用寿命影响甚大。从模具失效原因的分析统计可知，因热处理不当引发模具失效的"事故"约占40%以上。模具工作零件的淬火变形与开裂，使用过程的早期断裂，均与模具的热加工工艺有关。

（1）锻造工艺。这是模具工作零件制造过程中的重要环节。对于高合金工具钢的模具，通常对材料碳化物分布等金相组织提出技术要求。此外，还应严格控制锻造温度范围，制定正确的加热规范，采用正确的锻造方法，以及锻后缓冷或及时退火等。

（2）预备热处理。应视模具工作零件的材料和要求的不同分别采用退火、正火或调质等预备热处理工艺，以改善组织，消除锻造毛坯的组织缺陷，改善加工工艺性能。高碳合金模具钢经过适当的预备热处理可消除网状二次渗碳体或链状碳化物，使碳化物球化、细化，促进碳化物分布均匀性。这样有利于保证淬火、回火质量，提高模具寿命。

（3）淬火与回火。这是模具热处理中的关键环节。若淬火加热时产生过热，不仅会使工件具有较大的脆性，而且在冷却时容易引起变形和开裂，严重影响模具寿命。冲模淬火加热时应特别注意防止氧化和脱碳，应严格控制热处理工艺规范，在条件允许的情况下，可采用真空热处理。淬火后应及时回火，并根据技术要求采用不同的回火工艺。

（4）消应力退火。模具工作零件在粗加工后应进行消应力退火处理，目的是消除粗加工所造成的内应力，以免淬火后产生过大的变形和裂纹。对于精度要求高的模具，在磨削或电加工后还须经过消应力回火处理，有利于稳定模具精度，提高使用寿命。

七、玻璃钢模具加工表面质量

模具工作零件加上表面质量的优劣对于模具的耐磨性、抗断裂能力及抗黏着能力等有着十分密切的关系，直接影响模具的使用寿命。尤其是表面粗糙度值对模具寿命影响很大，若表面粗糙度值过大，在工作时会产生应力集中现象，并在其峰、谷间容易产生裂纹，影响冲模的耐用度，还会影响工件表面的耐蚀性，直接影响冲模的使用寿命和精度，为此，应注意以下事项：①模具工作零件加工过程中必须防止发生磨削烧伤零件表面现象，应严格控制磨削工艺条件和工艺方法（如砂轮硬度、粒度、冷却液、进给量等参数）；②加工过程中应防止模具工作零件表面留有刀痕、夹层、裂纹、撞击伤痕等宏观缺陷，这些缺陷的存在会引起应力集中，成为断裂的根源，造成模具早期失效；③采用磨削、研磨和抛光等精加工和精细加工，获得较小的表面粗糙度值，提高模具使用寿命。

八、玻璃钢模具表面强化处理

为提高性能和使用寿命，模具工作零件表面强化处理应用越来越广泛。常用的表面强化处理方法有：液体碳氮共渗、离子渗氮、渗硼、渗钒和电火花强化，以及化学气相沉积法（CVD）、物理气相沉积法（PVD）和在盐浴中向工件表面浸镀碳化物法（TD）等。此外，采用高频淬火、液压、喷丸等表面强化处理，使模具工作零件表面产生压应力，提高其耐疲劳强度，有利于模具寿命的提高。

九、玻璃钢模具线切割变质层的控制

冲模刃口多采用线切割加工。由于线切割加工的热效应和电解作用，使模具加工表面产生一定厚度的变质层，造成表面硬度降低，出现显微裂纹等，致使线切割加工的冲模易发生早期磨损，直接影响模具冲裁间隙的保持及刃口容易崩刃，缩短模具使用寿命。因此，在线切割加工中应选择合理的电规准，尽量减少变质层深度。

十、玻璃钢模具正确使用和故障排除

为了保证正常生产，提高冲压件质量，降低成本，延长冲模寿命，必须正确使用和合理维护模具，严格执行冲模"三检查"制度（使用前检查、使用过程中检查与使用后检查），并做好冲模与维护检修工作。其主要工作包括模具的正确安装与调试；严格控制凸模进入凹模深度；控制校正弯曲、冷挤、整形等工序上模的下止点位置；及时复磨、研光棋具刃口；注意保持棋具的清洁和合理的润滑等。模具的正确使用和合理维护，对于提高模具寿命至关重要。

总之，在玻璃钢模具设计、制造、使用和维护全过程中，应用先进制造技术和实行全面质量管理，是提高模具寿命的有效保证，并且致力于发展专业化生产，加强模具标准化工作，除零件标准化外，还设计有参数标准化、组合形式标准化、加工方法标准化等，不断提高模具设计和制造水平，有利于提高模具寿命。

第九节　注射成型模具几种新结构的分析及其加工和成型故障排除

一、概述

目前生物降解塑料的注射成型（包括玻璃钢）受制于加工和成型两方面。由于多数生物降解塑料都是热敏性物料，而且易于降解生成强腐蚀性酸，因此，多年来热流道技术在生物降解塑料成型加工中的应用一直处于空白。

近年来，D-M-E 公司宣布成功研制"绿色"热流道 Eco-Smart，专门用于 PLA 等生物降解塑料的成型加工，该系统选用特制耐腐蚀钢材，使用低压成型方法，并利用隔热元件、连续流道等方法解决了剪切生热引起的物料温度升高问题。

玻璃钢制品在汽车、电子、军工、通信和家电等行业中的用途日益广泛，人们对其质量的要求也在不断提高。

随着各种新材料、新技术的不断研发成功，模具作为制品成型的核心部件，必须顺应新材料和新技术的加工需要而发展进步。

模具制造商只有对模具机构、加工技术等不断推陈出新，才能拥有一席之地。新型模具机构的设计在满足特殊加工需求之外，还能显著提高生产效率，这成为模具技术的亮点之一。

二、模具"疾速"加热冷却系统

对于注射成型而言，一副模具设计的优劣，关键在于冷却系统的质量和效率。设计人员常常遇到的难题是如何选择合适的模具材料和设计合理的冷却水道，使塑料在模腔中能迅速、均匀地冷却。纵观注射成型制品的表面缺陷形成原因，大多和物料充模时模壁温度过低有关。为此，NADA 公司研制了一种模具"疾速"加热冷却系统 E-Mold。之所以称为"疾速"，是因为利用该系统后，15s 就可将模具温度加热到 300℃，然后 15s 又能将模具温度冷却到 20℃。

传统的冷却方法，通常是通过对模板冷却间接地实现模壁冷却，而 E-Mold 系统提出了新的设计理念——直接对型腔表面和成型模板进行温度控制：模具打开的同时，对模具表面进行加热，在模具闭合之前达到所需的加热温度，停止加热，使得物料充模的时候模具温度较高；保压结束后，隔离热源，使模具迅速冷却。模具在物料充模过程中的高温，大大提升了制品的表面质量。

使用 E-Mold 技术不仅消除了制品的熔解痕、流痕、喷射痕、银纹、缩痕等缺陷，而且提高了制品表面结构和光泽等的一致性，减少了制品的变形。与传统的加工方法比较，利用 E-Mold 技术模具在保压后快速冷却，可以显著降低制品的成型周期，提高生产效率。同时，这一系统的应用也为超薄、超厚和高填充物料制品的注射成型提供了方便。

采用传统冷却系统成型制品和采用"疾速"加热冷却系统成型制品的表面质量有差别。T-模叠模成型是近年来注射成型技术的一个新亮点，它可以显著提高设备利用率和生产效率，并有助于降低生产成本，常用于大型扁平制件、小型多腔薄壁制件和须大批量生产的制件。然而，叠层模具并不经常用于普通注射机，因为一副模具中所有制品的成型过程是同步的，同时注射、同时开模顶出、这使得注射机的注射量和移模行程加大。

德国研制了一种类似于叠模的模具结构——T-模，其结构是把不同制品的成型模具如同阀模一样，背靠背安装。然而其成型过程却和叠模完全不同，T-模中所有制品的成型过程都是独立的，各分型面交替打开，当一面冷却时，另一面可以塑化、开模、脱模、合模，且可以再次充模、保压。也就是说，采用这种模具，在任一时间，只有一个分型面中的型腔被填充，也只有一个分型面上的制品被顶出。表面上看整个成型周期似乎是所有制品周期的叠加，然而由于快速注射机能够实现边塑化边开模顶出的并行动作，节省了开合模和顶出时间，生产效率得以提高。

此外，为提高 T-模的使用范围，目前该机构已成功开发了将两套普通模具合并为一套 T-模的技术。

三、将普通模具转换为 T-模

在将两套冷流道模具转换为一套冷流道 T-模时，抛开转换的成本问题，必须考虑两个更重要的关于现有模具使用的问题：①模具的整体尺寸将有多大？②哪个模具靠定板？

用两套模具来生产手柄作为例子，可以按如下内容去解释其过程。两套模具都是用气体辅助注射，每套的周期为 80s。

假设较大的模具已经在现有的注射机上运行，只要增加第二套模具的厚度进去。使用直压锁模注射机的话，模具的整体厚度加上两个开模行程的最大者，必须比注射机的模板最大开距小。

通过分析不同类型的模具可以看出，即使厚度超出 100mm 的模具也可以成功地转换为 T-模。首先，可以取消两块码模板；其次，大多数直压注射机的模板最大开距可以通过减少推力板和顶出板之间的距离来增大（取消注射机的顶出油缸）。因此这种转换需要模具上装有两个侧边安装的顶出油缸。靠定板的模具的顶出板也得配上侧边安装的顶出油缸。

基本上，T-模类似叠层模具，也就是两套模具的顶出板都是向外的。这意味着，熔融胶料可以用放在注射机后面（在操作员的对面）的注射装置直接从中板注入，也可以通过热流道进入通常的正中浇口位置。第一个选择对模具制造者来说便简单了，但是需要一台特别的注射机。第二个选择通常需要一个很特别的热流道，但是可以用在标准注射机上。

通常，在叠层模具上，熔融胶料是通过定板模的顶出板来注射。这也应用在目前生产中的 T-模上。因此，在将标准模转换成 T-模之前，必须考虑到哪个面更容易安装热嘴组合。

确切地说，模厚较小的、能为注射面的热流道提供足够空间的可作为 T-模的定板模具。

只要上面这些基本要点解决了，这种转换就没有问题了。首先，移走多余的码模板。两套模具都被固定在一块转接板上。这块转接板很好地将两部分连接在一起，包括导杆及导套，并能确保堵塞冷却水的外流。

四、整体式热流道系统

热流道技术作为塑料注射模的一种先进技术，日益得到推广应用。然而，热流道模具结构复杂、造价高、维护费用高，且在使用过程中易出现熔体泄露、加热元件故障等问题，这严重制约了热流道系统的广泛应用。

Incoe 公司研制的整体式热流道系统中，螺栓将标准热流道板和喷嘴连接起来，形成整体式热流道结构，避免了热流道板和喷嘴的不对中以及流道死角的出现，从而防止了两者之间的熔体泄漏。与常规热流道系统利用模板的锁紧和预拉伸实现与模板的对中不同，该结构集成的隔热支撑块，不仅能够实现模板的对中，而且与模板的接触面积小，减少了热损失，改善了温度分布曲线。

五、"绿色"热流道系统

生物降解塑料作为一种治理塑料废弃物的技术途径，其应用已不限于农用地膜、包装袋、垃圾袋、餐饮具等领域，部分电脑、手机生产企业已研制出生物降解材料制成的个人电脑和手机，一些汽车制造商正致力于将 PLA 等可生物降解塑料应用于未来轿车的研究。针对生物降解塑料产品的物理性能差等问题，原料供应商也推出了结晶速度提高约 100 倍的聚乳酸，可生产 120℃左右的高耐热性注射制品。

第十节　挤出机过滤网对玻璃钢制品挤出成型的影响因素及其故障排除

在挤出机的挤出过程中，熔融物料通过过滤网被输送给模具。过滤网使物料得到过滤，并能改进物料的混合效果。但是，过滤网也能使工艺过程产生波动，导致背压和熔融物料温度上升，有时还会减少。挤出机的过滤网被固定在一个多孔或槽的保护板上，这样可以使挤出机和模具之间形成密封。干净的过滤网所产生的压力较小，可能只有 $50\sim100\text{lb/in}^2$（$1\text{lb}=0.4536\text{kg}$，$1\text{in}=25.4\text{mm}$）。随着压力的增加，过滤网上所截留的树脂中的杂质数量就变多，从而阻塞过滤网。

一、过滤网会影响熔融物料的温度

当更换阻塞的过滤网时，压力会突然下降，熔融物料的温度也可能会下降，从而造成产品的尺寸发生变化。为了保持产品的同一尺寸，可以调整挤出机的螺杆转速，也可以调整挤出机的线性速度。在挤出圆形产品时，这些变化可能不会导致严重的问题，但在挤出扁平或者外形不规则的产品时，熔融物料温度的变化可能会影响产品的外形尺寸。比如，在一个扁平模具里，较冷的熔融物料可能使片材中心偏薄，而使周边偏厚。这种情况可以通过对模具的自动或手动调整得到校正。

在过滤网变换器后面，配备一个能够保证熔融物料稳定地进入模具的齿轮泵，可以防止上述问题的发生。但是，熔融物料在过滤网更换后所发生的温度变化仍然需要通过对模具的调整来解决。同时，由于齿轮泵容易被坚硬的杂质损坏，因此，齿轮泵也需要得到精细的过滤网的保护。

有些硬质 PVC 加工商不愿使用过滤网的原因是，过滤网会使 PVC 熔融物料温度升高而易发生降解，这样就需要热稳定性更好的物料，从而增加了材料的成本。若使用 PVC 专用的过滤网变换器，也会增加成本。所以大多数硬质 PVC 加工商要么回避使用过滤网，要么使用不带变换器的粗过滤装置，只过滤较大颗粒的杂质。

二、如何选择过滤网

钢丝是挤出机最常用的金属过滤网材料。不锈钢虽然比较昂贵，但可用于某些 PVC 生产线或其他场合以避免出现生锈。镍合金过滤网被应用于避免被氟聚合物或者 PVDC 腐蚀的场合。

一般情况下，过滤网筛眼（或者说每英寸的金属丝数目）为 $20\sim150$ 或更多。20 筛眼的过滤网比较粗；$40\sim60$ 筛眼的过滤网比较细；$80\sim150$ 筛眼的过滤网则很精细。

大多数过滤网的筛眼都呈方格编织，每个方向的金属丝数目相同。荷兰式编织法是在水平方向采用粗金属丝，并规定为双数，比如，32×120 根/in（$1\text{in}=25.4\text{mm}$）。用荷兰式编织法制得的过滤网不需要在过滤装置内设置并联筛网就能起到精细过滤作用。

筛眼数目相同的过滤网的孔径是根据金属丝的直径来确定的，没必要完全一致。比如，由行距为 24in、直径为 0.02in 的金属丝做成的 20 筛眼的过滤网，其每侧的开孔为 0.01in；而由行距为 30in、直径为 0.01in 的金属丝做成的 20 筛眼过滤网，其每侧的开孔稍大，为 0.04in。这是因为细金属丝的过滤不够细，而且更容易阻塞（1in＝25.4mm）。

一般情况下，过滤装置的安装方式是：最粗糙的滤网对着保护板，而最细的滤网则面对挤出机。比如，从保护板到挤出机的滤网排列方式可能是 20 筛眼/40 筛眼/60 筛眼，因为这种布置结构可以防止滤网被堵，并能将杂质"吹入"保护板的开孔内。

如果最细的滤网为 80 或更多的筛眼，为了防止该滤网被熔融物料的旋转运动或大的杂质阻塞，则可以将一个粗糙滤网放到前面（比如 20/100/60/20 筛眼的排列）。因为这种装置类型从两边看相同，所以为了保证它们不会被颠倒，有时也采用对称的布置方式（20 筛眼/60 筛眼/100 筛眼/60 筛眼/20 筛眼）。

有些加工商特意将滤网装颠倒，让粗滤网先过滤上游表面的较大颗粒杂质。他们认为，这种方法可允许更多侧面熔融物料通过，并使保护板上游表面的物料较少发生分解。

三、有关过滤网因素及其故障排除

由于钢丝滤网容易生锈，所以在储藏时要避免潮湿，否则铁锈将会出现在挤出物里。更为严重的是，生锈滤网很容易发生断裂并使所过滤出的杂质漏过，因此，要将滤网装入塑料袋或者防锈纸中储藏。

当正在挤压 PVC 材料时，切不可将裸露的滤网放置在挤出机头部。这是因为机头模具附近空气中的盐酸会对其产生腐蚀。挤出 PVC 时的最佳做法是，在模头上方安装一个排烟橱，并且一定要使备用滤网远离此处放置，甚至可将其用袋装好后放置在冷柜内。

吹扫、清洁保护板时很容易出现反卷现象，使密封面受到破坏，并使滑动面不相匹配，从而产生泄露。这样，不但会造成清洗工作费时，而且泄露的熔融物料可能会影响热电偶数值，还会损坏加热器，有时甚至可能导致着火。

对于单排气两级挤出机而言，如果过滤网处的背压变大，那么其第二段产量将会减少，但其第一段的产量不会受到影响。当背压增至大约 2500lb/in^2（1lb＝0.4536kg，1in＝25.4mm）时，来自第一段的熔融物料就开始徐徐泄露进入排气孔。为了避免此类现象发生，一定要在压力较低时就更换滤网。另外，过滤装置后面的齿轮泵也有抑制熔融物料泄露进入排气孔的作用。

如果滤网过滤到大片杂物（比如纸片），它会突然完全失效，这样就会使挤出机的压力迅速达到峰值。所以，为了防止上述情况发生，必须要有诸如安全隔膜、安全销或与压力表相连的报警装置等安全系统。

第十一节 玻璃钢模具或产品制作时常见的一些缺陷及其产生的原因和防止方法

一、如何有效避免玻璃钢模具针孔的产生和防止方法

一般地，制作无针孔模具应从模型的表面、模具胶衣材料及引发固化体系、操作环境、施工的方法等多方面来整体解决。不能完全依靠某个方面的改善，而期望得到一个理想的没有针孔的模具表面。

首先选择优质的模具胶衣。模具胶衣作为模具的表层，要求固化后的表面致密，有一定的强度和硬度。但由于胶衣的树脂基体、添加的辅料、质量控制等方面的影响，胶衣的流平性、消泡性、黏度、触变性等最终产品质量指标有着很大的区别，也会在胶衣层产生不同的缺陷。这样的胶衣在施工时又对操作人员的技能要求更高，体现在施工时现场人员必须根据实际情况进行相应的调整。优质的模具胶衣应该是喷涂型胶衣，具有低黏度、高触变性、良好的消泡性和流平性，固化特性稳定。为了达到以上的目的，胶衣中除使用优异的基体树脂，同时需要添加流平和消泡类物质，以提高胶衣的流平性和消泡性，但注意这类物质为小分子类物质，不参与反应，同时因为其有溶剂存在，可能导致针孔的出现，从而必须选择高效的流平和消泡助剂，避免使用较多的添加量而引入过量的小分子物质。因此应该选择优质的模具胶衣，采用喷涂方式，这样可以有效地降低模具胶衣层中的针孔。

其次，胶衣的固化体系也是容易产生针孔的因素之一。不成比例的促进剂和引发剂会在胶衣固化后，多余的部分残留在胶衣中，出现在胶衣表面脱模后则形成针孔。过量的固化体系或过高的气温容易导致胶衣的凝胶时间缩短过多，使胶衣在应用过程中带入的空气无法及时逸出，导致胶衣中有大量微型气泡存在，在胶衣表面时就形成针孔。在胶衣量少的时候，容易因计量的误差导致加入量的不成比例或过多，因此建议使用预促型胶衣，促进剂的加入比例比较精确，凝胶时间比较稳定，减少了搅拌促进剂时引入气泡次数。也可以容易地做到凝胶时间的控制。一次喷涂过厚的胶衣，在高触变性的胶衣中操作过程中带入的气泡不会很方便地逸出，往往形成胶衣中的针孔。适量的引发剂和促进剂、合理的凝胶时间、均匀的胶衣厚度可以有效地降低针孔。引发剂的质量也会影响胶衣的质量。优质的引发剂含有的过氧化氢少，在引发树脂聚合反应时分解产生的水分子少，从而提高了胶衣的固化程度，降低了针孔等缺陷出现的几率。从而有效地提高表

面硬度和表面致密程度等表面质量。

在胶衣的施工，模型表面、操作环境、操作方法等也会不同程度地导致针孔的出现。首先作为模具的模具——产品模型，表面质量将直接影响模具的表面质量。疏松、粗糙的表面是不利于形成良好的胶衣表面的，由于疏松、粗糙的表面表面积较大，会不利于胶衣施工过程中微小气泡的排出。对于疏松的、粗糙的表面必须采用表面处理，提高表面的致密程度和硬度，以便于提高表面的光洁度。其次在模型投入使用时，环境的空气清洁程度也将会造成影响，如空气中粉尘落在模型表面或在胶衣喷涂过程中一起落在模具表面，就会产生质量隐患，再者喷涂用的压缩空气清洁程度是是否产生针孔缺陷的原因之一，必须使用干净清洁的空气，避免水汽油滴等污染造成针孔的产生。

胶衣的施工方法不当也会造成针孔的产生，喷涂胶衣比手刷胶衣产生针孔的几率小，主要在于喷涂胶衣黏度低，喷涂施工厚度均匀，容易控制，比较有利于气泡的排出。在喷涂时应该在模型表面脱模处理完成后及时进行，避免脱模层的污染，喷涂时应该在首遍的首层薄喷，每层之间间隔 1～2min，这样以利于胶衣中的气泡排出，减少针孔产生。选择触变性好、黏度低的胶衣是针孔少的必要条件，好的胶衣具有优秀的消泡性和流平性，模具胶衣黏度过大时，最好不要使用溶剂（苯乙烯、丙酮等）来稀释。由于溶剂的小分子会挥发形成气泡，增加胶衣中产生针孔的可能性，最佳的方法是提高环境温度和胶衣温度来降低胶衣的黏度。18～30℃的温度，35%～65%的相对湿度是胶衣喷涂的最佳条件，温度过低胶衣的黏度过大不利于胶衣中气泡的排出，温度过高胶衣的胶凝时间过短，在胶衣中气泡没有排出就已经胶凝。这些均可以导致针孔的产生。

综上所述，制作无针孔模具应从模型的表面、模具胶衣材料及引发固化体系、操作环境、施工的方法等多方面来整体解决。不能完全依靠某个方面的改善，而期望得到一个理想的没有针孔的模具表面。作为玻璃钢生产重要的工装设备之一的模具，其表面质量的好坏直接影响产品的质量和生产效率，良好的模具表面可以减少大量的产品后处理人力和物力，缩短了工作流程，节约了操作场地，提高了生产效率，改善了工作环境，降低了劳动强度。

二、如何防止玻璃钢模具表面的气泡的产生和防止方法

在实际生产中，玻璃钢模具表面存在着或多或少的气泡。这些气泡是导致玻璃钢模具表面质量下降的主要原因，从而影响产品的表面质量，甚至导致产品脱模困难。这是因为在使用过程中，由于大量气泡的存在，容易使树脂固化过程中形成的低分子量的苯乙烯或受热气化的脱模蜡等被吸附，沉积在该处，产生明显的积垢，影响产品的表面质量和脱模，从而在生产中造成了困难，影响生产效率。笔者认为产生气泡的原因是多方面的，解决表面气泡的方法主要从模具胶

衣、固化体系和胶衣施工的操作方法来寻求。

首先选择优质的模具胶衣。模具胶衣作为模具的表层，要求固化后的表面致密，有一定的强度和硬度。但由于胶衣的树脂基体、添加的辅料、质量控制等方面的影响，胶衣的流平性、消泡性、黏度、触变性等最终产品质量指标有着很大的区别，也会在胶衣层产生不同的缺陷。这样的胶衣在施工时又对操作人员的技能要求更高，体现在施工时现场人员必须根据实际情况进行相应的调整。优质的模具胶衣应该是喷涂型胶衣，具有低黏度、高触变性、良好的消泡性和流平性，固化特性稳定。为了达到以上的目的，胶衣中除使用优异的基体树脂，同时需要添加流平和消泡类物质，以提高胶衣的流平性和消泡性，但注意这类物质为小分子类物质，不参与反应，同时因为其有溶剂存在，可能导致气泡的出现，从而必须选择高效的流平和消泡助剂，避免使用较多的添加量而引入过量的小分子物质。因此应该选择优质的模具胶衣，采用喷涂方式，这样可以有效地降低模具胶衣层中的气泡。

其次，胶衣的固化体系也是容易产生气泡的因素之一。不成比例的促进剂和引发剂会在胶衣固化后，多余的部分残留在胶衣中，出现在胶衣表面脱模后则形成气泡。过量的固化体系或过高的气温容易导致胶衣的凝胶时间缩短过多，使胶衣在应用过程中带入的空气无法及时逸出，导致胶衣中有大量微型气泡存在，在胶衣表面时就形成气泡。在胶衣量少的时候，容易因计量的误差导致加入量的不成比例或过多，因此建议使用预促型胶衣，促进剂的加入比例比较精确，凝胶时间比较稳定，减少了搅拌促进剂时引入气泡次数。也可以容易地做到凝胶时间的控制。一次喷涂过厚的胶衣，在高触变性的胶衣中操作过程中带入的气泡不会很方便地逸出，往往形成胶衣中的气泡。适量的引发剂和促进剂、合理的凝胶时间、均匀的胶衣厚度可以有效地降低气泡。引发剂的质量也会影响胶衣的质量。优质的引发剂含有的过氧化氢少，在引发树脂聚合反应时分解产生的水分子少，从而提高了胶衣的固化程度，降低了气泡等缺陷出现的概率。从而有效地提高表面硬度和表面致密程度等表面质量。

在胶衣的施工，模型表面、操作环境、操作方法等也会不同程度地导致气泡的出现。首先作为模具的模具——产品模型，表面质量将直接影响模具的表面质量。疏松、粗糙的表面是不利于形成良好的胶衣表面的，由于疏松、粗糙的表面表面积较大，会不利于胶衣施工过程中微小气泡的排出。对于疏松的、粗糙的表面必须采用表面处理，提高表面的致密程度和硬度，以便于提高表面的光洁度。其次在模型投入使用时，环境的空气清洁程度也将会造成影响，如空气中粉尘落在模型表面或在胶衣喷涂过程中一起落在模具表面，就会产生质量隐患，再者喷涂用的压缩空气清洁程度是是否产生气泡缺陷的原因之一，必须使用干净清洁的空气，避免水汽油滴等污染造成气泡的产生。

胶衣的施工方法不当也会造成气泡的产生，喷涂胶衣比手刷胶衣产生气泡的几率小，主要在于喷涂胶衣黏度低，喷涂施工厚度均匀，容易控制，比较有利于气泡的排出。在喷涂时应该在模型表面脱模处理完成后及时进行，避免脱模层的污染，喷涂时应该在首遍的首层薄喷，每层之间间隔 1～2min，这样以利于胶衣中的气泡排出，减少气泡产生。选择触变性好、黏度低的胶衣是气泡少的必要条件，好的胶衣具有优秀的消泡性和流平性，模具胶衣黏度过大时，最好不要使用溶剂（苯乙烯、丙酮等）来稀释。由于溶剂的小分子会挥发形成气泡，增加胶衣中产生气泡的可能性，最佳的方法是提高环境温度和胶衣温度来降低胶衣的黏度。18～30℃的温度，35%～65%的相对湿度是胶衣喷涂的最佳条件，温度过低胶衣的黏度过大不利于胶衣中气泡的排出，温度过高胶衣的胶凝时间过短，在胶衣中气泡没有排出就已经胶凝。这些均可以导致气泡的产生。

综上所述，制作无气泡模具应从模型的表面、模具胶衣材料及引发固化体系、操作环境、施工的方法等多方面来整体解决。不能完全依靠某个方面的改善，而期望得到一个理想的没有气泡的模具表面。作为玻璃钢生产重要的工装设备之一的模具，其表面质量的好坏直接影响产品的质量和生产效率，良好的模具表面可以减少大量的产品后处理人力和物力，缩短了工作流程，节约了操作场地，提高了生产效率，改善了工作环境，降低了劳动强度。

三、玻璃钢模具产品制作时常见的一些缺陷及其产生的原因和防止方法

在生产制作玻璃钢制品（包括玻璃钢模具或玻璃钢产品）过程中，经常会出现各种各样的缺陷，其主要原因是：材料选择不当；制作工艺不按规定操作，或管理不善（如搅拌不匀，配比不当）；模具变形或模具表面有缺陷，或模具遭到污染；环境条件恶劣等。现就制作玻璃钢模具或产品时常见的一些缺陷及其产生的原因和防止方法，分别叙述如下。

1. 制品表面发黏

在玻璃钢制品的生产过程中，往往由于制品暴露在潮湿空气中，或鼓风机、电风扇等排风设备直吹制品的表面，造成苯乙烯挥发过多，最终层内无含蜡的树脂；或者由于环境温度控制不当，引起制品表面发黏。

处理办法：

① 在糊制完成后，在其上覆盖一层玻璃纸；

② 在树脂中加入 0.02% 石蜡，防止空气中氧的阻聚作用；

③ 避免在低温或潮湿条件下施工；

④ 模具或脱模剂未干，应烘干处理；

⑤ 控制通风方向，避免过堂风，减少交联剂的挥发；

⑥ 根据室内环境温度，控制引发剂、促进剂及加速剂等的用量；

⑦ 环境温度过高，控制环境温度。

2. 起皱

玻璃钢制品的起皱，经常发生在胶衣层中。第一次涂刷胶衣后，未待完全凝胶，就上第二层胶衣，致使第二层胶衣中的苯乙烯部分溶解了第一层胶衣，引起熔胀，产生皱纹。

处理办法：

① 适当提高工作环境的温度，在上第一层胶衣时，应使用红外线灯泡烘干后，再上第二层胶衣，待胶衣层凝胶后，再涂刷铺层树脂；

② 适当增加引发剂和促进剂的用量；

③ 控制工作室的环境温度，通常在 18～20℃ 之间为宜。

3. 针眼（针孔）

胶衣分散性及所附着的表面性，都可能造成针孔，模具胶衣树脂质量要好；最好用进口的，它对喷涂工艺有着极优异的适用性，分散性好，就不会产生针孔。

产生在制品表面的针孔，可能的原因或者是由于在凝胶前，小气泡进入胶衣层；或是模具表面有灰尘；或是在添加阻燃树脂时，因黏度过高，加入的溶剂挥发，留下了针眼。

处理方法：

① 成型制品时要用金子辊赶走气泡；

② 在树脂中加入适当的消泡剂，如硅油等；

③ 控制工作环境条件，周围不宜湿度过高，温度也不宜过低；

④ 催化剂用量不宜过多，避免过早地凝胶而产生气泡；

⑤ 增强材料不宜受潮，若受潮后需要经过干燥处理；

⑥ 保持模具表面的清洁。

第十二节　影响玻璃钢拉挤模具铸件精度的因素

（1）玻璃钢拉挤模具铸件结构（见图 4-1、图 4-2）的工艺性：

① 拔模斜度过小，会引起铸件在脱模时变形或拉伤。

② 铸件刚度差，在顶出铸件时会引起变形。

③ 铸件上有小而薄的深腔，造成模具型芯的刚度不足，在压铸时会产生变形。

图 4-1　玻璃钢 SMC/BMC 模压模具

图 4-2　玻璃钢拉挤模具-波浪板

（2）玻璃钢拉挤模具方面：

① 合模时，由于分型面的不平行度误差及清理不净等原因，往往在铸件上形成毛边，从而影响分型面起止或跨越分型面的尺寸。

② 模具的刚度。金属压射时，在模具型腔内各方向产生相等的单位压力，支承板和侧型芯锁块刚度不足，会产生后退现象，使铸件精度降低。

③ 成型部分的尺寸精度，定模和动模之间定位的准确性。

④ 成型部分的镶块固定方法及牢固可靠性。

⑤ 顶出铸件时，其作用部位是铸件的某一整修表面时，因顶杆的变动会造成尺寸精度的降低。

⑥ 玻璃钢拉挤模具工作温度的差异，成型部分各部位温度不均衡而引起的热膨胀的差异。

（3）压铸机方面：

① 动、定模安装板的不平行度及相互间的不平行度。

② 动模拖板导滑的准确性。

③ 机器合型力不够，压铸时不能保证其准确的合模位置。

（4）压铸工艺因素的影响：

① 压铸比压的大小，影响铸件的致密程度。

② 涂料的厚度及均匀性。

③ 玻璃钢拉挤模具分型面及活动部位的清理是否干净。

（5）合金冷凝时的收缩：

① 包住型芯的径向尺寸收缩量小，轴向尺寸收缩量大。

② 薄壁铸件比厚壁铸件收缩量小。

③ 铸件形状复杂、型芯多的较形状简单、型芯少的收缩量小。

④ 持压时间长、脱模慢的收缩量小，反之则大。

⑤ 浇注温度和玻璃钢拉挤模具温度低，收缩量小，反之则大。

一、如何提高 RTM 制品胶衣的表面质量

RTM/LRTM 工艺是在手糊工艺基础上发展起来并得以广泛应用的 FRP 成型工艺，早在 30 年前就已经有所推广，但受制于模具制作以及材料配套的水平，到最近几年才得以全面的应用。

RTM/LRTM 制品的表面质量是衡量整个 FRP 制品最直观和最直接的因素之一，提高制品表面质量有以下几个问题：

（1）模具的表面质量及模具的处理。

（2）胶衣型号的选用。

（3）纤维铺层的要求。

（4）固化剂的要求。

（5）胶衣的施工。

（6）常见问题。

二、模具的制作要求

1. 模具胶衣的选用

对于闭模成型工艺来说，模具的反复耐热性以及模腔压力的要求对模具胶衣提出比普通手糊工艺更高的性能要求，推荐用户使用更高热变形温度以及具有更高断裂延伸率的乙烯基型的模具胶衣。

浇注体性能	测定值	测定方法
热变形温度	115~155℃	GB/T 1634—2004
断裂延伸率	3.0%~4.0%	GB/T 2567—2008
硬度	40~45	GB/3854—2006
施工厚度（湿膜）	0.8~1.0mm	

建议使用乙烯基专用固化剂，可以大大减少气泡的出现并确保获得更佳的产品力学性能。

大多数情况下使用小型喷枪喷射模具胶衣，在雾化效果不佳的情况下不建议自行对模具胶衣进行稀释，因为无论是丙酮还是苯乙烯都将影响产品的最终质量，建议加热处理或联系厂家调整黏度。

固化剂的比例不低于1%。

模具胶衣的施工建议分3遍完成，每遍的厚度建议0.4mm—0.3mm—0.2mm，固化剂的比例建议按1.5%~2.0%逐步增加，前一遍的模具胶衣干后再进行下一遍的施工，这样大大有助于模具胶衣的脱泡，并防止垂流。

2. 模具的积层施工

模具树脂的选用：低收缩，耐热。

增强纤维的选用：表面毡、短切毡、毡布结合、强芯毡。

增强层应分步施工，不应急于求成。

模具的充分固化至关重要。

3. 模具表面的处理

水磨：专业的水模垫和水磨砂纸，正确的水磨方式。烘干。

专业的抛光处理，注意防止留下因抛光不当带来的旋纹而影响产品的表面质量。

专业的封孔处理，这对模具以后的脱模效果非常有帮助。

专业的脱模剂施工，万万马虎不得的过程。

为了真正获得更好的产品质量、更亮丽的 FRP 产品表面，对于诸如船艇、车辆、雷达罩、机舱罩这类对性能要求明显且长期在全天候环境下使用的玻璃钢产品来说，建议客户选用间苯新戊二醇型的胶衣，优异性能的胶衣能够给您的产品提供长期稳定的保护。

诺可系列胶衣 NC 以及 NS 的主要性能参数如下表所示：

浇注体性能	测定值	测定方法
热变形温度	95℃	GB/T 1634—2004
断裂延伸率	4.0%	GB/T 2567—2008
硬度	45	GB/3854—2006
施工厚度（湿膜）	0.5～0.7mm	

诺可系列胶衣 NC 以及 NS 的主要特性：好的脱泡性减少表面针孔出现的概率。好的流平性减少胶衣固化不均匀的程度，减少胶衣表面的收缩纹。合适的膜固化时间可以防止胶衣的分色、起皱问题的发生。合适的后固化时间确保胶衣能够在树脂灌注后的反应过程中得到相当程度的固化，从而保证脱模的时间，在脱模后的较短时间内获得更佳的硬度，并有效减轻 RTM/LRTM 制品表面纤维纹路的出现。

需要说明的是对于间苯新戊二醇胶衣来说，其给予 FRP 表面是长期的性能，在许多时候邻苯型胶衣在操作弹性以及初期硬度上表现得往往更好，这是由于其相对简单的化学链所致，但其无法提供长期优异的性能。

三、胶衣用固化剂的选择

要求含水率低、过氧化氢含量低，固化剂比例为 1.5%～2.5%。

固化剂特性	测定值
活性氧含量	9.0%～9.2%
水分含量	1.5%～2.5%
游离过氧化氢含量	1.6%～2.0%

胶衣的厚度：胶衣湿膜厚度是保证产品表面质量的重要影响因素，建议胶衣的湿膜厚度不应低于 0.4mm。

胶衣指干的标准：受温度湿度的影响，胶衣指干的时间往往难以把握。

四、常见问题及解决办法

1. 离模

解决办法：胶衣流平性与触变的更好结合，并配以恰当的固化体系可以有效降低离模问题的发生，对于 RTM/LRTM 制品来说，由于纤维铺层的需要，当中往往间隔更长的施工时间，间苯新戊二醇型胶衣更为温和的固化特性也对防止这类问题发生有所帮助。

2. 针孔

针孔的产生：胶衣的脱泡过程是两个阶段，前脱泡和后脱泡，针孔的产生往往是因后脱泡效果不佳，固化剂中的水和过氧化氢更是针孔产生的元凶。解决办法：提高胶衣本身的脱泡效果、使用更优质的固化剂、正确的施工方式。

3. 起皱

固化不佳是胶衣起皱的根本原因，胶衣过薄、固化剂比例偏低、凹槽处苯乙烯堆积是最常见的问题。解决办法：确保胶衣的厚度以及固化剂的比例，深的凹槽处适当吹风处理。

4. 布纹

解决办法：提高胶衣脱模后的初期硬度。

5. 修补色差

由于固化条件的不同，修补很容易产生色差的问题。解决办法：建议修补时添加修补液，尽可能稳定固化剂的比例，辅以电吹风烘烤修补处；建议至少 6h 以后再进行水磨抛光处理。

第五章

玻璃钢制品缺陷问题与解决方法

第一节 玻璃钢手糊成型工艺的缺陷问题与解决方法

一、玻璃钢制品手糊法设计中的缺陷问题

（1）气泡：在糊制模具时，常由于树脂用量过多、胶液中气泡含量多、树脂胶液黏度太大、增强材料选择不当、玻璃丝布铺层未压紧密等原因造成模具及型腔表面有大量气泡产生，这严重影响了模具的质量和表面粗糙度。

目前常采用控制含胶量、树脂胶液真空脱泡、添加适量的稀释剂（如丙酮）、选用容易浸透树脂的玻璃丝布等措施减少气泡的产生。

（2）流胶：手工糊制模具时，常出现胶液流淌的现象。

造成流胶的原因主要表现为：①树脂黏度太低；②配料不均匀；③固化剂用量较少。常采用加入填充剂提高树脂的黏度（如二氧化硅）、适当调整固化剂的用量等措施，避免流胶现象的出现。

（3）分层：由于树脂用量不足及玻璃丝布铺层未压紧密，过早加热或加热温度过高等，都会引起模具分层。因此，在糊制时，要控制足够的胶液，尽量使铺层压实。树脂在凝胶前尽量不要加热，适当控制加热温度。

（4）裂纹：在制作和使用模具时，常能看到在模具表面有裂纹现象出现，导致这一现象产生的主要原因是胶衣层太厚以及受不均匀脱模力的影响。因此，模具胶衣的厚度应严格控制。在脱模时，严禁用硬物敲打模具，最好用压缩空气脱模。

从上面的论述中可以看出，基于快速原型的玻璃钢模具成型技术具有快速性、高精度、工艺简捷、操作简便等优点，能够在很短的时间内将设计思想迅速

转变为现实产品，极大地缩短了新产品的开发周期，既降低了生产成本，又实现了产品的大批量生产，满足了企业快速响应市场需求的发展趋势。

但其也存在着一定的局限性，如快速原型的加工范围有限，这在很大程度上限定了快速原型技术在玻璃钢模具制作领域的应用。

因此，目前快速原型技术仅限于一定尺寸、精度较高、形状较复杂的玻璃钢模具制作。对于那些尺寸较大、精度较低、形状较简单的玻璃钢模具，可采用水泥、石膏、木材等材料制作母模，这样可有效地降低成本，缩短工期。因此，在成型玻璃钢模具时，要根据具体的产品要求和生产条件，采用具体的工艺，不断探索新工艺、新材料，才能达到更为理想的实践与生产效果。

二、手糊玻璃钢制品的表面质量的问题与解决方法

玻璃钢成型简单、性能优异、原材料丰富，已越来越多地用于国民经济的各个方面。手糊玻璃钢工艺（以下简称手糊）投入少，生产周期短，能耗低，可生产形状较复杂的制品，在国内占一定的市场。但目前我国手糊玻璃钢制品的表面质量较差，在一定程度上限制了手糊制品的推广。业内人士为了提高产品表面质量进行了大量工作。

在国外手糊制品表面质量接近或达到 A 级，可用来作高档汽车的内外装饰件。对此吸收国外的先进技术和经验，做了大量的针对性试验和改进，取得了一定的成绩。

首先针对手糊工艺操作及原材料等特点进行理论分析，一般认为影响产品表面质量的主要因素有以下几个方面：①树脂的工艺性；②胶衣树脂的工艺性；③模具表面的质量。

1. 树脂的工艺性

树脂在手糊制品中占 $55\% \sim 80\%$（质量）。树脂的各项性能直接决定着产品的性能。在产品生产过程中树脂的物理性质决定着生产效率和产品质量，因而在选用树脂时主要应从以下几个方面考虑。

（1）树脂黏度　手糊树脂黏度一般在 $170 \sim 117 mPa \cdot s$ 之间。树脂黏度范围较宽，利于选择。但由于同一牌号树脂黏度上下限差约在 $100 \sim 300 mPa \cdot s$，冬、夏季黏度也会有明显的变化，因而需要进行试验来确定适当黏度的树脂。

对一组不同黏度的树脂进行了试验。试验过程中，主要对树脂浸渍玻纤速度、树脂排泡性、糊层的致密性和厚度进行比较。通过试验发现：树脂黏度越小，树脂浸渍玻纤的速度越快，生产效率越高，产品的空隙率越小，产品厚度均匀程度也就越好，但气温高或树脂用量稍多时易出现流胶（或称控胶）现象；反之，树脂浸渍玻纤的速度慢，生产效率低，产品空隙率较高，产品厚度均匀程度

差，但控胶、流胶现象减少。

经过多次试验，发现在 25℃ 时树脂黏度为 $200 \sim 320 \text{mPa} \cdot \text{s}$，是产品表面质量和内在质量及生产效率最佳结合点。在实际生产中，经常遇到树脂黏度偏高的现象，这时需要调节树脂黏度，使其降到适合操作的黏度范围。通常有两种方法来实现：①在树脂中加入苯乙烯稀释，降低黏度；②升高树脂的温度和环境的温度来降低树脂黏度。气温较低时，升高环境温度和树脂温度是非常有效的途径。一般情况下为了保证树脂的胶凝不致过快，通常采用两种方法。

（2）胶凝时间　不饱和聚酯树脂的凝胶时间大多为 $6 \sim 21 \text{min}$（25℃，1% MEKP，0.5% 萘酸钴）。凝胶过快，操作时间不足，产品收缩较大，放热集中，易损伤模具、产品。凝胶过慢，易流胶，固化慢，树脂易损伤胶衣层，降低生产效率。

胶凝时间与温度及引发剂、促进剂的加入量有关。温度高时胶凝时间会缩短，可以降低引发剂、促进剂的加入量。树脂中若加入过多的引发剂、促进剂，树脂固化后颜色会变深，或由于反应过快，树脂放热快、过于集中（尤其是厚壁产品），会烧伤产品、模具。故而手糊操作一般在 15℃ 以上的环境中进行，这时引发剂、促进剂的加入量不需要很多，树脂反应（凝胶、固化）比较平稳，适合手糊操作。

树脂的胶凝时间对实际生产具有重要意义，试验发现，在 25℃，1%MEKP 和 0.5% 萘酸钴的条件下树脂的凝胶时间为 $10 \sim 18 \text{min}$ 最为理想，即使操作环境的条件略有变化，通过调整引发剂、促进剂的用量，也可以保证生产要求。

（3）树脂的其他性质

① 树脂的脱泡性　树脂的脱泡性与树脂的黏度和脱泡剂的含量有关。当树脂黏度一定时，脱泡剂的用量在很大程度上决定了产品空隙率的高低。实际生产中在树脂中加入促进剂、引发剂搅拌时势必混入较多的空气，若树脂的脱泡性不好，在凝胶前树脂中的空气无法及时排出，必然在产品中存在较多的气泡，空隙率较高，因此，必须使用脱泡性较好的树脂，可有效地减少产品中的气泡，降低空隙率。

② 树脂的颜色　目前，玻璃钢产品作为高表面质量的外装饰件时一般需要在表面涂饰高档油漆，使产品表面的颜色丰富多彩。为了保证在玻璃钢产品表面涂饰油漆颜色的一致性，就要求玻璃钢产品表面为白色或浅色。为了满足这一要求，在选择树脂时，必须选择浅色树脂。对大量的树脂进行的筛选试验表明：树脂色值（APHA）Φ84 可以比较好地解决产品固化后的颜色问题。同时，采用浅色树脂，还易于在糊制过程中及时发现糊层中的气泡、排出气泡，并减少糊制过程中因操作失误出现产品厚度不均而导致产品内表面颜色的不一致情况的发生。

③ 气干性　在湿度较大或低温情况下，经常出现产品固化后内表面发黏的

现象，这是因为糊层表面的树脂与空气中的氧气、水汽等阻聚剂接触，从而使产品内表面有一层未完全固化的树脂。这一方面严重影响产品的后加工，另一方面内表面易黏附灰尘，影响内表面质量。因此在选择树脂时，应注意选择具有气干性的树脂。对于不具有气干性的树脂，一般可以采取在 18～35℃时往树脂中加入浓度为 5%的石蜡（熔点 46～48℃）-苯乙烯溶液来解决树脂的气干性问题，用量为树脂的 6%～8%。

2. 胶衣树脂的工艺性

为提高玻璃钢产品表面质量，产品表面一般需要一层带有颜色的富树脂层。胶衣树脂就是这种材料。胶衣树脂提高了玻璃钢产品的耐老化性，同时为玻璃钢产品提供一个均质的表面，提高了产品的表面质量。一般为保证产品有一个较好的表面质量，要求胶衣层厚度在 0.4～0.6mm。另外，胶衣的颜色要求以白色或浅色为主，批次间不能存在色差，其次还需要注意胶衣的操作性能：胶衣的黏度、流平性。胶衣喷涂最合适的黏度为 6000mPa·s，衡量胶衣流平性的最直观的方法是在已做完脱模处理的模具局部表面试喷一层胶衣，若胶衣层出现鱼眼状收缩痕，表明胶衣的流平性不好。

胶衣在使用前一定要充分搅拌，加入引发系统后还要快速均匀搅拌方可达到最佳使用效果。喷涂时发现黏度偏大可加入适量的苯乙烯稀释；黏度偏小时要薄喷、多喷几遍。另外，喷涂过程要求喷枪距离模具表面约 2cm，压缩空气压力合适，喷枪扇面与走枪方向垂直，喷枪扇面间相互重叠 1/3。这样做既可以解决胶衣本身存在的工艺缺陷，又可以保证产品胶衣层质量的一致性。

3. 模具表面的质量

不同模具的不同维护方法如下：

（1）新模具或长期未使用的模具　模具是玻璃钢产品成型的主要设备，模具按材质可分为钢、铝、水泥、橡胶、石蜡、玻璃钢等类型。玻璃钢模具以其成型容易、原材料易得、造价低、制造周期短、易维修等特点，成为手糊玻璃钢工艺最为常用的模具。

玻璃钢模具和其他塑料模具的表面要求是一样的，通常模具要比产品的表面光洁度高出一个等级。模具表面越好，产品的模制时间和后加工时间越短，产品的表面质量越好，模具的使用寿命就越长。模具交付使用后，为保持模具的表面质量，必须做好模具的维护。模具的维护包括：清洁模具表面，清洁模具，修理破损处，抛光模具。模具的维护及时有效是模具维护的最终出发点，另外，模具正确的维护方法是关键。

首先，清洗及检查模具表面，对模具破损、结构不合理的地方进行必要的维修。其次使用溶剂清洁模具表面，晾干后用抛光机和抛光膏抛光模具表面一至两遍。再连续完成打蜡抛光三遍，接着打一遍蜡，在使用前再抛光。

（2）正在使用的模具　首先，保证模具每使用三次就进行打蜡抛光，对易受损的和难以脱模的部分应在每次使用前打蜡抛光。其次，对于使用时间长的模具表面易出现的一层异物（可能是聚苯或蜡），必须及时清理。清理方法为：使用棉布类物品蘸丙酮或专用模具清洁剂擦洗（过厚部分可用力具轻轻刮掉），擦洗完的部分按新模具进行脱模处理。

（3）破损的模具　对于无法及时安排修补的模具，可先采用蜡块等易变形、不影响胶衣固化的材料填补，保护住模具破损处，继续使用。对于可及时修补的，必须先将破损处修补，修补处后固化不得少于 4h（25℃时），修补处必须进行打磨抛光、脱模处理后方可投入使用。模具表面正常、正确的维护决定了模具的使用寿命、产品表面质量的稳定、生产的稳定，因而必须有一个模具维护的良好习惯。总之，通过改进材料、工艺和提高模具表面质量，手糊产品表面质量会有明显的提高。

三、手糊成型玻璃钢制品的若干工艺问题

近年来随着玻璃钢工业的发展，手糊成型的玻璃钢制品中，一部分逐渐采用机械化成型。如机械铺放、拉挤成型、喷射成型、连续板成型和 SMC 压制等工艺在国外已得到大量应用，国内也有引进，手糊成型大有被机械成型代替的趋势。

但是，根据调查，即使是在一些工业发达的国家，如美国、日本和西欧各国，用手糊成型法制造玻璃钢制品至今仍占有相当比重。这是因为手糊成型法具有以下优点：①成型设备简单，费用低；②制品的尺寸大小和形状复杂程度不受限制；③操作简便；④适用于生产的产品品种、规格多。

东华大学纤维及材料改性国家重点实验室探索了水悬浮法制备长玻璃纤维增强 PVC 复合材料的拉挤成型工艺，讨论了该工艺对稳定剂的要求，选用了有机锡稳定剂，通过添加 ACR-401 改善 PVC 熔体的流动性，讨论了成型工艺关键点，并且制得了白色透明的复合材料制品。SEM 照片表明该方法中树脂对玻纤的浸渍效果良好。

华东理工大学聚合物加工研究室综述了 LFT 和 GMT 加工工艺的进展，介绍了最新的两种 GMT 材料，提出了玻璃纤维增强热塑性复合材料的发展方向，并对未来趋势做出预测。

尤其是对热塑性树脂经玻璃纤维增强后，强度、模量、冲击性能和耐热性能都得到全面的提高，用途拓宽，约 50% 的热塑性树脂复合材料含有玻璃纤维。

根据玻璃纤维增强方式的不同，玻璃纤维增强热塑性复合材料分为短玻纤（SFT）、长玻纤（IFr）和玻璃纤维毡（GMT）增强三种类型。

东华大学纺织学院介绍了模压成型制成的短纤维增强 PVC 的制备方法和力学性能，主要探讨了纤维含量、纤维长度、混杂纤维效应等对复合材料拉伸、弯曲和冲击性能的影响。

一般纤维增强塑料不仅具有良好的力学性能，而且还具有较好的耐疲劳性，在重复外力作用下，材料的性能不会明显降低。另外，纤维增强塑料还具有突出的抗蠕变性能。这些都是其他的塑料改性方法无法与之媲美之处。

混杂纤维增强不仅可以降低材料成本，而且往往存在混杂效应，也可获得拉伸、弯曲和冲击性能的提高。

四、玻璃钢复合材料拉挤成型工艺容易遇到的问题和解决办法

"拉挤成型"是指将强化纤维连续"拉拔"制成具有恒定横截面的复合材料的工艺。

1. 剥落

当部件表面有固化树脂颗粒从模中脱出时，这种现象称为剥落或脱落。

纠正措施：

① 提高固化树脂早期模的入口喂料端温度。

② 降低线速度，使树脂更早固化。

③ 停线清理（30~60s）。

④ 增加低温引发剂的浓度。

2. 起泡

部件表面出现起泡现象。

纠正措施：

① 提高入口端模的温度，使树脂更快固化。

② 降低线速度，与上述措施作用相同。

③ 提高强化水平。起泡经常由玻璃含量低导致的空隙引起。

3. 表面裂缝

表面裂缝由过度收缩引起。

纠正措施：

① 提高模温以加快固化速度。

② 降低线速度，与上述措施作用相同。

③ 增加装填物的加载量或玻璃含量，增加富含树脂表面的强韧性，从而减少收缩率、压力和裂缝的产生。

④ 增加低温引发剂的含量或使用低于当前温度的引发剂。

⑤ 向部件添加表面衬垫或面纱。

4. 内部裂缝

内部裂缝通常与截面过厚有关，裂缝可能出现在层压制品的中心位置，也可能出现在表面。

纠正措施：

① 提高喂料端的温度，以使树脂更早固化。

② 降低模尾端的模温，使其作为散热器，以降低放热曲线顶点。

③ 如无法改变模温，则提高线速度，以此来降低部件外部轮廓的温度以及放热曲线顶点，从而减小任何热应力。

④ 降低引发剂水平，特别是高温引发剂。这是最好的永久解决方案，但需要一些实验进行辅助。

⑤ 将高温引发剂替换为低放热但固化效果较好的引发剂。

5. 色差

热点会导致不均匀收缩，从而产生色差（又称颜色转移）。

纠正措施：检查加热器，确保其处于适当位置，从而不会在模上出现温度不均匀的现象检查树脂混合料以确保填充物和/或颜料不会出现沉降或分离（色差）。

6. 巴氏硬度低

巴氏硬度计的读数低；未完全固化。

纠正措施：

① 降低线速度以加速树脂的固化。

② 提高模温以提高模内的固化速率和固化程度。

③ 检查导致过度塑化的混合物配方。

④ 检查其他污染物，例如水或能够影响固化速率的颜料。

⑤ 注意：巴氏硬度读数只能被用于对比使用相同树脂的固化效果。它们不能被用于对比使用不同树脂的固化效果，因为不同树脂会使用各自特定的乙二醇来生产，其交联程度也不尽相同。

7. 收缩

由过度收缩导致的表面形状不规则。

纠正措施：

① 加入更多的玻璃纤维，以降低固化过程的收缩率。

② 加入一种减缩剂（低收缩添加剂）或增加填料加载量。

8. 模堵塞

模被玻璃堵塞，导致部件向外破出或拉拔头无法移动部件。

纠正措施：

① 降低模入口的温度，在模口的预固化会导致堵塞。

② 将粗纱均衡地穿过每个塑型导引器，并且在塑型导引时没有纤维断裂或扭曲发生，这样可降低强化水平。在给定的位置，只能放置限定数量的纤维末端。如果拉拔多个腔，要进行检查，确保所有末端都进入正确的模内。

③ 检查模表面。模内的切口最终会导致部件的向外破出。这样一种情况可能是以堵塞的形式表现出来，但实际上会导致部件的破裂。

④ 过度粗糙（磨损）的模表面可导致同样的问题。

9. 弯曲

部件从模内脱出时因冷却出现弯曲。

纠正措施：

① 检查是否采用了对称的强化模式，特别是在采用衬垫的情况下，避免不均匀的玻璃分布。

② 检查是否采用了对称的热模型；不平衡加热导致不均匀的固化速度，从而产生不同的收缩率。

③ 检查部件设计。一些不对称设计可能导致弯曲。如果这是原因所在，可能有必要采用冷却装置。

10. 气泡或气孔

在表面会出现气泡或气孔。

纠正措施：

① 检查下多余的水汽和溶剂是否是在混合过程中或由于不正确的加热而导致。水和溶剂在放热过程中会沸腾蒸发，造成表面的气泡或气孔。

② 降低线速，和/或升高模温，通过增加表面树脂硬度来更好地解决这个问题。

③ 使用表面罩或表面毡。这将加固表层树脂，有助于消除气泡或气孔。

五、玻璃钢手糊成型工艺过程中的流程和缺陷分析

玻璃钢（FRP）模具是以树脂为基体材料，玻璃纤维为增强材料，并以原型为基准所制成的模具。FRP 模具具有成型灵活、生产开发周期短、工艺性好、

耐磨、使用寿命长等优点。制作玻璃钢模具首先是制作母模，即产品实样。目前制作玻璃钢模具的母模多以石膏、木材、水泥、石蜡等基材制作，这些材料制作的母模往往尺寸精度较低、表面质量粗糙、加工比较复杂，容易产生气孔和裂纹及平整度比较差等缺陷。比较适合那些精度要求较低、表面质量要求不高的FRP模具制作。因此，下面提出了基于快速原型（rapid prototyping，RP）的玻璃钢模具制作技术，以期能更好地解决以往制作母模尺寸精度低、表面质量差、加工复杂等问题，提高玻璃钢模具的制造质量。

1. 快速原型的制作

快速原型技术是将传统的"去除"加工方法（由毛坯切去多余材料形成产品）改变为"增加"加工方法（将材料逐层累积形成产品），采用离散分层/堆积的原理，由CAD模型直接驱动，快速制作原型或三维实体零件的一种全新的制造技术。快速原型技术发展至今，以其技术的高集成性、高柔性、高速性而得到了迅速发展。目前，快速原型的工艺方法已有数十种之多，其中典型工艺有四种基本类型：光固化成型法（stereo lithography apparatus，SLA）、叠层实体制造法（laminated object manufacturing，LOM）、选择性激光烧结法（selective laser sintering，SLS）、熔融沉积制造法（fused deposition manufacturing，FDM）。

该方法基于SLA，以光敏树脂为原料，计算机控制紫外线束，按零件的各分层截面信息在光敏树脂表面进行连续扫描，使被扫描区域的树脂薄层产生光聚合反应而固化，形成零件的一个薄层，之后工作台下移一个层厚的距离，已成型的层面上又布满一层新的液态树脂，然后再进行新一层的扫描加工，新固化的一层牢固地粘在前一层上，如此重复直到整个零件制造完毕，得到一个三维实体模型。该原型机制作的原型精度可达 ±0.3mm（100mm以内），分层厚度为0.2mm，生成的原型最大尺寸可达到 350mm×350mm×500mm。

在原型制作过程中，首先要根据产品设计要求，通过 Pro/E、UG、CATIA等三维CAD造型软件设计出产品的三维模型，以便进行观查、修改。然后经过STL文件转换、分层处理、支撑设计等操作，最终利用RP技术即可制作出一个三维实体原型来。原型制作好后，需要进行清洗、去除支撑、后固化等处理。

2. 基于RP原型的FRP模具手糊成型工艺

（1）材料的选择 基体树脂采用蓝星化工新材料股份有限公司无锡树脂厂生产的WSP6101型环氧树脂，该环氧树脂固化收缩率低，电绝缘性能极好，对各种酸碱及有机溶剂都很稳定，抗拉强度可达 $450\sim700\text{kg/cm}^2$，抗弯曲强度可达 $900\sim1200\text{kg/cm}^2$。固化剂采用沈阳市振兴实用技术研究所生产的环氧树脂常温E-999固化剂。稀释剂采用丙酮（或环氧丙烷丁基醚）。模具胶衣采用耐高温、硬度高、韧性好的模具专用胶衣。制作 FRP 模具的纤维增强材料采用 300g/m² 无碱短切毡和 0.2mm 玻璃纤维方格布。

（2）工艺规程　一般利用 RP 原型为母模手糊成型玻璃钢模具的工艺。这种方法是以液态的环氧树脂与有机或无机材料混合作为基体材料，并以原型为基准手工逐层糊制模具的一种制模方法。手糊成型玻璃钢模具的具体工艺过程如下：

① RP 原型的表面处理　紫外线固化制作的原型在其叠层方向上，由于每层切片截面都有一定的厚度，会在成型后的实体表面产生台阶现象，这将直接影响成型后实体的尺寸误差和表面粗糙度。因此，必须对原型表面进行打磨、抛光等处理，以提高原型表面的光滑程度，只有使原型表面足够光滑，才能保证制作的玻璃钢模具型腔的光洁度。

② 选择和完善分型面　分型面设计是否合理，对工艺操作难易程度、模具的糊制和制件质量都有很大的影响。一般情况下，根据原型实体型体特征，在确保原型能顺利脱模及模具上、下两部分安装精度的前提下，分型面的位置及形状应尽可能简单。因此，要正确合理地选择分型面和浇口的位置，严禁出现倒拔模斜度，以免出现无法脱模的现象。沿分型面用光滑木板固定原型，以便进行上下模的分开糊制。在原型和分型面上涂刷脱模剂时，一定要涂均匀、周到，并反复涂刷 2～3 遍，待前一遍涂刷的脱模剂干燥后，方可进行下一遍涂刷。

③ 涂刷胶衣层　待脱模剂完全干燥后，将模具专用胶衣用毛刷分两次涂刷，涂刷要均匀，待第一层初凝后再涂刷第二层。胶衣颜色为黑色，胶衣层总厚度应控制在 0.6mm 左右。在这里要注意胶衣不能涂太厚，以防止产生表面裂纹和起皱。

④ 树脂胶液配制　由于常温树脂黏度很大，可先将环氧树脂在 60℃恒温箱中加热 30min，以降低其黏度，然后以 100 份的 WSP6101 型环氧树脂和 8～10 份（质量比）的丙酮（或环氧丙烷丁基醚）混合于干净的容器中，以电搅拌器或手工搅拌均匀后，再加入 20～25 份的固化剂（固化剂的加入量应根据当时的气温、现场温度适当增减），迅速搅拌，进行真空脱泡 1～3min，除去树脂胶液中的气泡，即可使用。

⑤ 玻璃纤维逐层糊制　待胶衣初凝，手感软而不粘时，将调配好的环氧树脂胶液涂刷到经胶凝的模具胶衣上，随即铺一层短切毡，压实，排出气泡。玻璃纤维以 GC—M—M—R—M—R—M…（GC 表示胶衣，M 表示 300g/m² 无碱短切毡，R 表示 0.2mm 玻璃纤维方格布）的积累方法进行逐层糊制，直到所需厚度。在糊制过程中，要严格控制每层树脂胶液的用量，既要能充分浸润纤维，又不能过多。含胶量高，气泡不易排除，而且造成固化放热大，收缩率大。整个糊制过程实行多次成型，每次糊制 2～3 层后，要待固化放热高峰（即树脂胶液较黏稠时，在 20℃一般 60min 左右）过了之后，方可进行下一层的糊制。糊制时玻璃纤维布必须铺覆平整，玻璃布之间的接缝应互相错开，尽量不要在棱角处搭

接。要注意用毛刷将布层压紧，使含胶量均匀，赶出气泡，有些情况下，需要用尖状物，将气泡挑开。

第一片模具固化后，切除多余飞边，清理模具及另一半原型表面上的杂物，即可打脱模剂，制作胶衣层，放置注射孔与排气孔，进行第二片模具的糊制。待第二片模具固化后，切除多余的飞边。为保证模具有足够的强度，避免模具变形，可适当地黏结一些支撑件、紧固件、定位销等以完善模具结构。

⑥ 脱模修整　在常温（20℃左右）下糊制好的模具，一般48h基本固化定型，即能脱模。脱模时尽可能使用压缩空气断续吹气，以使模具和母模逐渐分离。脱模后视模具的使用要求，可在模具上做些钻孔等机械加工，尤其是在一些树脂不易流满的死角处，在无预留气孔的情况下，一定要钻些气孔。然后进行模具后处理，一般用400♯～1000♯水砂纸依次打磨模具表面，使用抛光机对模具进行表面抛光。所有的工序完成之后模具即可交付使用。

3. 手糊成型工艺中常见的缺陷分析

气泡：在糊制模具时，常由于树脂用量过多、胶液中气泡含量多、树脂胶液黏度太大、增强材料选择不当、玻璃丝布铺层未压紧密等原因造成模具及型腔表面有大量气泡产生，这严重影响了模具的质量和表面粗糙度。目前常采用控制含胶量、树脂胶液真空脱泡、添加适量的稀释剂（如丙酮）、选用容易浸透树脂的玻璃丝布等措施减少气泡的产生。

流胶：手工糊制模具时，常出现胶液流淌的现象。

造成流胶的原因主要表现为：①树脂黏度太低；②配料不均匀；③固化剂用量较少。常采用加入填充剂提高树脂的黏度（如二氧化硅）、适当调整固化剂的用量等措施，以避免流胶现象的出现。

分层：由于树脂用量不足、玻璃丝布铺层未压紧密及过早加热或加热温度过高等，都会引起模具分层。因此，在糊制时，要控制足够的胶液，尽量使铺层压实。树脂在凝胶前尽量不要加热，适当控制加热温度。

裂纹：在制作和使用模具时，常能看到在模具表面有裂纹现象出现，导致出现这一现象的主要原因是胶衣层太厚以及受不均匀脱模力的影响。因此，模具胶衣的厚度应严格控制。在脱模时，严禁用硬物敲打模具，最好用压缩空气脱模。

4. 快速原型的玻璃钢模具手糊成型技术评价

从上面的论述中可以看出，基于快速原型的玻璃钢模具手糊成型技术具有快速性、高精度、工艺简捷、操作简便等优点，能够在很短的时间内将设计思想迅速转变为现实产品，极大地缩短了新产品的开发周期，既降低了生产成本，又实现了产品的大批量生产，满足了企业快速响应市场需求的发展趋势。但其也存在着一定的局限性，如快速原型的加工范围有限，这在很大程度上限制了快速原型技术在玻璃钢模具制作领域的应用。因此，目前快速原型技术仅限于一定尺寸、精度较高、形状较复杂的玻璃钢模具制作。对于那些尺寸较大、精度较低、形状较简单的玻璃钢模具，可采用水泥、石膏、木材等材料制作母模，这样可有效地降低成本，缩短工期。因此，在成型玻璃钢模具时，要根据具体的产品要求和生产条件，采用具体的工艺，不断探索新工艺、新材料，才能达到更为理想的实践与生产效果。

第二节　玻璃钢 SMC 模压成型工艺的缺陷问题的解决方法与工艺参数的质量控制

一、玻璃钢 SMC 片状模塑料模压工艺参数的质量控制

SMC 具有电气性能优越、耐腐蚀性能优异、质轻及工程设计容易、灵活等优点，其机械性能可以与部分金属材料相媲美，因而广泛应用于运输车辆、建筑、电子/电气等行业中。下文介绍了 SMC 模压工艺的温度和压力参数控制。

SMC 片状模塑料，主要原料为 SMC 专用纱、不饱和树脂、低收缩添加剂、填料及各种助剂。在 20 世纪 60 年代初首先出现在欧洲，1965 年，美、日相继发展了这种工艺。我国于 80 年代末，引进了国外先进的 SMC 生产线和生产工艺。SMC 具有电气性能优越、耐腐蚀性能优异、质轻及工程设计容易、灵活等优点，其机械性能可以与部分金属材料相媲美，因而广泛应用于运输车辆、建筑、电子/电气等行业中。

1. SMC 成型工艺准备

（1）片状模塑料的质量检查　压制前应了解料的质量、性能、配方、单重、增稠程度等，对质量不好、纤维结团、浸渍不良、树脂积聚部分的料应去除。

（2）剪裁　按制品结构形状、加料位置、流动性能决定剪裁要求，片料多裁剪成长方形或圆形，按制品表面投影面积的 40%～80% 来确定。

（3）装料量的估算　装料量等于模压料制品的密度乘以体积，再加上 3%～5% 的挥发物、毛刺等损耗。

（4）脱模剂选用　常用外脱模剂：硅酯、硅油等。

2. 温度参数

加温的作用：增加分子热运动和分子间化学反应的能力，促使树脂塑化和固化。

（1）装模温度 物料放入模腔时模具的温度。一定的装模温度，有利于赶出低分子物和使物料流动，但此温度不应使物料发生明显的化学变化。模压料的挥发物含量高，不熔性树脂含量低时，装模温度应较低，反之装模温度应较高。

（2）升温速度 由装模温度到最高压制温度的升温速率。对快速模压不存在升温速度问题，压制温度与装模温度相同。对慢速模压制品：升温速度 $0.5\sim2℃/min$。尤其是对于较厚的制品，由于模压料的导热性能较差，升温过快时，会使固化不均匀，产生内应力，甚至可能导致与热源接触部位的物料先固化，因而限定内部未固化物流的流动，不能充满模腔，造成废品。

（3）最高模压温度 根据树脂的放热曲线来确定，看其在什么温度下基本完成固化，此温度即模压温度。测试方法：差热分析；差示扫描量热仪。

（4）保温时间 目的是使制品完全固化，并消除内应力。

取决于：反应固化时间（模压料的种类）、热量传递的时间（模压料的种类、制品结构尺寸、加热装置的热效率、环境温度）。

（5）后固化处理 一般制品脱模后在烘箱内进行后固化处理，目的是提高制品的固化反应程度。后固化温度不可过高，时间不可过长，以免制品热老化，使性能下降。

3. 压力参数

（1）成型压力 克服模压料的内摩擦及物料与模腔间的外摩擦，使物料充满模腔；克服物料挥发物的抵抗力及压紧制品以保证精确的形状和尺寸。

取决于：模压料的种类、质量指标；制品的结构形状尺寸；薄壁制品比厚壁制品的成型压力大；圆柱型制品比圆锥型制品的成型压力大；复杂结构制品比简单结构制品的成型压力大；模压料流动方向与模具移动方向相反比相同时的成型压力大。

（2）加压时机 合理选择加压时机是保证产品质量的关键之一。

快速模压工艺不存在加压时机问题。对普通模压，加压过早，树脂反应程度低，分子量小，容易造成树脂与纤维离析；加压过晚，树脂反应程度过高，分子量急剧增大，黏度过大，流动性差，不易充满模腔。

最佳加压时机应在树脂激烈反应（放出大量气体）之前。

确定方法：

①凭经验，树脂开始拉丝时即为加压时机；②根据温度指示，接近树脂凝胶温度时进行加压（凝胶温度可用 DSC 测定，即差示扫描量热仪确定）；③按树脂

固化反应时气体释放量确定加压时机。

（3）放气充模（适用于快速模压成型）　由于在压制过程中会产生大量的挥发性气体，特别在快速模压制品工艺中，如不采取适当的放气措施，会使制品产生气泡、分层等缺陷。在快速压制工艺中都必须采取放气措施。即压力上升到一定值后，随即卸压抬模放气，再次加压、放气，反复几次。

二、玻璃钢 SMC 模压制品缺陷问题类型、发生原因、纠正措施

为了界定和解决出现的故障，采用一套有规则的工艺方法是很关键的。在排除故障/缺陷的过程中这会有助于避免误判。举例而言，如果缺陷来自成型过程则应集中力量从工艺参数和设备上着手，最终希望能正确、快速地排除故障，下述的指导性意见将是有益的。

当问题产生后应如何排除故障？

① 首先应快速反应，因为随着时间的拖延，问题会愈加复杂。例如，工艺参数要变，材料配方也会变，模塑零件的供应商说不定会退出。

② 研究所有的问题，要系统地进行，不可带偏见，决不要跳过某些环节而下结论。

③ 要认真听取他人对问题的描述，决不能自己主观臆测。

④ 要了解问题的第一手资料，首先要听取压机工和检验员的分析，生产现场的观察才是首位的。

⑤ 要对问题做出最后的定论，要对问题的性质、环境、时间一一做出回答。

⑥ 根据你自己的调研制备一张可能引起各种缺陷的原因表，就像本文所提示的各种信息。

⑦ 利用这张表的可能原因，逻辑地鉴定其可能的趋势，并利用本章的指导意见尽力地纠正它，为了避免混乱，尽量在此刻只考虑其中一个原因。

1. 气泡

加压 BMC 基材时出现气体导致在制品表层突起。

可能的原因及纠正的措施：

① BMC 原料中的"干玻纤"引起模塑料铺层中的空隙，这些空隙在成型时其内集合的气体可能膨胀为气泡。要完全纠正就要在制备 BMC 时改进工艺或减少玻纤的含量。

② BMC 原料被湿气、压机的油花、润滑油或外脱模剂沾染，在成型时受热可能转变成蒸汽而形成气泡，碳酸钙和硬脂酸盐都是亲水物质，故容易沾染水分。

③ 捕获空气的概率应减到最少，这种概率取决于 BMC 铺料的面积和位置，

实际上采用减少铺料的面积，类似金字塔一样铺放在模具中央部位是有效的，可以迫使空气在成型中跑在 BMC 料流的前面而逸出。

④ 当合模至最后尺寸前，应尽量减慢合模速度，较低的合模速度会减少物料的搅动并削弱捕获空气的概率。

⑤ 上述较低的闭模速度如果结合较低的模温，能导致较平坦地流动和较少的预凝胶，也减少了捕获空气的概率，但固化时间必须加长。

⑥ 减少模塑的压力是有效的，可形成较平坦的料流，减少了捕获空气的概率。

⑦ 检查模具安装的平行度和压机本身的平行度。模具安装失准会引起料流搅动（不平坦流动），就会增加捕获空气的概率。

⑧ 超量的引发剂或阻聚剂能引起预凝胶和不平坦流动，同样，低收缩添加剂也会导致气体的产生。此时，就有必要改进 BMC 的配方。

⑨ 材料的黏度极大地影响料流，故要调整其到适当的范围，平时要注意不同的黏度水平将在多大程度上影响到气泡发生的位置与频率。

⑩ 制品变截面变厚度部位能改变平坦的料流，过厚的截面在固化时并不能得到充分的热度和压力，因此可从产品设计上进行改进。

⑪ 通常成型中捕获的空气会使制品发生缺肉、自燃和气泡，因此适当的出料飞边是必要的，利于排气。

⑫ 过分干硬的料团致使料流不稳定，导致预凝胶，针孔和气泡。

2. 蜘蛛网

白色螺旋丝束状的热塑性塑料的集聚，这种症状表明热塑性塑料和聚酯是不相容的。

可能的原因及纠正的措施：

① 由于起始增稠不快，热塑性塑料添加剂从基体复合物中分离出来，应使复合物起始 1 h 内增稠到 500Pa·s。

② 某些热塑性塑料添加剂与聚酯不相容。

③ 添加剂过量必然导致蜘蛛网大量出现，其加入量越少越好，但对收缩率的控制又会出现问题。

3. 污染

在制品表面出现外来物质。

可能的原因及纠正的措施：

① 填料和硬脂酸盐等粉末吸湿之后易造成不均匀增稠与固化，产生气泡。用于清理压制品飞边的压缩空气中含有的水汽和油花是一个重要的污染源，必须在成型的全过程中予以密切关注，否则容易引起污染等多种缺陷。

② 模塑料中的空气尘埃和设备中的油花等沾染制品，应从净化环境方面着手。

③ 模具本身有杂质或其他污染，也必然导致制品被污染。

4. 表面裂纹（发裂）

裂纹出现在表面但并未穿透制品的基体。

可能的原因及纠正的措施：

① 在根切（倒梢）的部位最易发生，尤其当开模时，会有较大的应力作用在该部位，如果制品在模具内卡得过紧，则容易在顶出杆部位造成发裂。

② 顶出销的运动不平衡或不正常，会导致脱模时发裂。

③ 过快的顶出速度也会导致过度的应力作用于模塑制品上。

④ 完全固化的零件具备足够的强度来抵抗脱模时的应力，要求延长固化时间和稍稍提高模温来保证充足的固化。

⑤ 在模内的流动距离越短或料流速度越低，则发生玻纤取向的概率越小，也就迫使零件的薄弱部位产生的概率变小。

⑥ 模塑时发生在制品熔接线部位的材料强度最弱，也就不一定能抵抗住脱模的应力。故调整铺料的尺寸和位置，就有可能改变这个局面。

⑦ 应用外脱模剂有利于脱模，自然也减少应力。但外脱模剂仅用于新模、破损之镀铬面、剪切边等场合。

⑧ 减少引发剂的用量或降低其活性，对增加刚脱模零件的强度是有效的。

⑨ 顶出销部位的飞边应减到最小，过度的飞边将造成零件顶出时的阻力，增加裂纹形成的概率，顶出销部位有一定间隙可使空气逸出，但又不能产生过度的飞边。

⑩ 一般都使模具的型腔部分比型芯部分高出 10～15℃，这对于消除前述脱模锁住和根切的影响是有益的。

5. 破碎性裂纹

穿透零件基体的裂纹。

可能的原因及纠正的措施：

① 模具根切严重，容易锁模，造成起模或顶出时破裂。

② 顶出销不平衡严重时，同样易造成出模困难而破裂。

③ 顶出速度过快。

④ 玻纤取向、料流前沿、熔接线都是零件的薄弱区，故铺料的图案应使料流的行程最短或先在薄弱区塞上一块小料。

⑤ 材料未充分固化就必然导致制品强度不足，增加固化时间和提高模温均能提高制品的热强度。

⑥ 模具未安装水平，好比使模具产生根切一样，有了倒梢必导致破裂。

⑦ 顶出销部位的飞边过于严重，也类似于根切，要仔细调整到适当的间隙。

6. 焦烧

由于空气或苯乙烯未能逸出，在此模温下被点燃，制品变色，当然这个部位也就填不满而缺肉。

可能的原因及纠正的措施：

① 铺料的面积过大，往往造成空气或苯乙烯不能被赶出，故增加料流的距离，减缓料流的速度，让空气或苯乙烯沿模具的剪切边或顶出销排出。

② 剪切边（披缝）过小、过紧，不利于排气，调整到适当的间隙是有利的。

③ 发生在模具冷热交界处，材料的固化有强烈的差异，而且气体也不易排出。

7. 无光泽发暗之表面

失去表面光泽的制品。

可能的原因及纠正的措施：

① 固化不完全会导致表面失光。

② 压力不足。一方面容易缺肉，另一方面易造成个别位置的表面未能与模具的表面相接触。

③ 模具止动块（承压垫）的误差，引起加在料团上的压力不一致，而这个误差往往是零件的碎片填在止动块上、不良的模具结构或模具未调平等原因造成的，一般要求加在料流上的压力应该是均衡的。

④ 料团的收缩率越小越能保证制品表面紧紧贴住，也不容易失光，故调整收缩率为重要前提。

⑤ 料团的反应性不足导致不适当的固化，故优选引发剂的种类和添加量是很需要动一番心思的，当然也可选用高活性的 UP。

⑥ 模具表面本身已经磨损或积有浮垢，可用外脱模剂或苯乙烯来清洁这些污垢，模具表面一定要保持持续的抛光程度。

⑦ 过度的料流长度能引起相分离，低收缩添加剂被分离，而造成失光，故要求有恰当的铺料形式。

⑧ 料团在模压前放置在空气中的时间过久，使苯乙烯过度挥发，易引起预凝胶、相分离和表面失光。污染的其他途径包括：飞边、修整上一制品的碎屑、工作台、混杂的加料工艺。

8. 锐边撕裂（咬边）

微小的、不规则形状的撕裂，位于零件剪切边的部位，造成工件不完整的损伤。

可能的原因及纠正的措施：

① 过度的飞边就含有一定量的玻纤，顶出时黏附在零件的剪切边上，可能会将玻纤拉出，并形成缺角的碎片，故要小心地抛光剪切边并认真调整间隙。

② 较慢顶出和慢慢起模会减少这种概率，实际上过厚的飞边也并不容易保持。

③ 过度的料流和运动，会增加飞边的量，因此降低合模速度和压力是有效的。

④ 假定是由于铺料的原因，玻纤取向平行于剪切边，就会使剪切边更加脆弱，因此改变铺料的形式有可能增加碎片的抵抗度。

⑤ 一个较高黏度的料团会减少玻纤之取向，减少产生碎片的概率。

⑥ 某一部位碎片撕裂总有痕迹，及时地使用一些外脱模剂来避免撕裂的出现。

减少模腔与模芯之间的温差，有可能减少剪切边的厚度。

肉眼就能观察到表面的玻纤取向。请注意，相分离和纤维裸露有大致相同的外貌，容易混淆。

可能的原因及纠正的措施：

① 过长料流距离会增加流痕，显现玻纤取向，尽力保持玻纤取向的随机分布。

② 过慢的闭模速度会形成流动痕迹，故增加闭模速度对玻纤取向的随机性是有好处的。

③ 较低的黏度增加玻纤取向的概率。

④ 某些低收缩添加剂趋向于使玻璃纤维泛到表面层，重新选择低收缩添加剂的品种和用量，有可能掩蔽玻纤在表层之下。

⑤ 壁厚迅速变化的部位容易引起玻纤的取向。

⑥ 料团过度暴露在空气中，苯乙烯挥发，容易引起预凝胶和流痕。

9. 熔接痕

零件上过度脆弱的部位都发生于料流汇合的区域，在这个区域增强的玻纤不易引成搭接与架桥，因此熔接痕是零件强度的薄弱区。

可能的原因及纠正的措施：

① 过长的料流距离与分块的铺料方法将导致玻纤取向和熔接线，将料团直接加到易发生熔接痕的部位是有效的。

② 快速的闭模速度易引起玻纤取向，过高的模温产生预凝胶，影响到材料较好地熔接，降低合模速度，降低模温能使严重的熔接痕趋缓。

③ 特定的模具设计，如过长的料流距离、料团分流和型芯等形成孔的料流

前沿而导致产生熔接痕，如果熔接线发生在零件的边缘，则在此设置溢流口是有效的。

④ 在某种情况下，在易发生熔接痕的部位事先放置特定的玻纤网或编织纱是有利的。

10. 暗斑

可能的原因及纠正的措施：

① 上模要同时压平在下模的止动块上，方能保持对材料的均匀压力。

② 压力不足导致不平稳的料流，或者厚薄变截面处就有可能与模具表面接触不良，造成局部暗斑。

③ 预凝胶的小片也有可能形成暗斑，可减少料团与模具接触的时间、降低模温、降低物料的活性或增加合模速度。

④ 假如模温过低就会出现独立的冷片或热片，导致不均匀固化和收缩。

⑤ 料团收缩率控制不良，固化时材料过早剥离模具而失光，应优化低收缩添加剂的品种和水平。

⑥ 料团暴露在空气中的时间过长，引起预凝胶和暗斑。

11. 缺肉

制品局部缺损，充不满。

可能的原因及纠正的措施：

① 检查上模是否均匀落在止动块上，然后适当加些料，保持有 0.03 左右的过压量。

② 料团接触模具表面时间过长，有预凝胶，会阻止料流顺利充模，而导致缺肉。

③ 合模过慢引起予凝胶。

④ 压力不足。

⑤ 过长的料流距离，引起予凝胶。

⑥ 料团黏度过大。

⑦ 料流活性过高或模温过高而引起予凝胶，改变引发剂和树脂是有效的。

⑧ 排气不好，未逸出的空气引起缺肉、空隙和焦烧。

⑨ 多模腔压模中的某一腔加料过多导致另一模腔的压力失衡。

12. 相分离

低收缩添加剂在料流时从料团中分离出来导致表面发黏、热塑性树脂富集、颜色不均。

可能的原因及纠正的措施：

① 料团过度地暴露并与热模接触，容易造成相分离，缩短铺料的时间是有效的，这样可以保持料团的均质性。

② 非常短的料流距离往往会导致相分离，增加料流的距离和料流的运动，将使低收缩添加剂在系统中有较好的混合，从而减少相分离的概率。

③ 过高的压力能引起热塑性塑料添加剂与热模芯的亲和而造成从基体中分离，适当减少压力。

④ 热塑性塑料喜欢附着在热模表面，熔融并自基体分离，适当降低模温，能减少这种现象。

⑤ 料团的黏度过低，当流动时热气塑性塑料添加剂容易从基体中分离，例如，初始黏度的升速低于 500000Cp/h，则有可能低收缩添加剂并未锁定在基体之中，增加料团的黏度和初始的增黏速度。

⑥ 某些热塑性塑料比其他同类趋向于相分离，故过量添加这种热塑性塑料会加剧相分离，仔细优选新的热塑性塑料添加剂。首先是可增黏性，其次是均质的相容性。

⑦ 使用热塑性塑料添加剂用量最小的料团配方，使用超细颗粒的填料或增加投料量，来锁定热塑性塑料添加剂，避免使用非常规的脱模剂。

13. 针孔

直径为 1.0mm 以下的独立的一个或一组小孔出现在表面。

可能的原因及纠正的措施：

① 过短的料流长度可能捕捉空气引起针孔，适当地延长料流的距离，利于排气。

② 铺料过于接近模具边缘，虽易充满模具但往往吃不上足够的压力，适当地增加料量，使料团受到均匀的正压力。

③ 挥发性物质（外脱模剂、压机润滑油、湿气）等沾染在模具上或料团上，固化时易产生气体而变成针孔。

④ 过低的黏度导致料流太快，易捕获空气，而过高的黏度导致料流不畅，又会形成予凝胶，同样会捕捉空气，故要优选料团的黏度。

⑤ 太低的压力引起不均匀的料流，极易产生予凝胶和捕获空气。

⑥ 太高的模温，极慢的合模速度也会引起予凝胶导致针孔。

⑦ 铺料时独立的小块小片能捕获少量空气形成针孔。

⑧ 模具闭合时能让空气逸出，就可避免气泡、针孔、焦烧等现象出现。故要及时清洁剪切边和顶出销。

⑨ 有时由于模具过于复杂迫使料流距离冗长，导致予凝胶在料流末端捕捉空气，可在模具上设立溢流槽（overflow），可让料团捕捉的空气逸出模腔，消除气泡。

⑩ 如在成型前料团暴露在空气中的时间过长，以至于过分干硬，就不容易流动，发生予凝胶和捕捉空气。

⑪ 假如上下模的模温过于接近（3℃）尤其当模芯温度高过模腔温度，剪切边间隙变小，甚至封死。空气的通道被闭死，一般地，只要不黏在模腔中，总是模腔温度高于模芯温度。

14. 予凝胶

制品表面不良的色斑，通常发暗、粗糙而且伴有针孔，这都是由于先于料流之前已经开始固化。

可能的原因及纠正的措施：

① 料团停留在模具表面的时间过长，引起过早固化即予凝胶。

② 过慢的合模速度，提供了先于料流结束之前就产生予凝胶之机会，增加合模速度是有效的。

③ 过高的模温或活性过高的引发剂容易引起予凝胶。

④ 料团暴露在空气中的时间过长，变得干硬，干的料团阻止料流，造成予凝胶、捕捉空气。

15. 树脂富集

制品表面的某个区域纤维含量过低。

可能的原因及纠正的措施：

① 过长的料流能引起玻纤取向，并在延伸的料流中短缺玻纤。

② 过快的合模速度增加了料流速度，导致玻纤取向和玻纤分布不均匀，较慢的闭模速度能使基料带动玻纤有序流动，减少树脂富集。

③ 过低的黏度就无能力带动玻纤一起流动，很容易引起料流范围内的树脂富集。

由于材料的收缩所引起的在背面有肋条部位的表面凹陷，或者背面有脐子、凸台或者此处肉厚，尤其发生在浅色制品上。

可能的原因及纠正的措施：

① 当料团直接铺在肋条或凸台上，迫使玻纤直接挤进肋条与凸台，就引起这种缺陷。延伸材料的流动，可能会促使玻纤在肋条或凸台上部架桥，而阻止材料在肋条与凸台上部的收缩，不会造成凹陷，故要优化铺料方法和料流距离。

② 当模腔和模芯在大致相同的温度时，会促使制品的内外表面几乎同时固化，而增加型腔一侧的模温（通常是外表面）会使其先固化，而阻止表面的凹陷，一般增加 10～15℃。

③ 优选低收缩添加剂，控制其收缩率到最小。

④ 增加肋条或凸台部位玻纤的架桥机会，宜采用较长的玻纤。

⑤ 如果肋条宽度和表面厚度比例不适当，很容易造成表面凹陷，一般肋条过窄或表面过薄都是不利的，有文献推荐 $b/t = 0.75$（b 为肋条宽度，t 为表面厚度）。

⑥ 过高的压力会增加肋条显现，使用二次压力法，即在成型后 $10 \sim 30s$ 减压至原来压力的 $25\% \sim 50\%$ 的保压压力至成型结束。

16. 浮渣

在制品表面的暗条和疵斑转移并残留到模具表面，这通常是由于配方中非正常的内脱模剂和不相容的低收缩添加剂在一定温度下覆盖上去的。

可能的原因及纠正的措施：

① 非常低的模温，内脱模剂未能熔融（也包括低收缩添加剂），引起零件发黏，树脂分离和泛渣。

② 料团停置在模具表面的时间过长，导致内脱模剂及低收缩添加剂未到时就分离。

③ 增加料流的距离起到再次混合的作用，当然彻底清洁模具表面也是有效的。

④ 前一只零件表面的残留物还会转移到后一只零件的表面产生同样的缺陷，认真清洁模具表面，喷洒外脱模剂。

⑤ 低收缩添加剂与基体树脂不相溶，必将在模塑时分离而引起模具和零件同时形成浮渣。

⑥ 过量的低收缩添加剂甚至会增加这种缺陷。

⑦ 使用阻聚剂，延缓胶化的发生，或者选用低活性引发剂，降低模温，这些都使料流运动中低收缩添加剂的分离趋于减弱。

17. 适用期的稳定性

某些配方中的添加剂不利于料团的贮存，会使料团过早胶化。

可能的原因及纠正的措施：

炭黑、铁黑、钴蓝等大剂量颜料会激发提早胶化，正确选用颜料并使用适当的剂量就成了重要的因素。

① 使用阻聚剂能有效地延长存放期。但必须注意与基体物料充分混合，使其对后固化的时间影响最小。

② 料团储存的环境温度直接影响到适用期，建议在 $10 \sim 15℃$ 的冷室内存放。

18. 发黏

制品与模具表面发生物理黏结，导致脱模困难和裂纹。

可能的原因及纠正的措施：

① 浮渣、模具污染或模具检修不良都能引起制品黏在模具上，喷洒外脱模剂有助于补充内脱模剂的不足。

② 不完全的固化阻止料流完成，固化后收缩容易抱紧十分合身的模芯部分，故增加模温、延长保压时间是有益的。

③ 偏离中央的料流能引起模具的歪斜，一旦压力释放，模具回到原来的位置，发生机械锁握。

④ 模具的直接原因导致轻微的倒梢，易发生锁定零件，须抛光或重镀表面。

⑤ 太多或太少的收缩，在某些模塑条件下也容易引起机械锁定，要调整低收缩添加剂的种类和数量。

19. 划痕

擦伤发暗的区域，沿着料流的方向尤其是有色料表面在玻纤富集的区域发生划痕。

可能的原因及纠正的措施：

① 过分外延的铺料方法使玻纤束容易取向并导致表面划痕，尽量使铺料回缩一些。

② 料团中已存有个别胶化块，出现在表面上就像划痕的样子。降低模温，使料团与模具表面接触时间减小，阻止予凝胶，消除划痕。也要注意在料团配方中选用合适的阻聚剂和引发剂。

③ 料团黏度过低容易在运动中引起玻纤取向，导致划痕（纹理），增加料团黏度及减少取向可降低纹理。

④ 一旦低收缩添加剂从基体中分离出来，就会使料流瓦解，出现纹理和划痕，慎选低收缩添加剂的品种和用量。

⑤ 未很好维护或模具表面未镀铬、硬度不足会被料流擦伤，引起纹理。尤其当浅色或白色料团内 TiO_2 晶体的含量较高时，也有可能擦伤模具表面。

⑥ 过分干枯的料团会造成予凝胶，产生纹理。

⑦ 油品、油脂和污物在料流中能引起制品表面纹理，仔细检查料团及原材料有无污染情况。

⑧ 颜料未能充分分散，也在表面上出现类似划痕一样的纹理。

20. 皱褶

可见的不规则的流动痕迹。

可能的原因及纠正的措施：

① 过长及紊乱的料流易引起玻纤取向，在模具上引起不均匀的堆积，导致波纹。

② 未调平的模具当固化时加在料团上的压力往往是不均匀的，导致表面坡度。铺料要均匀，当上模接触到止动块时，应使加在料团上的压力均衡。

③ 过低的模压实际上能引起不均匀的压力分布，造成料团收缩后离开模具表面，导致波纹。

④ 太低的料团黏度引起取向或紊乱的料流，导致波纹。

⑤ 过快闭模能引起紊乱的料流导致波纹。

⑥ 已经予凝胶的料团能分裂料流，造成对物料的不均匀的压力。降低模温是有效的，借助于阻聚剂和引发剂调节物料活性也是必要的。

21. 未固化

在模压时料团未完全固化，通常表现为无光泽的表面，有苯乙烯气味，还有引发剂的气味，有气泡、爆裂、分层等缺陷伴随发生。

可能的原因及纠正的措施：

① 温度不足或模具表面有冷区，会发生固化不完全。

② 引发剂的添加量不足、树脂的活性不好或保压时间不足等均能引起聚合不充分。

③ 引发剂活性低或量少导致固化反应慢。

④ 太多的阻聚剂当然导致聚合反应慢，这种添加的阻聚剂可能在树脂中，也可能在料团的配方中。

22. 翘曲

制品形变、过度收缩或存有过度的内应力。

可能的原因及纠正的措施：

① 过长的料流能引起玻纤取向，导致不一致的玻纤分布，也容易引起应力集中。

② 处在边缘状态固化的制品由于机械强度低，尺寸易变化，要增加模温和保压时间。

③ 固化后的制品后收缩或膨胀过多造成翘曲。

④ 使用冷定型夹具能阻止翘曲变形。

23. 泛白

漆后零件表面泛出轻度白色。

可能的原因及纠正的措施：

① 在绝大多数 A 级表面的物料系统中，其制品表面易发生泛白，这种现象削弱了涂漆的装饰性。可使用 PS 或其他不泛白的低收缩添加剂。

② 选用浅色格调涂覆，从而减轻泛白现象。

③ 将泛白的低收缩添加剂与 PS 混合后共用。

第三节　玻璃钢注射成型缺陷问题与解决方法

一、双色玻璃钢注射成型缺陷问题与解决方法

玻璃钢制品注射成型双色或混色塑料制品是将同一种原料分别混合配制成两种不同的颜色，并由两台相同结构、相同规格的注塑机分别塑化注射两种颜色熔料，然后经由一个喷嘴注入成型模具内。成型的塑料制品有分色的、混色的或者是无规则花纹的，其外观效果是普通注射成型及表面修饰无法得到的。

两台相同规格注塑机中塑化熔料的交替经喷嘴注射完成，由塑化机筒和喷嘴间的程序控制阀动作控制。这种双色注塑机结构，塑化注射时，两个塑化注射装置能够同时间、同料量、同压力、同注射速度把两种不同颜色的熔料，经由同一个旋转芯棒喷嘴注入成型模具内，这样，可以制得不同花纹图案的注塑制品。

这种结构注塑机由两套规格相同、结构形式也相同的塑化注射装置和模具装置组成。其工作方法如下。两台塑化注射装置同时完成第一次注射后，两套相同结构的成型模具绕中心轴旋转 180℃换位，然后再次分别由两套注射装置注入不同颜色的熔料于成型模具内。通过这种分两次完成不同颜色的熔料注入同一成型模具内的动作，可得到双色注塑制品。

玻璃钢制品注射成型双色制品生产工艺特点如下。

① 双色注塑机由两套结构、规格完全相同的塑化注射装置组成。喷嘴按生产方式需要应具有特殊结构，或配有能旋转换位的结构完全相同的两组成型模具。塑化注射时，要求两套塑化注射装置中的熔料温度、注射压力、注射熔料量等工艺参数相同，要尽量缩小两套装置中的工艺参数波动差。

② 双色注射成型塑料制品与普通注射成型塑料制品比较，其注射时的熔料温度和注射压力都要采用较高的参数值。主要原因是双色注射成型中的模具流道比较长，结构比较复杂，注射熔料时流动阻力较大。

③ 双色注射成型塑料制品要选用热稳定性好、熔体黏度低的原料，以避免因熔料温度高，在流道内停留时间较长而分解。应用较多的塑料是聚烯烃类树脂、聚苯乙烯和 ABS 料等。

④ 双色塑料制品在注射成型时，为了使两种不同颜色的熔料在成型时能很好地在模具中熔接、保证注塑制品的成型质量，应采用较高的熔料温度、较高的

模具温度、较高的注射压力和注射速率。

二、玻璃钢复合材料制品表面缺陷问题与解决方法

玻璃钢复合材料制品表面可见的缺陷包括暗斑、光泽差异或者雾化区，以及表面起皱或被称作橘皮。通常这些缺陷发生在浇口附近或者远离浇口区域的尖锐转角后面。从模具和成型工艺两方面着手，能够找出产生这些缺陷的原因。

1. 制注塑品上的暗斑

暗斑出现在浇口附近，就像昏暗的日晕。在生产高黏度、低流动性材料的制品，如 PC、PMMA 或者 ABS 时尤为明显。在冷却的表面层树脂被中心流动的树脂带走时，制品表面就可能出现这种可见的缺陷。

人们通常认定这种缺陷频繁发生在充模和保压阶段。事实上，暗斑出现在浇口附近，通常发生在注射周期的开始阶段。试验表明，表层滑移的发生实际上要归因于注射速度，更确切地说是熔体流前端的流动速度。

浇口周围的暗斑以及在尖锐的转角形成后出现的暗斑，是由于初始注射速度太高，冷却的表面被内部的流体带动发生移位而产生的。逐渐增加注射速度并分步注射能够克服此缺陷，即使当熔体进入模具时的注射速度是恒定的，它的流动速度也会发生变化。在进入模具浇口区域时，熔体流速很高，但是进入模腔以后即充模阶段，熔体流速开始下降。熔体流前端流速的这种变化会带来制品表面缺陷。

减小注射速度是解决这个问题的一种方法。为了降低浇口处熔体流前端的速度，可以将注射分成几个步骤进行，并逐渐增加注射速度，其目的是在整个充模阶段获得均一的熔体流速。

低熔体温度是制品产生暗斑的另一个原因。提高机筒温度、提高螺杆背压能够减少这种现象发生的几率。另外，模具的温度过低也会产生表面缺陷，所以提高模具温度是克服制品表面缺陷的另一个可行的办法。

模具设计缺陷也会在浇口附近产生暗斑。浇口处尖锐的转角能够通过改变半径来避免，在设计时要留心浇口的位置和直径，看看浇口的设计是否合适。

暗斑不但会发生在浇口位置，而且也经常会在制品尖锐的转角形成后出现。例如，制品的尖锐转角表面一般非常光滑，但是在其后面就非常灰暗且粗糙。这也是由于过高的流速和注射速度致使冷却表面层被内部流体取代发生滑动而造成的。

再次推荐采用分步注射并逐渐增加注射速度。最佳的方法是允许熔体只是在流过锐角边缘后其速度才开始增加。

在远离浇口的区域，制品发生角度的尖锐变化也会造成这种缺陷。因此设计制品时要在那些区域使用更为平滑的圆角过渡。

2. 改善光泽差异

对于注塑制品来说，在有纹理的制品表面，其光泽的不同是最为明显的。即使模具的表面十分均匀，不规则的光泽也可能出现在制品上。也就是说，制品某些部位的模具表面效果没有很好地得以重现。

随着熔体离开浇口的距离逐渐增加，熔体的注射压力逐渐降低。如果制品的浇口远端不能被充满，那么该处的压力就是最低的，从而使模具表面的纹理不能被正确地复制到制品表面上。因此，在模腔压力最大的区域（从浇口开始的流体路径的一半）是最少出现光泽差异的区域。

要改变这种状况，可以提高熔体和模具温度或者提高压力，同时增加保压时间也能够减少光泽差异的产生。

制品的良好设计也能够减少光泽差异出现的概率。例如，制品壁厚的剧烈变化能够造成熔体的不规则流动，从而造成模具表面纹理难以被复制到制品表面。因此，设计均匀的壁厚能够减少这种状况的发生，而过大的壁厚或过大的肋筋会增加光泽差异产生的几率。另外，熔体不充分的排气也是造成此缺陷的一个原因。

3. 橘皮的起源

"橘皮"或者表面起皱缺陷一般发生在用高黏度材料成型厚壁制品时的流道末端。在注射过程中，若熔体流动速度过低，制品表面会迅速固化。随着流动阻力的加大，熔体前端流将会变得不均匀，致使先固化的外层材料不能与型腔壁充分接触，从而产生了皱褶。这些皱褶经过固化和保压后就会变成不可消除的缺陷。对于该缺陷，解决的方法是提高熔体温度并且提高注射速度。

三、玻璃钢复合材料制品颜色及光泽缺陷问题与解决方法

正常现况下，注塑制件表面具有的光泽主要由塑料的类型、着色剂及模面的光洁度所决定。但常常也会因为一些其他的原因造成制品的表面颜色及光泽缺陷、表面暗色等缺陷。造成这种缺陷的原因及解决方式分析如下。

（1）模具光洁度差，型腔表面有锈迹等，模具排气不良。

①观察接触角在处理后的塑料表面滴上液滴，完全铺展说明处理效果好，接触角小。②水浸润法将处理后的塑料制品浸入水中，取出后观察水膜的完整性。③测定涂层附着力采用（1）手工擦拭法这种处理方法劳动强度

大，通常使用于产量低的现况。手工擦拭弊病很多，由于人工的原因，导致质量不稳定，已擦脏的布会导致塑料表面再次污染，而且溶剂对操作者有害，污染环境。

（2）模具的浇注系统有缺陷，应增大冷料井，增大流道、抛光主流道、分流道和浇口。

正常现况下，注塑制件表面具有的光泽重要由塑料的类型、着色剂及模面的光洁度所决定。但常常也会因为一些其他的原因造成制品的表面颜色及光泽缺陷、表面暗色等缺陷。

（1）模具光洁度差，型腔表面有锈迹等，模具排气不良。

（2）模具的浇注系统有缺陷，应增大冷料井，增大流道。

（3）料温与模温偏低，必要时可采用浇口局部加热办法。

（4）加工压力过低、速度过慢、注射时间不足、背压不足，造成密实性差而使表面暗色。

① 段温度应略高一些，这是为了使色母进入混炼腔后迅速熔化，与塑料树脂尽快混合均匀，这样有利于色母颜料在制品中处于良好分散状态。

② 将注塑机适当施加背压，这样可以提高螺杆的混炼效果，有利颜料的分散，施加背压的副作用是使注塑速度有所放慢。

③ 将挤出机的模头温度适当提高，可以增加制品的怎样确定色母的应用比例？确定色母应用比例的依据，是要获得满足的着色效果。只要制品表面色调均匀。

（5）塑料要充分塑化，但要防止料的降解，受热要稳定，冷却要充分，特别是厚壁制品。

（6）防止冷料进入制件，必要时改用自锁式弹簧或降低喷嘴温度。

（7）应用的再生料过多，塑料或着色剂质量差，混有水汽或其他杂质，应用的润滑剂质量差。

（8）锁模力要足够。

四、玻璃钢 RTM 成型产品缺陷及解决办法

高效生产质量稳定的树脂基复合材料的关键技术，不但在于选择合适的工艺参数和制定合理的工艺方案，还需要对生产过程中常见的产品缺陷进行及时发现和解决。

树脂传递模塑（RTM）是手糊成型工艺改进的一种闭模成型技术，正日益成为复合材料制造的主导工艺技术之一。该工艺的特点是可以生产出两面光洁度都非常理想的制品，成型效率高，适合中等规模的玻璃钢产品生产，而且生产过程为闭模操作，不污染环境，不损害健康。下表是一些常见 RTM 成型产品的缺

陷问题和解决办法。

现象	原因	对策
裂纹	树脂过多	增加玻璃毡、玻璃布 拐角加腻子(加大拐角直径) 预成型玻纤分布要均匀
厚度不均	脱模时变形过大 喷射作业不熟练 发热量过多	提高刚度,提高固化度 脱模处理要适当 使用低放热树脂,薄壁化
气泡	拐角缺少玻璃纤维 树脂注入速度太快	拐角刮腻子 降低注入速度,提高树脂黏度
浸渍不良	局部玻纤过多 树脂流动性不好 固化不良 胶衣厚度不足	玻纤分布均匀化 设置气孔,变更注口位置 增加胶衣和树脂的固化剂量延长充模时间 厚度要在 0.3mm 以上
白斑	玻璃纤维过多 树脂固化收缩 粗纱、硬度大	玻璃纤维用量要适当 加填料,使用低收缩树脂 再选牌号
褶皱	玻璃纤维流动错位 玻璃纤维类型质量不好	用对预成型坯黏结剂有效的黏结剂,减慢注入速度 选择质量好的玻纤
挠曲变形	脱模时固化不完全 树脂固化收缩	促进树脂固化,用补强材料提高刚度使用矫正夹具 使用低收缩剂,使用填料

五、玻璃钢 SMC 模压成型产品缺陷及解决办法

片状模塑料（SMC）的成型，目前主要采用金属对模的压制成型法，其工艺过程十分简单，只要将合乎要求的 SMC 片材剪裁成所需的形状和确定加入层数，揭去两面的保护薄膜，按一定要求叠合并放置在模具的适当位置上，即可按规定的工艺参数加温加压成型。但是，通过这样简单的生产流程，并不能一定模制出高质量的制品，SMC 模压成型产品的质量受多种因素影响，下表列出了模压成型常见的一些产品缺陷和解决办法。

现象	原因	对策
颜色不均	(1)低收缩剂分离 (2)固化速率过快 (3)颜料不好	(1)减少低收缩剂添加量,更换低收缩剂 (2)延长固化时间 (3)选择分散性更好的颜料
表面无光泽	低收缩分离	更换低收缩剂,使用有酸值的低收缩剂
玻璃纤维分布不均	玻璃纤维分散不好	(1)采用分散性好的玻璃纤维 (2)减少玻璃纤维的用量 (3)玻璃纤维的切断长度短些
气泡	(1)浸渍不良 (2)卷入空气 (3)固化不良	(1)把 SMC 浸渍做均匀 (2)提高 SMC 硬挺度 (3)缩短凝胶化时间
针孔	(1)吸入空气 (2)SMC 流动性不好	(1)调节 SMC 硬度 (2)提高合模流动性 (3)提高 SMC 柔性

第四节　碳纤维生产及应用过程中缺陷问题及解决方法

一、新型碳纤维增强塑料加工方法解决减少废料污染物的问题

德国的弗劳恩霍夫化学技术研究所（ICT）的研究人员发明了一种新的碳纤维增强塑料加工方法。

这种方法主要采用微波加工技术，预计未来将会在船舶建造中大量应用。在传统的加工方法中，要加热大型的船舶部件如船体是一件十分困难的事情，因为没有哪种方法能够快速而均匀地把热量传递到材料内部。这种微波加工方法利用了树脂对微波的吸收机理，从而能很好地解决这些问题。

使用该方法加热后的聚合物树脂混合物黏度低，因此它在室温下变硬的速率相对比较慢。这就使得纤维能够更好地融入树脂中，同时还留有足够的时间来进行修正。不过这种方法对零件的位置安放要求比较严格。

这种新的方法还有其环保的一面：它能最大限度地减少废料以及其他污染物的产生。目前，这一加工方法已经在工业中开始应用，效果良好。

二、玻璃纤维对 SMC 成型工艺的性能要求和缺陷问题与解决方法

SMC 玻璃钢成型工艺，在美国应用最广。主要用于汽车工业中的外壳、底盘、保险杠、扰流板、电气工业中的高压开关柜、建筑水箱板等。在 SMC 成型工艺的玻璃钢制品中，玻纤含量可达 30%。对 SMC 的性能要求如下：

（1）极好的集束性及极低的溶解性。适当的浸透性。要求纱线集束性极好，溶解性低。这样能在 SMC 片材生产过程中保证黏度很大的树脂糊能垂直穿透厚度较大的短切玻纤堆积层。如纱线集束不良，在苯乙烯中溶解度高，遇树脂糊即开纤，则树脂糊很难穿透，造成中间有白丝层。无树脂浸渍。同时纱线在树脂糊中开纤早，则在模压时纤维不能随树脂流动，造成纤维分布不均，中间多，边缘几乎无玻纤。这要求浸润剂主成膜剂的不溶物含量大于 90%，纱线无单丝化倾向，易于成型。

（2）硬挺度高，最好要大于 160mm，国外某些 SMC 用纱硬挺度达到180mm。这要求浸润剂膜硬度及强度高，同时浸润剂的固含量高，有时可达13%，以保证纱线含油率（LOU）在 1.5% 以上。

（3）优良的切割性，纱线刚性好，静电少。成带性最小，在保证每股纱线力均匀的前提下，每股纱能分散开平行排列。这样保证了在机组上易散开，沉降后分散均匀。如要进一步提高纱线的切割性及集束性，也可在配方中添加 0.2%～

1%的聚氨酯乳液。配方中主要成膜剂为交联型 PVAc 乳液，在乳液合成中添加了交联单体，也可在浸润剂配方中外加交联剂。在成膜时由于交联剂作用形成大分子网状结构，提高了膜的刚度及强度，同时也使其不溶于苯乙烯中。配方中使用复合偶联剂也是为提高纱线的刚度。SMC 纱原丝筒烘干时温度要高，一般达135℃，时间要超过 10h，以保证成膜剂交联反应充分进行。

三、对 SMC 成型工艺过程中的纱易出现弊病的解决办法

玻璃纤维对 SMC 纱易出现的弊病如下：

（1）切割不良，分散不均。这是由于无捻粗纱硬挺度、集束性不良造成的，一定要保证交联型 PVAc 的品质及纱线有足够高的含油率。

（2）静电严重，分散不均，并在沉降室壁上大量吸附。解决办法为浸润剂中增加抗静电剂含量，或切割刀辊加装抗静电装置。国外及国内某些厂在退纱时采用外加有机抗静电剂的方法，效果很好，纱线滑爽，静电少。树脂穿透不良，制品中间有白层夹心。

解决办法为提高纱线的集束性、主成膜剂的交联度及不溶于苯乙烯的能力。SMC 纱浸润剂是属于难溶型的，在配方设计时一定要多加注意。

四、碳纤维风电叶片存在的缺陷及解决方案

减轻叶片的重量，又要满足强度与刚度要求，有效的办法是采用碳纤维增强。尽管如此，碳纤维在应用中也存在诸多的问题和缺陷。

随着叶片长度的增加，对增强材料的强度和刚度等性能提出了新的要求，玻璃纤维在大型复合材料叶片制造中逐渐显现出性能方面的不足。为了保证在极端风载下叶尖不碰塔架，叶片必须具有足够的刚度。

1. 碳纤维应用的缺陷

（1）碳纤维是一种昂贵纤维材料，在碳纤维应用过程中，价格是主要障碍，另外，性价比影响了它在风力发电方面的大范围应用。必须当叶片超过一定尺寸后，因为材料用量下降，才能比玻纤叶片便宜。目前采用碳纤维和玻璃纤维共混结构是一种比较好的办法，而且还综合了两种材料的性能。另外一种方法是采用由沥青制造的成本较低的碳纤维，这种碳纤维的价格可以降到 5 美元/磅的心理价位。

（2）CFRP 比 GFRP 更具脆性，一般被认为更趋于疲劳，但是研究表明，只要注意生产质量的控制以及材料和结构的几何条件，就足以保证长期的耐疲劳。

（3）直径较小的碳纤维表面积较大，复合材料成型加工浸润比较困难。由于碳纤维叶片一般采用环氧树脂制造，要通过降低环氧树脂制造的熟度而不降低它

的力学性能是比较困难的，这也是一些厂家采用预浸料工艺的原因。此外碳纤维复合材料的性能受工艺影响敏感（如铺层方向），对工艺要求较高。

（4）碳纤维复合材料透明性差，难以进行内部检查。

碳纤维在大型叶片中的应用已成为一种不可改变的趋势。目前，全球各大叶片制造商正在从原材料、工艺技术、质量控制等各方面进行深入研究，以求降低成本，使碳纤维能在风力发电上得到更多的应用。可通过如下的途径来促进碳纤维在风力发电中的应用。

2. 解决途径

（1）叶片尺寸越大，相对成本越低。因此对于 3MW（40m）以上，尤其是 5MW 以上的产品。目前大规模安装的 2.5～3.5MW 机组采用了轻质、高性能的玻璃纤维叶片，设计可靠，市场竞争力强，下一代 5～10MW 风力机的设计将更多地采用碳纤维。

（2）采用特殊的织物混编技术。根据叶片结构要求，把碳纤维铺设在刚度和强度要求最高的方向，达到结构的最优化设计。如 TPI 公司采用碳纤维织物为 800g 三轴向织物（triaxial fabric），由一层 500g 碳纤维夹在两层 150g 呈 $\pm 45°$ 的玻纤织物内。对于原型叶片中，碳纤维成 20°，玻纤层的三轴向织物为 $\pm 65°$～25°，这种方向的铺层可充分地控制剪切负载。旋转织物意味着织物边沿和叶片方向成 20°角，逐步地引入旋转耦合部件（the twist-coupling component）。

（3）采用大丝束碳纤维。碳纤生产成本高，特别是高性能的碳纤维生产成本更高，而叶片生产中，采用大丝束碳纤维可达到降低生产成本的目的。如一种新型丙烯酸碳纤维［美国专利 US6103211 申请人：TORAY INDUSTRIES（JP）］，该发明的目的在于提供一种高强度的碳纤维，所述的碳纤维主要包括大量的满足下列关系式的细纤维：$\sigma > 0.75 \sim 11.1d$，其中的 σ 指碳纤维拉伸强度，d 指细纤维的平均直径。这种碳纤维适用于风力机叶片材料等与能源相关的设备，或者作为道路、大桥的加强结构层。

（4）采用新型成型加工技术，如 VARTM 和 Light-RTM 技术。

在目前的生产中，预浸料和真空辅助树脂传递模塑工艺已成为两种最常用的替代湿法铺层技术。对于 40m 以上叶片，大多数制造商采用 VARTM 技术。但 VESTAS 和 GAMESA 仍使用预浸料工艺。技术关键是控制树脂黏度、流动性、注入孔设计和减少材料孔隙率。

在大型叶片制造中，由于碳纤维的使用，聚酯树脂已被环氧树脂替代；利用天然纤维-热塑性树脂制造的"绿色叶片"近年来也备受重视，如爱尔兰的 Gnth 公司负责制造 12.6m 长的热塑性复合材料叶片，Mitsubishi（三菱）公司负责在风力发电机上进行"绿色叶片的试验"。如果试验成功后，他们将继续研究开发 30m 以上的热塑性复合材料标准叶片。

第五节 其他玻璃钢制品缺陷问题与解决方法

一、玻璃钢管线漏失原因及解决方法

1. 原因分析

玻璃钢管道是一种连续玻璃纤维增强热固性树脂管道，脆性大，承受外界冲击能力较弱，使用中受内外因素的影响，易出现漏失（渗漏、爆裂），严重污染了环境，影响了注水时率及原油产量。经过现场调查与分析，漏失主要由以下原因引起。

（1）玻璃钢性能影响 由于玻璃钢是一种复合材料，材料、工艺受外界条件影响严重，主要有以下影响因素：

① 合成树脂的种类和固化度的影响，主要是树脂的质量、树脂稀释剂和固化剂、玻璃钢胶料配方等。

② 玻璃钢构件的结构和玻璃纤维材料的影响。玻璃钢构件的复杂程度，直接影响加工工艺质量，材料不同，介质要求不同，也会引起加工工艺复杂化。

③ 环境的影响，主要是生产介质、大气温度、湿度环境影响等。

④ 加工方案的影响，加工工艺方案是否合理直接影响施工质量。

由于材料、人员操作、环境影响和检测手段等方面的因素，玻璃钢性能下降，会出现管壁局部不达标、内外螺丝有暗裂纹等现象，在检查中难以发现，只有在使用过程中才会显露出来，属于产品质量问题。

（2）外部损伤 由于施工埋深不够，施工或取土时，造成玻璃钢管线断裂。

（3）设计问题 高压注水及油井热洗管线压力高、振动大，玻璃钢管布管交错，在轴向和横向突然变化而产生推力，使丝扣脱节和爆裂。此外在钢制转换接头、计量间、配水间、井口等玻璃钢管连接部分处，常因振动导致玻璃钢管发生断裂，造成漏失。

（4）施工质量问题 玻璃钢管线施工直接影响使用寿命。施工质量问题主要表现在埋深达不到设计要求，跨越公路、排水渠等不穿保护套管，套管内不按规范加扶正器、止推座、固定支座、减工减料等，这些都是造成玻璃钢管漏失的原因。

（5）外部因素 玻璃钢管线经过地域广，大多数在低洼地或者是排水沟渠附近，设有标志桩或标志桩使用年限长已丢失。

（6）操作失误 洗井（注水）压力高、冲击性大，玻璃钢管不能受载荷的冲击。在投入使用后，操作人员未按流程操作，压力不平衡，这些都会造成玻璃钢管线漏失。

2. 玻璃钢管线断裂后处理方法

玻璃钢管线发生漏失后，要立即采取措施，防止造成环境污染及影响原油产量。特别是冬季管线一旦断裂，更要快速粘补，时间一长，容易造成其他部位冻堵（管线低洼段）。目前常见处理方法有两种：

（1）螺纹接箍连接　该方法为专用玻璃钢材质内锥接头粘接组件，用玻璃钢螺纹套连接，须将原管线进行现场造锥，由于专用玻璃钢材质内锥接头采用标准型号，因此此方法适用于标准型号管线连接，若玻璃钢管线为非标，现场粘接难度较大，其粘接剂须静态稳定24h后方可投入使用，冬季易造成管线冻堵，每次粘补后须用热洗泵通管线，一旦冻堵时间过长，压力升高往往将其接头打掉。

（2）自制转换接头　施工方法是自制钢制转换接头连接。将 ϕ 89mm×53mm×12mm钢管进行切削，截成260mm管段后与现场玻璃钢管线进行粘接，从两年的施工实践看，效果比较好。将对玻璃钢管线参数进行统计，并继续摸索提高修补技术，减少了影响原油产量的因素及环境污染，延长了管线的使用寿命，节约生产运行成本。

二、常见游艇的玻璃钢问题及处理方法

一般常见的问题有：在结构结合处有胶壳开裂，结合处/开口处漏水、渗水，玻璃钢船体甲板表面上有胶壳起泡或产生黑点，在甲板上的止滑板鼓泡、开裂，船底的渗漏，使用时碰撞的刮伤、开裂以及玻璃钢表面胶壳颜色发生色变、产生色差，等。其原因可能是制造时的疏忽，或者是不当的使用而产生的玻璃钢异常状况。

经常发生在玻璃钢表面的问题，其原因及不同的处理方法说明如下。

（1）表面胶壳的色变、起泡和黑点　由于局部修补施工时在不同时间气候变化使用固化剂配比的不稳定，或是不同批次胶壳的色差都会造成日后外部胶壳的色变（深浅色差，黄变），尤其在深色胶壳上容易发生。

积层时未能完全排除微小气泡及灰尘颗粒会造成日后外部胶壳起泡及黑点。

解决方法：

① 色差：打磨掉表面胶壳层，重新涂上相同型号的胶壳，水磨至♯1000或以上砂纸再抛光打蜡完成。生产及修补时都要按生产商的建议控制好固化剂的添加量。

② 起泡/黑点：凿去起泡处/黑点处的胶壳层，重新涂上相同型号的胶壳，水磨至♯1000或以上砂纸再抛光打蜡完成。

③ 较深的起泡或黑点：要凿挖到底，再用碎毡加积层树脂将凹陷部分填平，

待固化完成再重新涂上相同型号的胶壳，水磨至♯1000或以上砂纸再抛光打蜡完成。

（2）船体与甲板的结合处开裂　多半是使用时意外的碰撞才会在舷边（船体与甲板）的结合处发生开裂。

解决方法：

① 局部较小的碰撞：拆下舷边护舷压条，整修玻璃钢，使用结构胶及螺栓重新固定后再补强/修补完成。

② 面积较大的碰撞：请找经销商安排专业人员修理。

（3）船体、甲板、飞桥及玻璃钢部件结合处表面胶壳的开裂　多半发生在楼梯、Wet Bar等单件玻璃钢配件与甲板主体之间的结合处，由于是两个玻璃钢部件的结合，凹凸折角部位因长期使用而容易在表面胶壳处开裂。

解决方法：

除去过厚的表面胶壳层，用毡布加积层树脂补强，待固化后重新涂上相同型号的胶壳，水磨至♯1000或以上砂纸再抛光打蜡完成。

（4）甲板表面积水　甲板表面的止划板或是柚木甲板排水不良而产生局部积水。

解决方法：

① 靠近边缘的局部积水：可以增加一个排水口。

② 面积较大的积水：重新整理表面地板排水斜度。

（5）甲板上止划板的鼓泡及与墙体结合处的地板开裂积水　长期使用后容易产生止划板鼓泡。其结合处开裂积水一般是施工不良造成。

解决方法：

① 切除凿去鼓泡的止划板，重新换上相同花纹新的止划板，修补时要注意花纹纹路的连续性。

② 结合处开裂积水：凿开开裂积水部分，重新修补完成。

（6）大窗开口处与玻璃钢墙体的渗漏　一般是由于经过撞击大窗变形或施工不良而造成渗漏。

解决方法：

① 大窗变形引起的渗漏：换成相同型号新的大窗。请找经销商安排专业人员处理。

② 一般的渗漏：先拆除舱内木制装饰压条，重新打胶补强然后再安装装饰压条，修补完成。

（7）舷窗开口处与玻璃钢船体的渗漏　因施工不良而造成渗漏。

解决方法：

先拆除舱内木制装饰压条，重新打胶补强然后再安装装饰压条，修补完成。

（8）设备安装开口与玻璃钢体/地板的渗漏　由于施工疏忽经常在各类设备

安装的开口处牵涉到船体/甲板的结合位置发生渗漏，如发动机及浆轴系统的进出口、发电机进排水口、船首/船尾推进器安装、相关油路/电路/排水管道、稳定翼等贯穿船体甲板部位都容易发生渗漏。

解决方法：

以上均为专业技术领域的工作，具有安全性考虑。请找经销商安排专业人员处理。

（9）锚机安装/开口处漏水　锚机在锚链仓上面，不良的安装造成锚链仓漏水，可能渗入锚机马达致使锚机故障。或者锚机开口排水不良而导致积水或流入锚链仓里面。

解决方法：

① 锚机安装渗漏：重新安装锚机，打胶后用螺栓固定完成。

② 锚机开口处漏水：检查排水系统功能，加强排水斜度。

（10）船底玻璃钢表面发生细微的渗漏（Osmosis）　由于船壳底部施工不良，游艇使用数年后船底有局部面积或大部面积细微的渗漏发生，如长期的渗透会致船体重量加重而使巡航速度减慢及造成玻璃钢船体结构的提早老化。

解决方法：

把游艇吊上码头或船坞做玻璃钢水线以下的全面检修。请找经销商安排专业人员处理。

（11）船底开口处的渗漏　水线以下的船体有许多进排水口，如果施工疏忽或不当的使用也会有渗漏的状况发生。

解决方法：

把游艇吊上码头或船坞做玻璃钢水线以下的全面检修。请找经销商安排专业人员处理。

（12）意外碰撞时玻璃钢外部的刮伤及开裂。

解决方法：

① 局部较小的刮伤：如果刮痕没有伤及玻璃钢部分，先除去表面胶壳，用补土补平凹陷的地方，重新涂上相同型号的胶壳，水磨至♯1000 或以上砂纸再抛光打蜡完成。

② 如果刮痕已经伤及玻璃钢部分：先除去表面胶壳，然后用玻璃纤维碎毡加积层树脂补平凹陷的地方，待固化完成重新涂上相同型号的胶壳，水磨至♯1000 或以上砂纸再抛光打蜡完成。

③ 碰撞时发生开裂：这是严重的碰撞导致的开裂，已经牵涉到安全性了。请及时找经销商安排专业人员处理。

三、玻璃钢 SMC 可着色低波纹的实现难点与解决方法

不同于聚苯乙烯（PS）或聚乙烯（PE）等常用低收缩添加剂的优良颜色兼

容性，常用的低波纹添加剂如饱和聚酯（PE's）、聚醋酸乙烯酯（PVAc）、聚甲基丙烯酸甲酯（PMMA）等对颜色的兼容性普遍很差。

低波纹添加剂对颜色的兼容性，主要是在体系固化后的相分离造成的，但也与固化温度、压制压力、色浆品质、SMC/BMC 增稠水平、制作前期物理分散等因素有关。下面就先简单做一个分析介绍。

1. 低波纹添加剂与相分离

大部分低波纹添加剂属于极性物质，在未固化前与不饱和聚酯有良好的相容性，但固化后相分离。通过研究发现，温度的高低、低波纹添加剂的分子量大小对相分离/相与相之间的平衡影响很大。图 5-1 是以 PVAc 为对象，研究不同温度、不同分子量大小对相分离的影响。

分子量90000g/mol,120℃固化后

分子量130000g/mol,120℃固化后

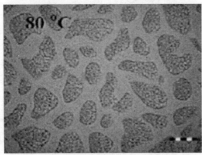
5%分子量90000PVAc在UP中固化

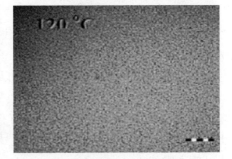
5%分子量90000PVAc在UP中固化

图 5-1　不同温度、不同分子量大小的 PVAc 相分离

从图 5-1 的电镜观察照片可以看出：

（1）低分子量的 PVAc 形成的相更小，相与相之间更均匀一些，有利于颜色的均匀显现；

（2）高温固化比低温固化所形成的相更小，相与相之间更均匀一些；

（3）尽量降低低波纹添加剂的用量，能够减少相分离现象，有利于色浆的分散与显色。

2. 色浆品质

色浆的品质也直接决定了最终的着色效果。SMC/BMC 使用的色浆需要耐高温、不同温度显色性差异小、黏度低、浓度高、水含量低、尽可能使用数量较少的基体色浆配色。低品质的色浆有可能会直接引起最终产品的颜色不均匀、褪色等问题。如何控制色浆的品质不属于本文讨论的范围。

从上面的分析可以看出，对最终着色效果有着决定性影响因素的低波纹添加剂，可以通过控制其分子量的大小、在 SMC/BMC 中的添加量来实现对着色的要求。

四、玻璃钢管材生产线常见故障及处理办法

塑料管材生产线出现故障时，会直接导致塑料管材出现外表面粗糙、内部出现抖动环等现象，所以要及时排除塑料管材生产线故障，才能提高产品质量。

1. 塑料管材生产线故障：塑料管材外表面粗糙

调整工艺温度；降低冷却水温，PE 管最佳冷却水温为 20～25℃；检查水路，是否存在堵塞或水压不足现象；检查机筒、机头等加热圈是否有损坏；调整定径套进水流量；检查原料的性能和批号；检查模具芯部温度，若高于口模区段温度，调低芯部温度；清理模具的积料。

2. 塑料管材生产线故障：塑料管材外表面出现沟痕

调整定径套出水压力，出水量要均衡；调整真空定型箱内喷嘴角度，使管材冷却均匀；检查口模、定径套、切割机等硬件是否存在杂物、毛刺等。

3. 塑料管材生产线故障：内表面出现沟痕

检查内管是否进水，如进水则将刚出口模的管坯捏牢，使其内腔封闭；降低模具内部温度；清理并抛光模具。

4. 塑料管材生产线故障：管道内部出现抖动环

调整定径套出水，使其出水均匀；调整二室真空度，使后室真空度略高于前室真空度；检查真空密封垫是否过紧；检查牵引机是否存在抖动现象；检查主机出料是否均匀。

5. 塑料管材生产线故障：无真空

检查真空泵进水口是否堵塞，如堵塞，进行疏通；检查真空泵工作是否正

常；检查真空管路是否漏气；检查芯模压紧螺钉中间的小孔是否堵塞，如堵塞，用细铁丝疏通。

塑料管材生产线故障：管材外园尺寸超差。

调整真空度大小可改变外园尺寸；调整牵引速度可改变外园尺寸；修正定径套内孔尺寸。

6. 塑料管材生产线故障：管材园度超差

调整真空定型机、喷淋箱内喷嘴角度，使管材冷却均匀；检查真空定型机、喷淋箱内水位高度、水压表压力，使喷淋量大而有力；检查真空定型机、喷淋箱水温状况，若大于35℃，须配置冷冻水系统或增加喷淋冷却箱；检查水路，清洗过滤器；调整工艺；检查并修正定径套内孔园度；调整管材导向夹持装置，以修正管材的椭圆度；

7. 塑料管材生产线故障：管材壁厚不均匀

在模具上调整壁厚；调整真空定型机及喷淋箱内喷嘴角度，使管材冷却均匀；调整定径套出水装置，使其出水均匀；拆开模具，检查模具内部螺钉是否松动，并重新拧紧。

8. 塑料管材生产线故障：塑化温度过高

调整工艺；调整模具芯部加热温度，并对模具内部通风冷却；螺杆的剪切热太高，更换螺杆。

9. 塑料管材生产线故障：切割计长不准确

检查计长轮是否压紧；检查计长轮是否摆动，并拧紧计长轮架固定螺栓；检查切割机行程开关是否损坏；检查旋转编码器是否损坏；旋转编码器接线是否脱焊（航空插头座接触是否良好）；各单机外壳（PE端子）应各自引接地线到一个总接地点可靠接地，且该接地点应有符合电气接地要求的接地桩，不允许各单机外壳（PE端子）串联后接地，否则将引入干扰脉冲，引起切割长度不准。

10. 塑料管材生产线故障：共挤标识条问题

共挤标识条扩散：一般是由于用户使用的共挤料选择不当造成，应使用PE等专用料，必要时可降低挤出段温度。

共挤标识条挤不出：将主挤出机停机，先开共挤机，开启共挤机10min左右再开主机。

共挤标识条太细或太宽：一般是由于共挤机挤出量与管材牵引速度不匹配造成，应调节共挤机变频器频率或改变牵引速度使二者速度能匹配；其次是共挤机下料段冷却水套未通冷却水。

管材生产线在实际生产的过程中还会出现其他的异常情况，要根据实际情况及时处理。

五、玻璃钢波纹管密封技术的缺陷问题与解决方法

由于波纹管在各类用途的制件中应用很普遍，因此保证其可靠性已经成为很是火急的问题。对于一般的加载环境来说，在拟定了各类布局的波纹管应力状态的精确计算要领之后，这个问题实际上就已经解决了。

解决可靠性问题要领的选择是和明确地划定失效的观念直接有关的。

制件完全或部分地丧失其事情能力称为失效。它表示为波纹管产生泄漏，即呈现了机械强度的粉碎时，这种失效形式表征着波纹管的所谓强度可靠性。如果波纹管不完全丧失事情能力，只是表示为波纹管的事情参数"偏离"到答允范畴之外，则称为部门失效。因此，部门失效表征着它的参数可靠性。

正如使用波纹管的经验表白，在各类用途的制件中，根基上都是对波纹管提出了强度可靠性的要求，而对波纹管参数可靠性的要求目前实际上尚无定论。

可见，对波纹管这几种类型的可靠性不能同等对待，这主要是由于它们所带来的损失水平各不沟通。完全失效时，制件由于波纹管的原因而完全丧失事情能力；部门失效时，制件还能保存事情的能力，只是质量品级降低一些。

正确了解失效的物理实质，对付评定可靠性具有重要的意义。各类性质的失效都听从必然的纪律，知道了这些纪律。就有可能制定一些法子来消除或防备失效，设法提高其可靠性。

波纹管和很多制件一样，可分为三种失效形式：由于稠浊着漏波纹管或有隐蔽缺陷的波纹管之类的工艺品而造成的特别失效；由于波纹管蒙受过载而引起的忽然失效（在制件中没有相应的掩护）以及损坏失效。

对波纹管进行机械不变处理惩罚，可以大大减少甚至完全消除特别失效。

忽然失效带有偶然性，所以很难预测。这种类型的失效是在正常使用条件下产生的，其特点是概率很小。

损坏失效是由于质料产生疲劳、败坏现象、自然时效等不行逆历程而引起的。由于这种形式的失效是有纪律的自然历程的功效，所以它很难加以消除。但是，若能预先知道损坏失效呈现的时间，则有助于研究这些历程成长的纪律性以及确定哪些能够判定制件事情能力的重要事情参数。

可以指出，在波纹管的各类百般的事情参数中，只有几个参数对应评定可靠性。

波纹管的很多技术参数是由质料的物理机械性能值所决定的，如弹性模量、弹性迟滞、抗塑性变形的强度系数、疲劳因素所影响。在任何实际的质料中，都

存在布局的不完善性，由于蠕变、应力败坏、变形时效等这些历程，使质料的物理机械性能产生必然的变革。这些历程就是波纹管技术参数不不变性的泉源。可以预料，波纹管的刚度和迟滞、最大事情行程、起始位置的特性漂移等都要随时间而产生变革。

通过尝试表白，由于蠕变、应力败坏和载荷的周期性感化等原因会发生塑性变形的积累。譬如说，这种积累可以表示为波纹管起始长度的变革。但是波纹管的刚度、迟滞、非线性、有效面积的变革并不显著，凡是不凌驾丈量设备的误差。

在波纹管贮存时，它的技术参数的改变是无关紧要的。

实际上可以认为，波纹管的部门失效是由塑性变形引起的。因此，塑性变形是决定波纹管参数可靠性的重要参数。

波纹管的完全失效是与它丧失了密封性有关。因此，密封性是决定波纹管强度可靠性的参数。

六、船体外板铺层问题举例分析与解决方法

当胶衣固化并确认为裱铺可能状后，再实际进入裱糊作业。在模具深凹部位，由于苯乙烯蒸气的影响，胶衣有固化延迟倾向，严重时会延迟 3h 以上，所以有必要很好地研究这个问题。

胶衣上附着灰尘等，会妨碍裱铺，要充分检查并除去。下面以由 MR 构成的船体外板的裱铺为例，说明其要领（见图 5-2）。

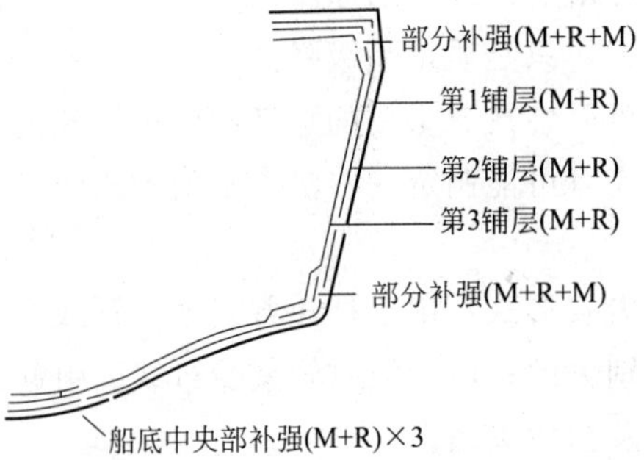

图 5-2　船体外板的裱铺

（1）铺层构成
外板（MAR）+（MAR）+（M+R）；
部分增强 M+R+M；
船底中央部位增强（M＋R）+（M＋R）+（M＋R）。

（2）核铺顺序

第 1 铺层；第 2 铺层；部分增强铺层；第 3 铺层；船底中央部分的增强铺层。

这一顺序因模具的结构、设计方法等不同而有差异，有必要对铺层计划进行充分探讨。

展开第 1 铺层的毡（M）之前，在胶衣表面上用浸胶辊多涂些树脂。但应涂均匀，不能造成垂流或积存。

毡的展开应尽量仔细地进行，不要出现松弛和皱褶。如果是大船，剪裁的毡重量也加大。由于要用脚手架，毡的展开变得不容易，很难铺得平整。带着皱纹和松弛的缺陷裱铺下去，就会形成凹凸起伏，随着铺层的重叠而变得难以操作。

粗纱布同样存在这种问题。

树脂的浸渍在裱铺作业中最费劲，但却是最重要的工作。使玻纤含量保持在规定范围内和均匀地进行树脂涂布，是保证船体强度的第一步。同时，如果均匀涂布树脂做得好，下一步的脱泡作业就容易进行。

沾了树脂的浸渍辊在毡或粗纱布上面一边压一边滚动，在使玻纤下面的树脂渗透到玻纤上的同时，从上面也使树脂渗入并挤出较大的气泡。最初，辊子大幅度滚动以涂树脂，随后，仔细地往复滚动使之良好地浸渍。通过这种操作可以进行均匀的裱铺作业，辊子把多余部分的树脂吸上来并分配到树脂不足之处。

通过各层的计算求出树脂的使用量。由 MR（由毡和粗纱织物构成）构成而使玻璃（纤维体积）含胶量一般控制在 $42\%\sim45\%$ 之间时，均匀涂布的树脂可以下式计算：

$$树脂使用量＝毡的重量\times1.9$$
$$树脂使用量＝粗纱布的重量\times1$$

装树脂的容器尽量放在与裱铺面靠近的地方（或拿在手中），不然操作中辊子上含有的树脂就会滴落在其他部位，得不到干净的铺层。

在凹下部分容易进入较多的树脂。这是因为，在把毡或粗纱布用浸渍辊挤压使之贴合的同时，树脂本身流动使树脂积存在凹下处［见图 5-3（a）］。

树脂过多，脱泡时气泡只是横向逃避而难往上排出。树脂过少，随着时间的推移发生贫胶，像白癣似地发白。发生这种现象，是由于毡的回弹反而把空气吸进去。树脂的黏度和触变性有很大影响，所以树脂的选择也很重要，与此同时，进行与树脂相适应的作业至关重要。

为使玻纤充分贴合和充分排除气泡，旁边会出现鼓胀部位。该鼓胀部位有很多细小气泡，树脂也多，极端情况下毡也会被弄皱，带来不良后果［见图 5-3(b)］。

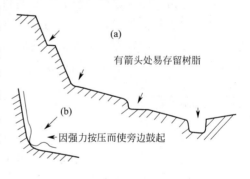

图 5-3　树脂与铺层关系

贴铺粗纱布时，用指尖充分往下压使之贴合，涂树脂时也要十分注意，这很重要。

要充分利用猪毛辊、带沟的脱泡辊、橡胶刮板、塑料刮板、硬毛刷以及手掌、指尖等进行脱泡作业。

脱泡作业不仅仅是排除气泡，而且还有调整层铺件的形状、使树脂均匀分配、使层铺面修饰漂亮的作用。

前面层铺的表面已经凝胶或固化时，更应注意深入地进行作业，在脱泡上下工夫。特别是先前层铺的表面部分变硬的情况下，层铺面上带有小波纹而与辊子无法均匀接触，所以必须特别小心地进行脱泡。

对于毡，刮板难以使用，猪毛刷子效果好。粗纱织物则用脱泡辊或者刮板和手脱泡。

使脱泡辊仔细地往复滚动，下面的树脂会往上渗出，同时排除气泡（在使气泡朝周围挤出的方向上使用辊子）。用橡胶刮板进行粗纱织物的脱泡时，刚涂布树脂后立刻进行效果好。往复运动加大，刮渗出的树脂转移到树脂少的地方。树脂涂布后立刻用刮板刮，树脂会很好地浸渍到粗纱布的纤维中去，气泡也容易排出；时间稍晚，树脂进入纤维中就会变得困难，结果就不得不花时间使之自然地进行浸渍。

在小曲面（比辊的直径还小的地方）或三面交叉的用辊子难以操作的部分等处，用刷子比较有效。

第六节　胶衣在应用中的缺陷问题及解决方法

一、概述

胶衣是由不饱和聚酯树脂、触变剂和其他一些添加剂经混合而成的赋予玻璃钢制品表面美观、耐老化、耐沾污、耐腐蚀，并对玻璃钢制品起到保护作用的一层表面涂层。它的存在大大丰富了玻璃钢产品的品种，大大提高了玻璃钢制品的质量和最终用户对玻璃钢制品的认可度。

二、常见问题

长期从事胶衣的生产研究，从胶衣的基体树脂的配方设计、添加剂的选择、胶衣剂方的设计及胶衣应用服务等方面积累了一点经验，现就胶衣在应用中的几个常见问题及原因分析与各同行探讨，并希能得到指点。

（1）胶衣起皱。出现此问题，主要是由于胶衣固化不均匀。造成固化不均的情况有：胶衣太薄，厚薄不均，胶衣固化不充分，增强层上得过早。环境湿度大，生产环境的温度低。环境空气流速大，带走大量的苯乙烯。固化剂的含水量高，固化剂与胶衣混合不均匀。胶衣基体树脂中的小分子物质含量高。涂喷过程中带进水或污物。

（2）针眼，微孔。出现此问题，主要是由于胶衣中含有空气或小分子物质，在固化过程中还来不及释放造成的，造成此情况有：

胶衣的凝胶时间短，固化剂加入量大。胶衣层太厚，喷涂流量太大，第一道涂喷量大。喷射时雾化差，窝模具太近或太远，胶衣在搅拌时带进大量空气而没有释放，喷涂时又带进大量空气。脱模剂选择不当，模具表面受到污染。

（3）裂纹和裂缝。模具表面有裂纹。胶衣太厚，放热温度高。结构层内部的冲击力造成胶衣表面蜘蛛网状裂纹。脱模过猛，胶衣表面外力的冲击。结构层所用树脂太韧，固化度不够。

（4）鱼眼。出现此问题，主要是因为存在表面张力。模具上有污染物，脱模剂没干，脱模剂选择不当。胶衣中有不洁物，喷涂管道内有不洁物。胶衣太薄。

（5）流挂。胶衣的触变指数低，凝胶时间过长。胶衣喷涂过量，立面太厚，喷嘴方向不对或口径小，压力过大。模具表面涂的脱模剂不对。

（6）纤维外露。胶衣薄，胶衣固化不完全，就上增强层。纤维滚压太重。

（7）制品胶衣光泽不好。模具的光洁度差，表面有灰尘等。固化剂含量少，固化不完全，固化度低，未后固化。环境温度低，环境湿度大。胶衣层未完全固化就脱模。胶衣内填充料高，基体树脂含量少。

（8）胶衣局部变色。颜料棚分散不均且其质量差，色浆的载体树脂质量差。胶衣的基体树脂的耐候性，耐腐性差，苯乙烯含量高。胶衣厚薄不均，胶衣固化不完全，就上增强层。胶衣太厚，凝胶时间长，树脂与颜料分离。

以上只是常见的几个问题，在实际操作中还有很多问题出现，有胶衣本身问题，生产操作工艺问题，操作所用设备工具，施工环境，制品仓储问题等，以上所说的原因还不周到，希望能抛砖引玉，多多交流。

三、胶衣使用常见问题及原因分析

胶衣在复合材料/玻璃钢制作中起着重要的作用，它不仅对玻璃钢制品表面起到装饰作用，而且具有耐磨、耐老化、耐化学腐蚀的作用。在实际使用过程中会出现裂纹、流挂等各种问题，从产品设计、胶衣使用和生产操作等各方面可以具体分析。

1. 胶衣起皱

主要是胶衣固化不均匀造成的。
① 胶衣太薄，厚度不均，胶衣固化不充分，增强层上得过早。
② 环境湿度大，生产环境的温度低。
③ 环境空气流速大，带走大量的苯乙烯。
④ 固化剂的含水量高，固化剂与胶衣混合不均匀。
⑤ 胶衣基体树脂中小分子物质含量高，涂喷过程中带进水或污物。

2. 针眼、微孔

主要是胶衣中含有空气或小分子物质，在固化过程中来不及释放造成的。
① 胶衣的凝胶时间短，固化剂加入量大。

② 胶衣层太厚，喷涂流量太大，第一道涂喷量大。

③ 胶衣在搅拌时带进大量空气而没有释放，喷涂时又带进大量空气。

④ 喷射时雾化差，离模具太近或太远。

⑤ 脱模剂选择不当，模具表面受到污染。

3. 裂纹和裂缝

① 模具表面有裂纹。

② 胶衣太厚，放热温度高。

③ 结构层内部的冲击。

④ 脱模过猛，胶衣表面外力的冲击。

⑤ 结构层所用树脂太韧，固化度不够。

4. 鱼眼

主要是因为存在表面张力造成的。

① 模具上有污物，脱模剂没干，脱模剂选择不当。

② 胶衣中有不洁物，喷管道内有不洁物。

③ 胶衣太薄。

5. 流挂

① 胶衣的触变指数低，凝胶时间过长。

② 胶衣喷涂过量，立面太厚，喷嘴方向不对或口径小，压力过大。

③ 模具表面涂的脱模剂不对。

6. 纤维外露

① 胶衣薄，胶衣固化不完全就上增强层。

② 纤维滚压太重。

7. 制品胶衣光泽不好

① 模具的光洁度差，表面有灰尘等。

② 固化剂含量少，固化不完全，固化度低，未后固化。

③ 环境温度低，环境湿度大。

④ 胶衣层未完全固化就脱模。

⑤ 胶衣内层填充料高，基体树脂含量少。

8. 胶衣局部变色

① 颜料糊分散不均且质量差，色浆的载体树脂质量差。

② 胶衣的基体树脂的耐候性、耐腐性差，苯乙烯含量高。

③ 胶衣厚薄不均，胶衣固化不完全就上增强层。

④ 胶衣太厚，凝胶时间长，树脂与颜料分离。

四、气干性胶衣喷涂常见缺陷及处理的方法

气干性胶衣是一种无蜡型空气干燥性胶衣，具有较强的附着力及抗剥离强度。其特殊分子结构决定其比普通型聚酯胶衣有更好的耐腐蚀性及优异的耐高温性，高比强度和抗龟裂性。气干性胶衣最大特性，喷涂后 20～30min 触指干，2h 达普通胶衣强度，一周后达最高强度值。成型后产品表面平整、光亮、无垂挂、流平性能优异且不粘手。气干性胶衣有手糊型和喷涂型两种。其中喷涂型在使用中常遇到麻点、针孔、鱼眼等问题，具体的原因和解决办法如下：

缺 陷		原 因	解决办法
普通气干胶衣	胶衣在制品上有聚珠现象	产品表面的蜡、油污没有处理干净	240目的水砂纸沾温洗衣粉打磨（或用溶剂清洗），产品上无聚珠
	麻点	环境粉尘过多 喷枪距产品过远 雾化不好 喷涂太薄	最大限度减少空气中粉尘，否则粉尘回落到产品表面形成麻点 喷枪距产品 20cm 最佳，调节喷枪，使其达到最好雾化程度，胶衣黏度是否合适
	针孔	制品表面有孔	先薄涂，用原子灰天平在针孔处二次喷涂胶衣
	圆形缩孔、鱼眼	空压机产生油、水，产品被污染 搅拌过程中胶衣内进污物	安装油水分离器，经常清理空压机或分离器的水、油，保证枪内气体干燥 不用带污垢布，手擦拭表面 搅拌器上不要带尘土、水分、蜡
	橘皮	黏度大，喷枪压力太大 喷枪离产品太近	降低胶衣黏度，调节喷枪压力不要过大，喷枪距产品 20cm 最佳
	流平性差	胶衣黏度大气压过低，雾化不好	降低胶衣黏度压力 0.4MPa 以上
	流挂	一次喷涂过厚 胶衣黏度太低	需要厚喷的产品可分几次喷涂；增加胶衣黏度，喷出几秒钟内流平为好
	胶衣表面沾水起泡或失光现象	固化剂含量太低 固化率不够 胶衣固化时间短，没有完全固化	固化剂加入量要准确（2%～4%） 固化后，24h 后再接触水或 80℃烘 2h 后再接触水
模具翻新胶衣	模具不粘胶衣	模具上蜡没有清理干净	用水砂纸 60#、180# 打磨
	针孔	原模具表面有孔	用模具修复腻子修补磨平再喷
	投入使用后胶衣层脱落	翻新前，模具处理不好，胶衣固化太快	蜡除净，用粗砂纸打磨提高附着力 胶衣固化 40min 以上

五、玻璃钢游艇胶衣使用问题及对策举例

　　胶衣是游艇的衣服，是客户对产品的第一印象；同时，由于胶衣长时间与各种水域接触，对胶衣的各项性能要求都很高，所以，胶衣的质量不仅可以直接影响游艇的身价，更可以深层次地影响游艇的使用寿命，所以对胶衣的施工和保护等工作不容忽视。

　　下表是参考国内外胶衣工艺并结合实际的制作经验给出的胶衣使用问题及对策汇总。

　　施工时可能遇到的问题：

现　象	可能原因	解决方法
喷涂间断	胶衣密封衬垫破损	替换衬垫
	部分胶衣喷射被阻隔	用丙酮立即冲洗喷枪
	罐内压力低	移开喷枪并清洗,增加压力,可达到喷射50cm的距离
喷涂困难	分流线太小	增加分流线直径
	胶衣的温度太低或太稠	升温至15℃或加入2%的苯乙烯稀释
	胶衣凝固在喷枪中	将喷枪浸泡在丙酮里,然后将其吹干
低质量	胶衣的黏度太高	加入2%的苯乙烯稀释
	雾化程度太低	增加压力,可达到喷射50cm的距离
多孔	雾化不佳	低压时渗透很细微,高压时渗透很粗糙
	胶衣温度太低或太稠	升温至15℃或加入2%的苯乙烯稀释
	过多的或不相配的固化剂	固化剂用量不超过2%,并检查出处
	覆盖过多或过快	降低喷枪压力,持喷枪距离模具50cm,胶衣最大厚度不能超过0.7mm
松弛和移动	喷得过厚	最大厚度不能超过0.7mm
	压力过高	降低喷枪压力,或持喷枪距离模具50cm
	胶衣太稀	降低喷枪压力,交替使用老的贮藏物,并检查出处
	喷枪离模具太近	持喷枪距离模具50cm
颜色分层	颜色变淡	使用前先搅拌
	胶衣厚度过低	不要加入超过2%的苯乙烯单体
	胶衣下垂	查阅和参考"松弛和移动"
	固化不一致	混合充分
胶衣树脂破裂	喷枪压力过大	降低压力
	胶衣温度太低或太稠	升温至15℃或加入2%的苯乙烯稀释
	胶衣喷枪顶部损坏	更换顶部

离模时可能遇到的问题：

现　象	可能原因	解决方法
胶衣层绵软暗淡	覆盖不足	增加 3 层总厚度为 0.7mm 的填充物
	固化慢	增加固化剂含量至 2%
	温度低	胶衣和模具的温度不超过 15℃
	苯乙烯未能散发	喷枪到模具的距离至少有 50cm,增加通风或旋转模具,在凝胶前排除苯乙烯
黏结模具	苯乙烯蒸发过多	不要在温度超过 30℃ 的环境中使用
	胶衣厚度不均衡	喷射时喷枪与模具的距离要保持一致
	聚乙烯醇潮湿	要完全干燥
	空气管中含有水或油	将油水排离干净
	积层板使用过早	积层不超过 2 小时
	积层板固化太慢	温度过低,积层时要增加固化剂的用量
离模困难	蜡黏附在模具上	模具抛光
	聚乙烯醇黏附在模具上	用硬毛刷或干净的羊毛刷和强溶解能力的溶剂清洗,放置一段时间再抛光
	杂物黏附在模具上	模具没使用时要覆盖
	聚乙烯醇粗糙或潮湿	使用光滑和干燥的聚乙烯醇
	固化剂未起到作用	将固化剂从模具上移走
分层	胶衣固化时间过长	喷射胶衣必须在一天内完成
	使用含有蜡的胶衣	在模具上不要使用含有蜡的胶衣
	模具上有过多或过软的蜡	模具使用前抛光
	苯乙烯加入过多	加入苯乙烯的量不要超过 2%
	高温下过度固化	将固化剂含量降低至 1%
	厚度不均导致固化不均	统一将胶衣厚度调节为 0.5~0.7mm
	苯乙烯蒸气导致固化不均	凝胶时避免受热和吹风扇,对模具进行适当通风
亮点/针孔	蜡或抛光布中含有硅树脂	减少硅树脂与模具的接触
	模具上含有杂物	模具在未使用前要覆盖
	胶衣过稀	加入苯乙烯的量不要超过 2%
	喷枪压力太小	增加压力以达到很好的扇型
细纹和龟裂	在高温下使用过多的固化剂	减少固化剂含量至 1%
	喷涂过厚	厚度不超过 0.7mm
	脱模时没有把握好	离模时要小心谨慎
	喷涂不均	保持喷枪与模具的距离
	用丙酮和其他溶剂稀释	只能用苯乙烯稀释
水泡和气泡	空气进入胶衣层和积层之间	用滚筒赶走气泡
	过度固化	最多使用 2% 的固化剂
	胶衣没有固化完全	在胶衣层和积层之间,混合完全
胶衣刮痕	移开模具上已固化的胶衣层	打磨,用软皮布抛光
褪色或漂白	低质量的固化胶衣	参考供应商资料
	暴露于苛性化学试剂中	

第七节　玻璃钢多向复合材料层压板的失效问题及缺陷分析

纤维增强复合材料层压板的失效是由损伤的积累导致的，与材料、层合板叠合顺序以及环境相关，失效是一个复杂和相互作用的分离的损伤模式的集合。主要的损伤模式有横向、纵向裂纹的形成，还有倾向于在试样自由边缘起始的分层。但是，最终的复合材料层压板失效在本质上与纤维断裂有关。因此，多向层合板的最终失效可以归结为单层的失效和/或层与层之间的分离或分层。

一、单层拉伸失效

层压板中包括不同纤维方向的铺层。在单一荷载拉伸下，损伤积累的一般顺序是90度层的横向（层内）裂纹的形成。在横向开裂的开始阶段，可以观察到非线性变形，这在应力-应变曲线中已知为"弯折"。弯折的形成是由于开裂层在裂纹附近经历了应力松弛，而在那个区域受限制的铺层承担增加的应力。使用韧性树脂系时，横向裂纹的发展将会延迟。不仅基体的延性，而且基体与纤维的结合质量也会影响横向裂纹的形成。横向裂纹的形成具有以下特点：当承受的载荷增大时，横向裂纹在与之垂直方向上的密度逐渐增加，并最终达到饱和裂纹密度状态。

二、层的压缩失效

复合材料层压板（见图5-4）在压缩载荷下的失效模式有一些不同于拉伸载荷下的失效模式。压缩下的主要损伤模式首先是0度层纤维的屈曲，然后是分层和子层的依次屈曲。试验研究结果表明，剪切挠曲是一种可能的失效模式。剪切挠曲是层合板中主要承力纤维的弯折失效。它可由一带屈曲的断裂纤维来表征。这些纤维同时经历了剪切和压缩变形。

图5-4　玻璃纤维层压板

一般认为，在纯单向压缩失效过程中观察到的"弯折带"失效机制仍然可用。纯单向试验中包括较少的约束，而在一个多向层合板中由于其他层的支撑，压缩失效程度将有所限制。

三、层的剪切失效

这种失效模式可以在±45°层合板的纯纵向拉伸中很好地观察到。作用于每层的载荷几乎为纯剪切，等于施加应力的一半。检查表明，平行于和相交于纤维的剪切失效均存在。失效试样表现出一定程度的分层。

四、分层与损伤

分层会引起层压板强度和刚度的变化，通常这种变化呈下降趋势，当分层达到一定程度时，将导致实际使用性能的丧失。作为分析，需要了解在什么载荷水平下会发生分层。

层间的裂纹扩展（分层）是复合材料损伤中最常见的。层间富含树脂，因而其开裂的断裂能比穿过纤维的层外开裂的断裂能要低几个数量级。

第八节 玻璃钢管道使用过程中缺陷问题及处理方法

一、玻璃钢管道使用中存在问题及对策

在我国过去十多年的应用过程中，出现很多工程质量问题，为在使用玻璃钢夹砂管时保证工程质量，应在安全、可靠而又合理、经济的工程结构设计的基础上，进行管材铺层设计、生产，确保管材质量，同时按照工程结构设计要求和施工规程规定组织安装施工、达到控制要求，这样能保证玻璃钢夹砂管工程取得成功。

1. 存在的主要问题

玻璃钢夹砂管道工程均需要进行严格的工程结构设计，在国内较早使用阶段，由于国内没有结构设计规范，而按国外规范设计又缺少管材的长期性能数据，因此，有些工程没有通过工程结构设计，另外，出于经济方面的考虑，管材的初始环向拉伸强度的安全系数较低（按 4 倍执行），而由于生产玻璃钢夹砂管的原材料及生产工艺等方面的影响，从目前国内一些企业完成的长期性能测试结果来看要略低于国外产品的测试结果，另外在施工方面，经常出现过大的竖向变形，造成管道在工作阶段受到过大的外压载荷使管道破坏，造成工程质量问题。因此，在工程结构设计方面主要存在两大问题，即安全合理的初始环向拉伸安全

系数和合理的回填材料及竖向变形控制要求。

管材方面主要存在原材料选择问题、玻璃纤维用量问题和生产工艺问题。有一些生产企业采用低性能的廉价树脂、高碱玻璃纤维来生产玻璃钢夹砂管，而且生产工艺不能保证树脂砂浆层的密实，这样的玻璃钢夹砂管性能远远偏离产品标准要求，但在多个工程中发现了这样的管材。在施工方面，往往由于施工单位很习惯于混凝土管的施工，通常不注意回填密实度，这样会造成过大的管道竖向变形而引起管材破坏。

2. 对策

（1）工程结构设计方面　玻璃钢夹砂管在我国已有十多年的应用历史，在国内多年应用的基础上完成的《给水排水工程埋地玻璃纤维增强塑料夹砂管管道结构设计规程》（CECS190：2005）是国内玻璃钢夹砂管工程结构设计应遵循的规范，考虑到安全可靠又合理经济地使用玻璃钢夹砂管，建议在设计时取玻璃钢夹砂管的长期竖向变形不超过3%。

（2）管材质量　为保证管材质量，应注意以下几个方面：

① 原材料　按照产品标准要求，对生产中应用的原辅材料的技术指标应做出相应的规定：应采用无碱玻璃纤维；结构层树脂，拉伸强度：60MPa；拉伸弹性模量：3.0GPa；断裂伸长率：2.5%；热变形温度：70℃。规定原材料生产厂家应对所有原材料进行检测并合格后方可投入使用，对于重要原材料如玻璃纤维和树脂应经第三方抽检合格后方可使用。

② 生产监控　对于管材的生产过程，宜请专业单位进行监造，以确保主要原材料的足量使用。

③ 产品验收　产品出厂前必须经过严格的检验。除了应对每根管进行非破损检验外，每批管（一般100根为一批）应随机抽一根进行破坏性检验，以确保管材质量。实际上，在确定管材生产企业时，应选择生产规模较大、应用业绩较多、技术力量强、资金情况良好的企业来承担管材生产业务。

（3）施工方面　玻璃钢夹砂管施工中应按设计要求，选择合适的回填材料，严格控制回填密实度，只要达到了密实度的要求，才能控制住管道的竖向变形，也就控制了管道的管壁拉应力水平，这样在内水压作用后管壁的最大拉应力水平不会过高，能够安全运行。

另外，在密封胶圈材料的选择、接口连接设计、与建筑物连接处防不均匀沉降等方面也应慎重处理。

（4）工程管理方面　实际上，任何工程要取得成功，工程建设单位的组织管理是最根本的保证。工程结构设计应是可靠的、合理的，若选择的设计单位缺少玻璃钢夹砂管工程方面的经验，应咨询有关专业单位。

管材的生产过程也应加强管理，以保证使用的原材料和生产过程达到要求，可以聘请专业单位进行监造。施工阶段可以先进行试验段或称先行段施工，并达到设计和施工规程要求，使相关人员对玻璃钢夹砂管的特点有相应认识，然后进行大面积施工。在各个实施阶段，一旦出现问题，可能影响工程质量，建设管理单位应态度鲜明地要求改正，只有这样，才可以保证工程质量。

二、玻璃钢输水管道常见的问题分析

（一）因为顶力突然增大造成管尾端部分损害。

（二）因为纠偏造成玻璃钢夹砂管道的两管端之间接触面夹角过大。

（三）因为洞口渗漏水造成管道底部被掏空，导致管道失稳和决裂等。

1. 管尾端部分损害的处置办法

在顶进后期，顶力因为各种缘由会产生突然增大，造成管尾端部分损害、或使玻璃钢夹砂管道的内壁呈现单个圆形鼓包（＜30mm），在这种状况下应及时采纳以下办法加以解决：

（1）当即中止顶进。

（2）对部分损害部位选用疾速固化高强度树脂增强材料进行修补并打磨。

（3）探明施工状况，如属意外，应赶快扫除，以便持续顶进。

（4）如因为意外缘由造成顶力不能下降时，应选用间断式顶进。

2. 管端之间接触面夹角过大处置办法

因为过大纠偏造成玻璃钢输水管道两管端之间接触面夹角过大，这对防渗性和管端应力散布发生不良影响，严重时将对整条管线的稳定性产生不良影响。出现这种状况应及时采纳以下办法加以解决：

（1）顶进过程中应加强激光定位监测，防止管道呈现较大偏移。

（2）呈现较大偏移时，应采纳屡次纠偏法进行纠偏。

（3）在呈现接触面夹角过大的管端处设置支撑钢环，防止顶进过程中夹角扩展，乃至造成管道轴向失稳。

三、玻璃钢管分层问题

玻璃钢管分层的缘由：①胶布太老；②胶布胶量太少或不平均；③热辊温度太低，树脂熔化不好，胶布不能很好地粘住管芯；④胶布张力小；⑤油性脱模剂用量太多，沾污芯布。

玻璃钢管分层的处理方法：①胶布的含胶量、可溶性树脂含胶量都要契合质量要求；②热辊温度调高点，使胶布经由热辊时，已发软发黏，能结实地粘好管芯；③调整胶布张力；④不用油性脱模剂或削减其用量。

CPVC电力管合用范围：

普遍用于城市电网建立和革新；城市市政革新工程；民航机场工程建立；工程园区、小区工程建立；交通、路桥工程建立；城市路灯、电缆敷设，并起导向和维护效果。

四、玻璃钢管胶接接头处产生内应力的主要原因

（1）胶黏剂在固化过程中，因体积收缩引起收缩应力；

（2）因胶黏剂与玻璃钢管具有不同的热膨胀系数，故温度变化时在接头处产生了热应力；

（3）玻璃钢管在接头内因存在诸如气泡、裂纹、针眼等缺陷，故在外载荷和内应力共同作用下会使这些缺陷逐渐扩展，最终导致接头处破坏。

玻璃钢管道连接后的注意事项：

（1）当玻璃钢夹砂管道连接好后，必须尽快进行水压试验并进行回填，防止管道发生浮动和热变形。

（2）按照设计要求选择管区的回填材料，并进行正确的管区回填与夯实。对管道底部两端的腋角部位，应按照设计支承角的要求进行回填与夯实。

（3）回填前应清除沟槽内的杂物，并且排除积水，不得在有积水的情况下进行回填。

（4）管区应进行对称分层回填，不得单侧回填。每次回填厚度应根据回填材料和回填方法确定。砾石和碎石宜为300mm，砂宜为150mm。

（5）管区的夯实应从管沟壁两侧同时开始，逐渐向管壁方向靠近，严禁单侧夯实。管顶的夯实应达到要求的密实度，管区回填料的压实度为95％。

五、玻璃钢管道在小型水电站的效益问题分析与解决方法

玻璃钢管道具有诸多优点，在小型水电站中得到了开发应用，取得显著的经济、社会和生态效益。但设计方法和实践经验都不成熟，尚待工程实践中不断创新完善。

效益分析如下：

（1）施工速度快。一些电站由于交通运输不方便，采用玻璃钢管道后，运输费用大幅度下降，管道安装费用也大幅度下降，由于重量轻可以人工扛抬，对道路要求不高，安装由人工结合葫芦吊进行，节省安装费用，安装进度加快。

（2）质量有保证。玻璃钢管道抗拉强度高，是钢管、铸铁管的3～10倍，管道接头采用双圈橡胶止水，边安装边试压、检验。质量可得到保证。

（3）经济效益好。由于玻璃钢管道比重小重量轻、易于运输、便于安装，且可采用开挖的回填料回填埋管，具有废物利用的特点，能大幅度减少费用，降低工程造价，使许多采用钢管材料做压力管道不经济不可行的项目，成为较理想的项目。岭岗电站800强度1MPa玻璃钢管造价为480元/m，而800钢管造价为850元/m，同比造价是1.77倍。

其他电站的管道造价预算和实践表明，玻璃钢管道具有较高的造价优势，电站项目实施质量、投资、进度能够保证。

第六章

玻璃钢制品成型过程中难题解答

第一节 概 述

一、SMC 模压工艺中常见问题分析及对策

SMC 材料模压工艺是玻璃钢/复合材料成型工艺中生产效率最高的一种。SMC 模压工艺有很多优点。但在 SMC 模压生产过程中也常会出现不良缺陷现象，下文对这些出现的质量问题进行了针对性的分析，提出了可能的应对措施。

SMC 材料模压工艺是玻璃钢/复合材料成型工艺中生产效率最高的一种。SMC 模压工艺有很多优点，例如制品尺寸准确、表面光洁、制品外观及尺寸重复性好、复杂结构也可一次成型、二次加工无须损伤制品等。但在 SMC 模压生产过程中也会出现不良缺陷现象，主要表现在以下几个方面：

问题一：缺料

缺料是指 SMC 模压成型件没完全充满，其产生部位多集中在 SMC 制品的边缘，尤其是边角的根部和顶部。

原因分析：①放料量少；②SMC 材料流动性差；③设备压力不充足；④固化太快。

产生机理及对策：

①SMC 材料受热塑化后，熔融黏度大，在交联固化反应完成前，没有足够的时间、压力和体积使融体充满模腔。②SMC 模压料存放时间过长，苯乙烯挥发过多，造成 SMC 模压料的流动性能明显降低。③树脂糊未浸透纤维。成型时

树脂糊不能带动纤维流动而造成缺料。由上述原因所引起的缺料，最直接的解决方法是切料时剔除这些模压料。④加料量不足引起缺料。解决方法是适当增大加料量。⑤模压料中裹有过多的空气及大量挥发物。解决方法有：适当增加排气次数；适当加大加料面积，隔一定时间清理模具；适当增大成型压力。⑥加压过迟，模压料在充满模腔前已完成交联固化。⑦模温过高，交联固化反应提前，应适当降温。

问题二：气孔

产品表面上有规则或不规则的小孔，其产生部位多在产品顶端和中间薄壁处。

产生机理及对策：

① SMC 模压料中裹有大量空气以及挥发物含量大，排气不畅；SMC 料的增稠效果不佳，不能有效赶出气体。对于上述原因引起的气孔，可通过增加排气次数与清理模具相结合的方法而得到有效的控制。

② 加料面积过大，适当减少加料面积可得到控制。在实际操作过程中，人为因素也有可能造成砂眼。比如加压过早，有可能使模压料裹有的气体不易排出，造成制品表面出现气孔的表面缺陷。

问题三：翘曲变形

产生的主要原因是模压料固化不均匀和脱模后产品的收缩。

产生机理及对策：

在树脂固化反应过程中化学结构发生变化，引起体积收缩，固化的不均匀使得产品有向首先固化的一侧翘曲的趋势。其次，制品的热胀系数大于钢模具。当制品冷却时，其单向收缩率大于模具的单向热收缩率。为此，采用如下方法加以解决：

①减少上、下模温差，使温度分布尽可能均匀；②使用冷却夹具限制变形；③适当提高成型压力，增加制品的结构密实性，降低制品的收缩率；④适当延长保温时间，消除内应力；⑤调整 SMC 材料的固化收缩率。

问题四：起泡

在已固化制品表面的半圆形鼓起。

产生机理及对策：可能是材料固化不完全，局部温度过高或是物料中挥发成分含量大，片材间聚集空气，造成制品表面的半圆形鼓起。

① 适当提高成型压力。

② 延长保温时间。

③ 降低模具温度。

④ 减小放料面积。

提高玻璃钢拉挤模具质量的基本途径有以下几方面。

（1）首先制件的设计要合理，尽可能选用最好的结构方案，制件的设计者要考虑到制件的技术要求及其结构必须符合模具制造的工艺性和可行性。

（2）玻璃钢拉挤模的设计是提高模具质量的最重要的一步，需要考虑到很多因素，包括模具材料的选用，模具结构的可使用性及安全性，玻璃钢拉挤模具零件的可加工性及模具维修的方便性，这些在设计之初应尽量考虑得周全些。

① 玻璃钢拉挤模具材料的选用既要满足客户对产品质量的要求，还须考虑到材料的成本及其在设定周期内的强度，当然还要根据模具的类型、工作方式、加工速度、主要失效形式等因素来选材。例如，冲裁模的主要失效形式是刃口磨损，就要选择表面硬度高、耐磨性好的材料；冲压模主要承受周期性载荷，易引起表面疲劳裂纹，导致表层剥落，那就要选择表面韧性好的材料；拉深模应选择摩擦系数特别低的材料；压铸模由于受到循环热应力作用，故应选择热疲劳性强的材料；对于注塑模，当塑件为 ABS、PP、PC 之类材料时，模具材料可选择预硬调质钢，当塑件为高光洁度、透明的材料时，可选耐蚀不锈钢，当制品批量大时，可选择淬火回火钢。另外还需要考虑采用与制件亲和力较小的模具材料，以防黏模加剧模具零件的磨损，从而影响玻璃钢拉挤模具的质量。

② 设计玻璃钢拉挤模具结构时，尽量结构紧凑、操作方便，还要保证玻璃钢拉挤模具零件有足够的强度和刚度；在玻璃钢拉挤模具结构允许时，玻璃钢拉挤模具零件各表面的转角应尽可能设计成圆角过渡，以避免应力集中；对于凹模、型腔及部分凸模、型芯，可采用组合或镶拼结构来消除应力集中，细长凸模或型芯，在结构上须采取适当的保护措施；对于冷冲模，应配置防止制件或废料堵塞的装置（如弹顶销、压缩空气等）。与此同时，还要考虑如何减少滑动配合件及频繁撞击件在长期使用中磨损所带来的对模具质量的影响。

③ 在设计中必须减少在维修某一零部件时须拆装的范围，特别是易损件更换时，尽可能减少其拆装范围。

（3）玻璃钢拉挤模具的制造过程也是确保模具质量的重要一环，模具制造过程中的加工方法和加工精度也会影响到模具的使用寿命。各零部件的精度直接影响到玻璃钢拉挤模具整体装配情况，除掉设备自身精度的影响外，则须通过改善零件的加工方法，提高钳工在模具磨配过程中的技术水平，来提高模具零件的加工精度；若玻璃钢拉挤模具整体装配效果达不到要求，则会在试模中让模具在不正常状态下动作的概率提高，对模具的总体质量将会有很大影响。因此，为保证玻璃钢拉挤模具具有良好的原始精度和原始的玻璃钢拉挤模具质量，在制造过程中首先要合理选择高精度的加工方法，如电火花、线切割、数控加工等，同时应注意模具的精度检查，包括玻璃钢拉挤模具零件的加工精度、装配精度及通过试模验收工作综合检查模具的精度，在检查时还须尽量选用高精度的测量仪器，对于那些成形表面曲面结构复杂的模具零件，若用普通的直尺、游标卡就无法达到精确的测量数据，这时就需选用三坐标测量仪之类的精密测量设备，来确保测量数据的准确性。

二、玻璃钢在发泡过程中的排除问题方法

玻璃钢罐发泡，顾名思义，就是在玻璃钢罐制造过程中加入一种物质，使之能够更好地成型，产品的质量更好，更有保证。那么在玻璃钢罐发泡过程中最需要注意的是什么呢？有几个条件，在发泡过程中是一定要注意的。

1. 发泡的环境要求

发泡时间最好控制在 30min 为佳，这主要依当时的室温高低、发泡剂用量多少来决定发泡时间长短及强度的高低。温度越高，发泡剂用量越多，发泡时间越快。发泡工艺的特点是化学发泡、成本很低、工艺简单、无毒无污染、发泡时间可以人为控制。发泡技术是三种发泡剂共用，共同组成了发泡技术配方，在常温下就可发泡成功，三种发泡剂同时加入无机料中，搅拌均匀就可马上起泡，也可在 30min 发泡，虽在室温下 20～25℃ 可以发泡，但最好在 30℃ 发泡，养护更佳，然后再静置 8h 以上，养护固化，固化后的强度很高。另外，发泡时有一种原料易产生一些微弱刺激性气味，建议在通风处实施发泡，还要说明的是：这种气味，包括所用的几种原料都是无毒的；另一种原料氧化性较强，使用时应尽量不让皮肤接触。根据两种原料的特点，储存及使用后应立即盖紧密封保存。

2. 发泡变化过程

发泡提供了增加部分的大小，在不断的增加重量和较少重量的性能变化的一部分，具有减少周期时间，增加磨具的腐蚀性，开始使用的注塑条件正在成型的树脂发泡在包装的时候升跌幅度会增加泡沫和增加包装将减少发泡设置产生的行程也将增加发泡量，现在使用的蓉蓉温度可以更快的周期时间，减少包装的时间，节省时间。

3. 发泡成型

开始使用标准的注塑条件正在成型的树脂发泡，发泡，压包和/或包装时要调整水平将需要改变。在包装的跌幅会增加泡沫和增加包装将减少发泡设置产生短射的行程也将增加发泡量，这也可能是必要的调节剂用于发泡水平，正在使用的熔融温度或发泡剂的类型。

实现更快的周期时间，减少包装时间，这是可能的，因为在部分气体的压力实际上是包装的一部分，而不是液压，很像是通过改变注塑成型工艺发泡化学发

泡的水平调整。在任何发泡过程中零件表面会出现很多由于气体之间的树脂和模具表面涂树脂的伸展。

4. 玻璃钢泡沫保温热力管道的预制工艺

为保证玻璃钢洗涤塔液压机正常工作和操作人员的人身安全，系统设置了油温、油位检测，压力保护，限位报警，紧急关断保护等。

从玻璃钢模具的整个制作过程中可以看出，母模的设计与制作对整个玻璃钢模具的制作至关重要。基于快速原型的玻璃钢模具手糊成型技术具有快速、高精度、工艺简捷、操作简便等优点，既缩短了工期，又实现了产品的大批量生产，满足了现代企业快速响应市场需求的发展趋势。但快速原型的加工范围有限，这在很大程度上限定了母模的制作大小。因此，目前快速原型技术仅限于一定尺寸、精度较高、形状较复杂的玻璃钢模具制作。

对于那些尺寸较大、精度较低、形状较简单的玻璃钢模具制作，可采用水泥、石膏、木材等材料制作母模，这样可有效地降低成本，缩短工期。因此，在制作玻璃钢模具时，要根据实际的生产情况，正确选择母模的设计与制造方法，正确生产、使用模具，不断探索新工艺、新材料，只有这样才能更好地发挥优势，促进玻璃钢产业的蓬勃发展。

玻璃钢泡沫保温热力管道的预制工艺包括：

（1）除锈。采用喷砂除锈除去钢管外壁的污物和氧化层，使钢管外表面级别达到 Sa2 级，以增强耐温涂料涂层的附着力，延长钢管的使用寿命。

（2）涂敷防腐涂料。采用毛刷或滚刷在玻璃钢管的外表面均匀地涂刷耐温防腐涂料，涂层干膜厚度达到 80mm 以上，以保证其防腐性能。

（3）套穿玻璃钢管。利用平衡机装置的杠杆原理和传动性能将玻璃钢管套在钢管上，并在钢管的两端固定限位卡，以防止玻璃钢管双向窜动，保证端面预留长度。

（4）装定位块。在钢管与玻璃钢管之间等距离安放定位块，以保证泡沫层不偏心。

（5）放入模具上定位。依靠模具两端定位法兰的可调节性及中间固定法兰的定位性，将套好玻璃钢管的钢管放到模具上，使钢管两端各留出 150mm × 10mm 的端头，以保证泡沫层不偏心和两端留头均匀。

三、玻璃钢层铺作业过程中出现的缺陷与难题解答

（1）胶衣面上出现的缺陷

尽管经过专业地脱泡，而一旦脱模，在拐角或圆角部分要比原来更容易产生气泡，有时会缺少胶衣层。

为防止气泡的产生，可采用以下方法。

① 涂布胶衣后，作为后补，喷涂黑色或深绿色的胶衣树脂。它们起到铺层时容易看到气泡的作用。

② 在第一层使用表面毡，它可以增强胶衣层。

③ 在拐角处填补粗纱或玻璃纤维的聚酯腻子（短玻纤腻子）。把粗纱浸在树脂或胶衣中浸透，将其放在拐角处并用手指刮，除去下面气泡，使拐角部分的圆角变钝而使层铺容易进行。使用短玻纤腻子也出于相同的目的。

④ 使第一层充分脱泡后，让它在原有状态下凝胶化，然后检查。如有气泡则切削该部分，修补后进行第二层的层铺。

此外，必须想各种办法，努力使胶衣面上不要出现气泡引起的缺陷。

（2）内面的气泡

"只要表面上出现的气泡消除了就行，与表面相比，深处的气泡对表面没有影响"的想法是大错特错的。表面的缺陷是外观上的问题，可以说对玻璃钢强度的影响较小。因此，消除裱铺中的层间气泡是绝对要重视的，要求细心地进行脱泡。

在图 6-1 中所示的那些部分，残留气泡的机会较多。如图 6-1(f) 的 X 处所示，玻璃纤维处于悬浮状态。其原因可考虑以下几点。

① 裱铺时放过了气泡。

② 裱铺时完全脱泡，但又在凝胶化过程中发生。

对于情况①，裱铺结束后充分检查，找到忽略部位，有必要直接修补加工。必须认识到自主检查是玻璃钢层铺作业的基础，在图 6-1(d) 这样的部位，去除第一段台阶的气泡时会牵扯粗纱布，好不容易弄好的第二段台阶又悬浮起来，一旦注意不到就漏过了。

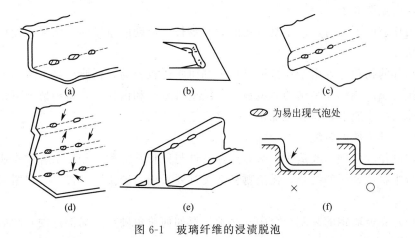

图 6-1　玻璃纤维的浸渍脱泡

在图 6-1(d) 的箭头方向上粘贴玻璃纤维时最好适当放松，然后再浸渍和脱泡。用两只手同时控制各段台阶并用手进行脱泡，效果最佳。在毡上加树脂较多时，气泡往往不往上排出，而多半在毡的下面跑来跑去。这样一来脱泡就难以操作，所以应该找到适当的树脂量。

对于情况②，发生的原因多半是由于固化速度过快。固化速度快时树脂收缩也大，粗纱布像图 6-1(f) 的 X 处那样被拉扯，不仅有气泡而且更容易产生"白化现象"。对于厚铺层的情况，减少催化剂添加量而一次裱铺好几层时，凝胶化时发热量增大并且一下子就固化，于是发生白化现象。为防止白化，不要一次裱铺完，而是在一定程度上加快固化速度，并且一边等待凝胶化，一边分若干次进行裱铺。

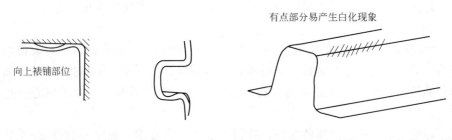

图 6-2　玻璃纤维的下垂　　　　　图 6-3　玻璃钢发白

即使比较平、容易脱泡的部分，有时也会由于光线反射到湿的树脂上而非常难以发现气泡，所以有必要适当地遮光。像甲板突缘部分等不得已往下裱铺的地方，如图 6-2 那样容易发生下垂，所以必须充分探讨这种部位的裱铺方法。

（3）树脂不足

一般认为，黏度低的树脂浸渍快、效率高，但是在垂直面或者凸出部分的拐角等处由于树脂发生流动而造成树脂不足，常形成干巴巴的状态，并且发白。玻璃钢发白见图 6-3。

固化速度下降时，由于凝胶化的时间延长，流动的量增多，结果下面积胶而上面缺胶。

凸部的拐角等处由于在裱铺过程中刮树脂比较容易，树脂会越来越不足，严重时使玻璃纤维相互黏结的力也丧失，结果将悬空和白化。在这种情况下，需要适当加快固化速度，凝胶化加快而使之稳定。

（4）结构件的装配

在制作、修理和改造中，必然伴随着件与件相互装配、相互结合的作业。玻璃钢与木材或金属的结合，无论哪种情况都要采用"胶接"、"接头"、"紧固"等方法。

（5）在玻璃钢的装配结合中，必须注意如何避免硬点（局部过硬）和应力集中的问题。

① 硬点（hard spot）与应力集中。在玻璃钢结构中所产生的最大麻烦是所

谓硬点（局部过硬）问题。硬点是指由于限制变形而发生应力集中的部位，如在板的一点竖立柱（垂直于板、突然改变板厚之处、骨架的端部等）。对于刚度低的玻璃钢及铝之类材料，硬点容易发生损伤。

玻璃钢层板上的力需平均地释放，应该在宽广的面积上以平缓曲线传递。对于尺寸不大的小型船，在形状上下工夫并加以成型，使其外板自身承受很大的力；尺寸加大，仅靠外板受力已经不够，所以要用纵通材（纵梁）、肋材、隔壁等补强。它们一方面与装配发动机、船装品、金属件的构件相连接，同时还要装在外板上。由于这些装配关系，会造成各式各样的附加载荷，玻璃钢铺层板的自然变形被搞乱。其结果是，成型上将承受不自然而且不均匀的力，由此而产生的变形越严重，在铺层板上产生的应力就会越大。

在玻璃钢层板上加平均的力，就会像图 6-4（a）那样发生大而自然的弯曲，而像图 6-4（b）那样在加强件或加强件端部加力时，玻璃钢板虽然变形，但是因为有加强件而使变形受到妨碍，该部分发生挠曲的突变，于是将产生很高的局部应力。

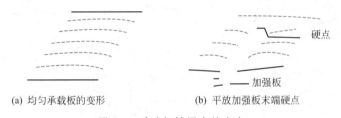

(a) 均匀承载板的变形　　　　(b) 平放加强板末端硬点

图 6-4　玻璃钢铺层中的应力

这种应力会引起玻璃钢板上发生白化现象等损伤，严重时则会发生龟裂。在不经充分考虑而制作的游艇或帆船上，这类例子可以见到很多。对于玻璃钢船而言，为防止应力集中带来的麻烦，采取了各种措施。以下规则有利于防止潜在事故的发生。

a. 把全部装配物的根部都加宽，从而使力的传递变得容易。把隔壁等装在外板上时，不直接结合，而是在中间放置比较柔软的衬垫物。或者设法装在事先已经装上的面积比较宽的基座上，以使应力分散。

b. 加强件或补强材料的末端要延伸到另外的补强材料为止，并使之结合起来，以防止局部应力的发生。加强件或补强材料衬里不在外板时，其末端上应作较大斜削，玻璃钢板则增加厚度。这种情况下，不能使壁厚急剧变化。

c. 当有必要改变板厚时，为避免急剧变化，每层以 20mm 为最小限度，可能的话应取 30mm 以上，层的端部裱铺要错开。

d. 硬固的装配件，其与玻璃钢相接的面上所有的锐角都要磨圆，以避免外力的集中。

e. 用螺栓安装金属件的部位，为使应力分散，部分增加板厚，或者使用补强板。

f. 在进行装配及结合时，不要勉强加力而使玻璃钢成型件变形。

g. 在切掉部分的拐角处全部倒圆。在成型玻璃钢板上装配强度大的部件、金属件等时，注意以下事项：外力能否被很好地分散；是否有使之发生变形的情况；是否采用了使之发生应力集中的做法。

将以上事项冷静地应用于作业中，就能够制作出无论在材料还是质量上都优良的玻璃钢制品。

玻璃钢补强板见图 6-5，玻璃钢板的龟裂见图 6-6。

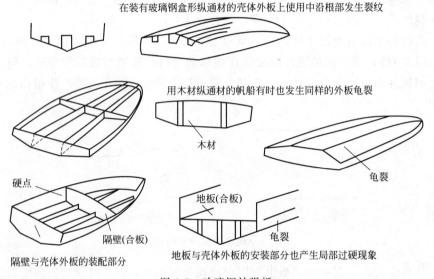

图 6-5　玻璃钢补强板

② 胶接的准备。在要胶接的玻璃钢表面上沾有涂料、水、油等或者脏污时，难以进行胶接（有时会根本粘不住）。将表面用溶剂进行清理或者用打磨的方法去除异物，这是胶接不可缺少的前处理，前处理可以说相当于木材之间的"涂粗糊"。胶接时正确的准备很重要，没有正确的准备工作就不能期望有好的结果。

现在正在使用的船（特别是船舱里有积水时），要特别注意胶接前的清理工作。

即使是新造好、一次也没有下过水的船，也要彻底清除脏的足迹及灰尘之后再施工。

胶接面的去污及除油可以利用丙酮。丙酮在胶接面上干燥快（挥发快），湿度高时也很有效。但是，如果大量使用丙酮，有时会存留在低处，会对该部分玻璃钢带来不良影响，所以需要在 10min 以内用干净的布擦去。用使用过一次的丙酮清理胶接面，反而会把干净处弄脏，绝对不能反复使用。在狭窄的地方使用

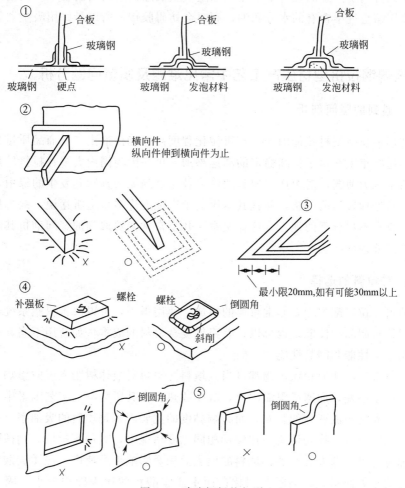

图 6-6 玻璃钢板的龟裂

丙酮，不仅臭气严重，而且生成易燃气体，所以充分换气非常重要。少量存留的丙酮气体，有时会因某种火花而引起爆炸。

玻璃钢的表面（光滑的面）不如内侧粗糙的一面容易胶接牢。成型时的脱模剂少量存留在表面上，或者沾上海面上的油（修复船时），都会阻碍胶接的进行。

对于建造中的玻璃钢船，可适当使用加蜡和非蜡型的裱铺用树脂。无论哪一种，对完全固化的玻璃钢进行胶接时，必须加以打磨而除去蜡和表面的异物，同时使表面粗糙，从而提高胶接效果。

用无蜡的树脂裱铺的玻璃钢，即使表面上已经固化，但是要在层铺后24h左右除去表面的灰尘才能胶接，根据需要用丙酮轻轻擦拭表面之后再胶接为好。

在此特别要注意的是，如果用压缩空气喷吹除去磨出来的粉末，反而会使表面附着压缩空气中含有的水分和油，有时会妨碍胶接，所以最好用吸尘器等吸掉粉末。

四、玻璃钢拉挤型材生产工艺中常见难题及质量问题分析

1. 遇到的疑问剖析

玻璃钢拉挤型材技能因为具有机械化程度高、能接连出产、商品质量稳定等特色，这些年来获得了持续稳定的高速添加。可是因为国内大多数拉挤厂规模较小，技术能力薄弱，对出产中遇到的许多技能疑问无法判别其发生的缘由，因而无法找到处理疑问的办法，并且其运用的出产配方许多系道听途说，缺少科学的根据，存在不尽合理的地方。这篇文章对几个常常能够遇到的疑问剖析其缘由并试图给出处理的办法。

2. 对填料的选择

填料在拉挤配方中是非常重要的组成，使用得当，可以改善树脂系统的加工性和固化后制品的性能，也可以显著降低复合材料的成本。如使用不当，也会严重影响加工性能和制品性能。

一般来说，任何粉状矿物都可当做填料。填料对液体树脂系统的影响是提高黏度，产生触变，加速或阻滞固化，减少放热。在其所影响的工艺因素中，最重要的是对黏度与流变性的影响。而影响黏度的主要因素是填料的吸油率。吸油率上升则黏度上升，换句话说，在保持相同黏度情况下，吸油率越低，则该种填料的添加量就可以越大。此外，填料的比表面积会影响聚合速度。轻质碳酸钙、滑石粉等的比表面积大，会阻滞固化；而重质碳酸钙的比表面积较小，固化性能较优。

通过对碳酸钙的表面用有机物包覆形成活性碳酸钙，使得聚集态颗粒减少，分散度提高，颗粒间空隙减少，从而更加降低其吸油率，此外，填料的价格也是选择使用何种填料的重要参考。

一般常用的几种填料中，成本最低的是重质碳酸钙和滑石粉，表面活化重质碳酸钙的成本略有升高，高岭土的成本居中，最高的是氢氧化铝。氢氧化铝通常用作阻燃填料而不作为普通填料使用。各种填料对固化后制品的机械物理性能的影响大致相当。对阻燃性、电性能的影响略有不同。

此外，对制品的动态力学性能的影响比较复杂，与填料的颗粒大小、粒径分布、颗粒形状、硬度及填充量等都有关系。

综上所述，对填料的选择应视对制品的最终性能要求而定。在普通的情况下，性能最好且成本最低的填料当属重质碳酸钙和表面活化重质碳酸钙，此

外，除非有特殊要求，一般不建议使用复合（同时使用两种或两种以上）填料系统。

3. 树脂混合料的增稠现象

所谓增稠现象是指配好的树脂混合料在使用过程中黏度逐渐增高，且黏度的增高速度逐渐加快，直至达到混合料很难甚至无法使用的程度。这一现象国内的拉挤厂经常碰到，但却很难找到真正的原因和解决办法，导致这一现象的原因是由于配方中存在有高酸性的组分，主要是配方中所使用的液体内脱模剂（目前国内销售的液体内脱模剂大部分属于此类），这一组分与混合料中的碱性填料如碳酸钙或金属氧化物颜料发生化学反应，使钙离子或其他金属离子游离出来。这些游离出来的钙离子或其他金属离子则很快与聚酯分子链端部的羧基发生化学反应，生成络合物，形成一种聚酯-金属络合物的网状结构，从而使混合料的黏度急剧升高，流动性降低，黏度的迅速升高导致其难以浸透玻璃纤维，使拉拔的阻力也升高。所得到的制品由于浸润不够而导致性能下降。高酸性的组分还会与某些对酸敏感的颜料发生化学反应，使制品的颜色发生飘移。

另外，酸性组分还对非镀铬模具（目前国内大部分合缝模均未镀铬）产生腐蚀，使模具寿命变短。它与模具的反应产物还会污染产品，使产品的某些富纤维部分变黑。此外，还有非常重要的一点是，过氧化物在中性或碱性介质中，其受热分解的形式是分解成两个自由基。但若在酸性介质下，其裂解反应将可能是离子裂化反应而不是自由基裂解反应。

4. 玻璃钢拉挤型材成品的开裂

成品的开裂，包含外表裂纹和内部裂纹，是令拉挤厂最为头痛的技能疑问。这一疑问出现的频率最高，简直能够出现在任何商品中和任何时刻。

产生裂纹的最主要缘由是放热缩短产生的热应力。对这点许多厂家也都有一致看法。但目前国内却还难以找到较好的消除热应力的办法。尽管适当地调整模具温度和拉挤速度能够暂时平息这一疑问，可是随着环境条件的改变以及某些无法确知的缘由，裂纹又会从头呈现。有时在十分正常的情况下会俄然呈现开裂，令人防不胜防。只需添加少数（树脂量的 2%～5%）即有显著的效果。因为添加量不大，对成品功能影响很小，对某些功能还能起到增强效果。除了能减少开裂，它还具有增加成品外表的光泽，使成品的色彩愈加均匀的长处。在配方中添加这种组分，能够在很大程度上削减废品率，使出产愈加平稳顺利。

DP-防裂增亮粉避免成品开裂的机理如下：因为它不溶于树脂，因而当它涣散于树脂中以后，就在树脂接连相中构成巨细约为 $50\sim100\mu m$ 的涣散球粒，在这些球粒中又涣散有少数的液体树脂。

当对树脂加热时，接连相和涣散相都发生胀大。在加热到 120％～140％时，树脂开端固化交联并发生缩短，涣散相球粒内的树脂也发生交联固化。但此刻涣散相球粒仍随着温度升高而继续胀大。因而在涣散相球粒和接连相的界面处就发生了应力和应变。随着温度的继续升高，接连相的固化交联继续发生并趋于完结，这一进程伴随着接连相的持续缩短。这样在界面处就发生了更大的应力和应变。当这一应力和应变大到一定程度以后，涣散相球粒内的已交联的树脂网络产生微裂纹并在球粒内拓展，从而使界面处的应力和应变得到开释。经过这样一种机理，避免了成品出现主骨架网络的接连裂纹。

以上扼要评论了拉挤填料的挑选和两种最棘手的技能疑问。当然拉挤技能中存在的疑问远不止这些。关于出现的每种疑问，均需要拉挤厂、设备制造商和原材料供货商的密切协作，才有可能使疑问得到较好的处理，设备制造商和原材料供货商的商品开发才能与售后服务才能对帮助处理拉挤出产中出现的疑问是至关重要的。

五、玻璃钢复合材料拉挤成型工艺容易遇到的问题和解决办法

1. 剥落或脱落

当部件表面有固化树脂颗粒从模中脱出时，这种现象称为剥落或脱落。

纠正措施：

提高固化树脂早期模的入口喂料端温度。

降低线速度，使树脂更早固化。

停线清理（30～60s）。

增加低温引发剂的浓度。

2. 起泡

部件表面出现起泡现象。

纠正措施：

提高入口端模的温度，使树脂更快固化。

降低线速度，与上述措施作用相同。

提高强化水平。起泡经常由玻璃含量低导致的空隙引起。

3. 表面裂缝

表面裂缝由过度收缩引起。

纠正措施：

提高模温以加快固化速度。

降低线速度，与上述措施作用相同。

增加装填物的加载量或玻璃含量，增加富含树脂表面的强韧性，从而减少收缩率。

4. 压力和裂缝

增加低温引发剂的含量或使用低于当前温度的引发剂。

向部件添加表面衬垫或面纱。

5. 内部裂缝

内部裂缝通常与截面过厚有关，裂缝可能出现在层压制品的中心位置，也可能出现在表面。

纠正措施：

提高喂料端的温度，以使树脂更早固化。

降低模尾端的模温，使其作为散热器，以降低放热曲线顶点。

如无法改变模温，则提高线速度，以此来降低部件外部轮廓的温度以及放热曲线顶点，从而减少任何热应力。

降低引发剂水平，特别是高温引发剂。这是最好的永久解决方案，但需要一些实验进行辅助。

将高温引发剂替换为低放热但固化效果较好的引发剂。

6. 色差

热点会导致不均匀收缩，从而产生色差（又称颜色转移）。

纠正措施：

检查加热器，确保其处于适当位置，从而不会在模上出现温度不均匀的现象。检查树脂混合料以确保填充物和/或颜料不会出现沉降或分离（色差）。

7. 巴氏硬度低

巴氏硬度计的读数低：由于树脂未完全固化。

纠正措施：

降低线速度以加速树脂的固化。

提高模温以提高模内的固化速率和固化程度。

检查导致过度塑化的混合物配方。

检查其他污染物，例如水或能够影响固化速率的颜料。

注意：巴氏硬度读数只能被用于对比使用相同树脂的固化效果。它们不能被用于对比使用不同树脂的固化效果，因为不同树脂会使用各自特定的乙二醇来生产，其交联深度也不尽相同。

8. 收缩

由过度收缩导致的表面形状不规则。

纠正措施：

加入更多的玻璃纤维，以降低固化过程的收缩率。

加入一种减缩剂（低收缩添加剂）或增加填料加载量。

9. 模堵塞

模被玻璃纤维堵塞，导致部件向外破出或拉拔头无法移动部件。

纠正措施：

降低模入口的温度；在模口的预固化会导致堵塞。

将粗纱均衡地穿过每个塑型导引器，并且在塑型导引时没有纤维断裂或扭曲发生，这样可取得可接受的预塑型降低强化水平。在给定的位置，只能放置限定数量的纤维末端。如果拉拔多个腔，要进行检查，确保所有末端都进入正确的模内。

检查模表面。模内的切口最终会导致部件向外破出。这样一种情况可能是以堵塞的形式表现出来，但实际上会导致部件的破裂。

过度粗糙（磨损）的模表面可导致同样的问题。

10. 弯曲

部件从模内脱出时因冷却出现弯曲。

纠正措施：

检查是否采用了对称的强化模式，特别是在采用衬垫的情况下。不均匀的玻璃分布。调整强化绞合以抵消部件弯曲。

检查是否采用了对称的热模型。不平衡加热导致不均匀的固化速度，从而产生不同的收缩率。

检查部件设计。一些不对称设计可能导致弯曲。如果这是原因所在，可能有必要采用冷却装置。

11. 气泡或气孔

在表面会出现气泡或气孔。

纠正措施：

检查下多余的水汽和溶剂是否是在混合过程中或由于不正确的加热而导致。水和溶剂在放热过程中会沸腾蒸发，造成表面的气泡或气孔。

降低线速度，和/或升高模温，通过增加表面树脂硬度来更好地克服这个问题。

使用表面罩或表面毡。这将加固表层树脂，有助于消除气泡或气孔。

六、路面自粘贴缝带/裂缝玻璃钢材料处理及难题解答

1. 路面自粘贴缝带的施工问题

（1）路面自粘贴缝带首先是将原来复杂的裂缝处理施工工艺变得简单易行，尤其是目前常用的开槽灌封技术，由于采用专用机械开槽、高压吹风机清缝、专用灌缝机灌缝和一些辅助车辆，一般需要 8～10 个人同时操作去完成一条缝的处理，根据路面所存在裂缝的密集程度和施工人员的熟练程度，施工效率和施工效果都无法保证。而其他几种裂缝处理方式，也都需要相应的辅助机具或材料，受这些原因的影响，处理一条裂缝，很难由一个操作者单独完成，导致了施工效率无法提高，施工人员的劳动强度加大。而路面自粘贴缝带可以沿裂缝走任意向粘贴，即贴即走，劳动强度极低。从理论上讲，不管有多少裂缝都可在一天内或更短时间内施工完毕。由于路面自粘贴缝带简单便捷而且有效的施工方式，可以将原来集中式处理裂缝的养护方式改成随时随地地及时养护方式，大大提高了养护效果。

（2）以往的裂缝处理方式，大都需要在施工现场的二次加热，加热带来的废气和二氧化碳，以及封缝材料由于加热挥发出来的有毒有害气体，对施工人员和环境都是一种污染。若是开槽灌缝还会有开槽时产生的大量的粉尘，对施工人员和环境也是一种不小的危害。而路面自粘贴缝带则是一种完全无污染又环保低碳的养护方式。

（3）若针对目前最主流的裂缝处理技术开槽灌缝来说，由于高速旋转的锯片在对裂缝进行开槽时会对裂缝周围区域形成较大的损坏，除了经扩缝后，主裂缝两边容易产生崩裂缝，灌缝胶失去封水功能之外，在长时间路面震动、雨水侵蚀的作用下，由于扩缝导致整个裂缝区域还会产生松散、脱粒、塌裂等现象，降低了该区域路面的使用寿命。而路面自粘贴缝带这种无损伤的裂缝处理技术，会使材料牢固地粘贴在裂缝表面，并且挤嵌在裂缝当中，由于路面自粘贴缝带特殊的配料，材料具有良好的物理性能，能够起到增加裂缝周边区域的强度的作用。

2. 路面自粘贴缝带的成本问题

（1）单纯的施工成本：

① 路面自粘贴缝带不需要任何设备，省去了昂贵的 50 万～70 万元的开槽灌缝机的费用，或其他方式加热机具的费用。

② 路面自粘贴缝带施工 600～1000 米/（人·天），若同等人数下，和 9 人共同施工的开槽灌缝 600～1000 米/（人·天）相比，是后者的 9 倍以上。而路面自粘贴缝带由于不受设备的约束，可根据情况任意添加人手，实际施工效率远大

于此。

③ 路面自粘贴缝带不需要二次加热，不会产生现场的燃料成本，也不会导致加热后的材料损失。

（2）业主的管养成本：

① 对业主单位，使用路面自粘贴缝带，提高了养护工作的及时性，使路面病害在第一时间就能够得到解决，提高了道路的使用寿命，这是最大程度的经济效益的体现。

② 提高了施工效率，降低了管理成本。

③ 无损伤的裂缝处理技术（见图 6-7）、良好的物理化学性能，延长了养护周期。

（3）时效长，综合成本低。一般采用路面自粘贴缝带工艺处理面层裂缝多数都能保持两年以上不推移，不开裂。算下来综合成本要比其他施工工艺低很多。

（4）符合国家低碳经济导向，节能减排，造福后世。

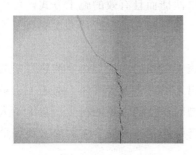   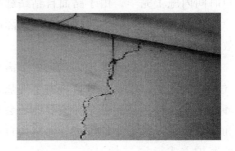

图 6-7　供应楼板平行裂缝的处理技术　　　图 6-8　供应温差变形裂缝与处理方法

3. 温差变形裂缝与处理方法

JGY-环氧树脂（裂缝修补，见图 6-8）胶系两组分、改性环氧类、低黏度且具有良好渗透性的液态状结构胶。100％固含量。

（1）主要特点：

① 极强的渗透力，黏度很低，能注入 0.1mm 宽的微裂缝。

② 不含挥发性溶剂，硬化时基本不收缩。

③ 粘接强度高，韧性及抗冲击性好。

④ 独特的高性能聚合物增韧改性技术，耐冲击、抗疲劳，特别适合对砂浆、混凝土、砖板空鼓、缝隙、桥梁裂缝等各种状况进行灌浆加固处理。

⑤ 抗老化性及耐介质（酸、碱及水等）性好。

⑥ 固化温度范围广，环境温度 5℃ 以上即可很好固化。

⑦ A、B 配胶比例较宽，便于现场操作。

⑧ 可操作时间长，使用方便、无毒。

（2）温差变形裂缝与处理方法适用条件：

① 广泛应用于混凝土桥梁、房屋、水利、路面等工程中的裂缝注胶修补，大型结构贯穿性裂缝以及深而蜿蜒的裂缝补强注胶修补。

② 混凝土内部蜂窝、疏松等缺陷的补强注胶修补。

③ 玻璃钢防腐、结构表面涂层防腐施工。

④ 长期工作环境温度≤70℃。

⑤ 施工环境干燥、通风，粘贴面洁净、干燥、无油污。

⑥ 固化环境温度不低于5℃。

⑦ 环境温度25℃时，完全固化时间为2～3天。

（3）温差变形裂缝与处理方法技术性能：

① JGY-环氧树脂（裂缝修补）胶技术性能均符合国家标准《混凝土结构加固设计规范》（GB 50367—2006）和交通部行业标准《公路桥梁加固设计规范》（JTG/T J22—2008）A级胶要求。

② 可按客户要求进行设计与研发，以满足特殊要求。

（4）温差变形裂缝处理方法与施工要点：

① 裂缝处理　对较小的混凝土构件裂缝，用钢丝刷等工具清除混凝土裂缝表面的灰尘、浮渣及松散层等污物，刷去浮灰；用酒精沿着裂缝两侧2～3cm范围擦拭干净。

对体积较大的混凝土构件或较深的裂缝，可沿裂缝采取钻孔灌胶，以便使胶液有更广的通路进入裂缝。

② 设置灌胶嘴底座　在裂缝的交错处、裂缝较宽处及裂缝端部等位置必须设置灌胶嘴。灌胶嘴的间距可根据裂缝大小、走向及结构形式而定，一般灌浆嘴间距为20～30cm。在一条裂缝上必须设置有进胶、排气或出胶口。灌胶嘴底座可先采用封缝胶粘贴在位置，也可在封缝时一同粘贴。

温差变形裂缝与处理方法应特别注意防止堵塞灌胶嘴。

③ 封缝　封缝质量的好坏直接影响灌浆效果与质量，应特别予以重视。裂缝的封闭可采用封缝胶，按推荐配胶比例称取并调配封缝胶。用油灰刀沿裂缝反复涂刮后均匀涂抹一层厚1～2mm、宽不小于30mm的胶泥，注意防止小气泡或密封不严。

④ 封缝胶固化快、黏结牢固，须随配随用，是自动压力灌浆工艺配套使用的裂缝封闭和粘贴底座的专用胶。封缝完好后10min即可进行注胶。

（5）配制灌注胶液连续注胶　注胶操作应使用专用的注胶器具。按比例配制灌浆树脂，倒入软管中，把装有树脂的灌浆器旋紧于底座上，松开弹簧进行注胶。根据裂缝区域大小，可采用单孔灌浆或分区群孔灌浆。在一条裂缝上的灌浆可由浅到深，由下而上，由一端到另一端。树脂不足可反复补充。常采用灌浆压力0.6MPa的自动压力灌浆器注浆，在保证灌浆顺畅的情况下，采用较低的灌浆压力和较长的灌浆时间，可获得更好的灌浆效果。当最后一个出浆口出胶且出胶速率保持稳定后，再保持压注 10min 左右即可停止灌浆。拆除灌浆器并用堵头旋转于底座以防止胶液溢出。

（6）胶液固化　JGY-环氧树脂（裂缝修补）胶应在 5℃以上的环境中固化，固化时间视环境温度而定。一般情况（25℃）下，完全固化 2～3 天即可。

（7）灌胶效果检验　灌浆结束后应检验灌浆效果及质量，凡有不密实等不合格情况，应进行补注。

4. 包装、运输、储存和安全问题

（1）本产品采用塑料桶或铁桶包装，包装规格应客户要求可另行商定。

（2）本品应密封贮存在环境温度 5～40℃的干燥、清洁的库房内，不得露天堆放或雨淋，包装开启后不得长时间存放；不同品种胶黏剂及 A、B 两组分应明显标识存放，避免混杂。自生产之日起，包装完好时有效贮存期为 12 个月。

（3）本产品不属于易燃、易爆、有毒危险品，能以一般交通工具运输，运输途中不得损坏包装、曝晒或雨淋，不得倾斜或倒置。

（4）本产品施工人员应采取必要的安全防护措施（如佩戴口罩、手套、护目镜、安全帽等），现场注意防火并保持良好的通风。若不慎弄上皮肤或衣物，可立即用擦拭干净并用大量清水冲洗，若不慎误食或溅入眼睛，请立即就医。

第二节　玻璃钢冷却塔成型过程中排除问题方法

一、玻璃钢冷却塔如何清洗

玻璃钢冷却塔在冷却水系统中，尤其是玻璃钢冷却塔内，适宜的温度、湿度、水分和阳光给生物藻类的繁殖生长提供了优越的条件。

玻璃钢冷却塔为水处理设备，长期使用后会结垢，积累杂质以及填料老化脱落，这些会影响玻璃钢冷却塔的工作效率和使用寿命，所以要根据产品说明书给出的参照做定期清理和维护。

中央空调用塔为民用塔型，玻璃钢冷却塔清洗水塔须清理填料和水槽部，清洗步骤是：

（1）填料上结的水垢可以采用药剂冲洗、振动的方法或更换；

（2）水槽部将杂质杂物扫出拣走即可；

（3）配管槽部可以打开排污管口排出杂质，杂物手动拾出。玻璃钢冷却塔清洗过滤网。

二、提高玻璃钢冷却塔的工作效率方法

首先了解冷却塔风机，从循环水设备管理情况看，无论从设备的数量、维修工作量、耗电量等哪个方面来讲，逆流式冷却塔风机都占有很大比重。也就是说，只要减少逆流式冷却塔风机的故障率，维护和保养好风机，就能提高冷却塔的工作效率，实现一个长期稳定的工作周期。

冷却塔的作用是将挟带废热的冷却水在塔内与空气进行热交换，使废热传输给空气并散入大气中。例如，火电厂内，锅炉将水加热成高温高压蒸汽，推动汽轮机做功使发电机发电，经汽轮机做功后的废汽排入冷凝器，与冷却水进行热交换凝结成水，再用水泵打回锅炉循环使用。这一过程中废汽的废热传给了冷却水，使水温度升高，挟带废热的冷却水，在冷却塔中将热量传递给空气，从风筒处排入大气环境中。冷却塔应用范围：主要应用于空调冷却系统、冷冻系列、注塑、制革、发泡、发电、汽轮机、铝型材加工、空压机、工业水冷却等领域，应用最多的为空调冷却、冷冻、塑胶化工行业。

在整个循环水系统中，每段水管、弯头都有一定的阻力，逆流式冷却塔位置的高低、换热部件的阻力及压力要求都会在系统中产生阻力，这些阻力也不能很精确地计算出来，所以制冷设备工程师计算的阻力值只是一个大概的数据，根据这个数值在确定水泵的扬程和冷却塔大小时，考虑更符合客户生产需求，在满足生产需要的基础上至少加 10％～20％的余量来确定冷却塔的型号。

三、玻璃钢冷却塔在使用中存在的问题

我国目前的玻璃钢冷却塔的应用领域主要是炼钢、制氧、焦化等行业，虽然得到了各个行业的认可，但是还存在着很多的缺点，下面就来了解一下玻璃钢冷却塔有哪些存在的缺点。

（1）设备的布置比较分散：无法形成较大的产业规模。

（2）设备型号复杂多样：没有绝对的市场占有率，无法形成强烈的品牌效应。

（3）设备性能参差不齐：功能不确定，使得在使用时无法找到重点。

（4）缺乏统一的管理标准：无法制定有效的市场战略，玻璃钢冷却塔市场份额难以达到标准。

彻底解决冷却水配管及玻璃钢冷却塔的噪声。

玻璃钢冷却塔现象：某高层公寓其裙房为商店。商店中设空调，用水冷整体式空调机。为了不干扰公寓将冷却塔设在高层顶上，而冷却水管道通过竖井连接。投入使用后，管道竖井的房间有连续的噪声干扰。

原因：经仔细调查，判明所闻噪声与冷却塔的水泵有关。玻璃钢冷却塔因水泵运行时有噪声，水泵停止时即无噪声。进而检查发现水管的吸入管从冷却塔中

吸入一部分空气混入水中。在水泵压出段形成气泡产生振动和噪声。

对策：在水泵的出水管段加装排气阀，使气泡及时排除。另外在设计时应注意水管系统的噪声问题。一般采取以下措施。

（1）水泵机组设减振基础。

（2）水泵的吸水管和出水管上装设隔振软管。

（3）管道支吊架及穿墙、玻璃钢冷却塔穿楼板处填塞隔声减振材料垫层。

（4）减少管道中的水流速度。

（5）减少管径突变和转弯。

四、玻璃钢冷却塔使用注意事项和出现故障原因及对策方法

（1）在冷却塔使用以前应当对其出水的管道以及水池进行全面的清洁，将塔内的垃圾等杂物清除，防止堵塞管路。

（2）应当定时检查减速器的油位是否正常，其皮带减速器应当拉紧。

（3）在冷却塔运作的过程中，如果听到有异响的产生应当马上停止运转，并且全面检查，直到找出原因，将故障排除。

（4）冷却塔在运转的过程中，必须有专人看管，并对冷却塔的各种参数进行详细的记录。

（5）冷却塔中的循环水应当为自来水或者比较洁净的水，其中不应当掺杂油污以及杂质，使得水质清澈不混浊。

冷却塔出现故障	冷却塔故障出现原因	故障对策
	①循环水量过多	①调节水量至设计标准
	②风量不均	②改善通风环境
	③热空气再循环现象产生	③改善通风环境
冷却水温度升高	④风量不足	④调整风叶片角度（额定电流内）
	⑤散热片阻塞	⑤清除散热片阻塞之处
	⑥散水管阻塞	⑥清除尘垢及藻类
	⑦入风口网阻塞	⑦清除入风口网阻塞之处
	①散水孔阻塞	①清除尘垢及藻类
冷却水量过少	②过滤网堵塞	②取出过滤网清洗干净
	③水位过低	③调整浮球阀至运转水位
	④循环泵浦选择错误	④更换与设计水量相符之泵浦
	①压降过低	①检查电源
发动机超载	②风叶角度不适当	②调整风叶角度
	③风量过大	③调整风叶角度
	④发动机故障	④更换或送修
	①散水管回转过快（LBC）	①调整散水管角度
	②散水槽水位过高溢出	②更改散水孔孔径数量
水滴过量飞溅	③散热片阻塞	③清除散热片阻塞之处
	④挡水板失效	④重新更换挡水板
	⑤循环水量过多	⑤减少循环水量

五、玻璃钢冷却塔在空调水系统中实施方法

玻璃钢冷却塔被广泛地应用于制冷空调系统及工业设备的冷却水系统。对于空调用户而言，玻璃钢冷却塔的功耗在整个空调系统的能耗中也占有一定的比例。从节能的角度来讲，应当对空调系统中玻璃钢冷却塔的耗能给予同样的重视，系统节能应整体考虑。为了适应越来越高的节能要求，应该分析影响玻璃钢冷却塔冷却能力的因素，从玻璃钢冷却塔运行过程中节约风机、水泵等能耗的观点出发，找出玻璃钢冷却塔节能的各种实施方法。

中央空调的冷却水系统的基本原理。在制冷空调系统中，玻璃钢冷却塔起着非常重要的作用。从热力学方面考虑有 3 种基本形式的玻璃钢冷却塔：湿式（蒸发式）、干式、湿干混合式。目前应用较广泛的是湿式（蒸发式）玻璃钢冷却塔。冷却水通过玻璃钢冷却塔与外界空气同时进行着热量和质量的交换，热量分为显热和潜热两部分。假若换热量全部为水的潜热，期冷却水降低 6%，蒸发的水量不及供水量的 1/100。玻璃钢冷却塔的性能与温度范围和接近度有关。温度范围是指玻璃钢冷却塔出水与进水的温度差。玻璃钢冷却塔的选择与以下几个因素有关：须冷却的热负荷，冷却的温度范围，接近度，湿球温度。

六、玻璃钢冷却塔成型过程中主要有哪些步骤

工业生产或者制冷工艺生产过程中产生的废热，一般来说都是用冷却水来带走的，玻璃钢冷却塔的作用就是将带有废热的冷却水在塔内与空气进行热交换，从而将废热传输给空气，散入到大气中。玻璃钢冷却塔的应用范围是比较广泛的，现阶段玻璃钢冷却塔主要应用在空调冷却、冷冻行业中。

七、玻璃钢冷却塔使用时更节能的两种方法解答

冷却塔使用时更节能的两种方法

冷却塔节能有两种含义，下面就来分析一下这两种节能方法：

第一，强调冷却塔的研究，优化凉水塔配件（如填料、配水、收水器等），改善和完善冷却塔的设计方法（如流场的分析、配水配风的均匀性、冷却水塔精确的气动计算等），从而提高效率，降低能耗。

第二，对目前正在运行的数量庞大的玻璃钢冷却塔开展挖潜改造，提高效率，降低能耗。我们认为通过以下途径可以实现冷却塔的节能。

离心通风机施工特点与安装要点

离心通风机安装在建筑物构件上时，应采取隔振措施。离心通风机箱应尽可能布置在地坪上或平台上，以便维护和检修；当离心通风机配用的电机功率小于或等于 75kW 时，可不装设仅为启动用的阀门。当因排送高温烟气或空气而选择

离心锅炉引风机时，应设启动用的阀门，以防冷态运转时造成电机过载。

离心通风机安装台座（基础）应具有足够的强度、稳定性和耐久性，台座的振动应满足下列规定：

基础装置的自振频率不得大于电机和通风机转速的 1/3；

通风机运转时与通风机静止时的振动速率的比须大于 3 以上。

通风机进出口与风管之间连接，应设柔性接头。进风管、出风管等装置应有单独支撑，并由基础或与建筑物其他构件支撑牢固，机壳不应承受其他机件的重量。

八、玻璃钢冷却塔解决了工业生产过程中的废热难题

工业生产中经常会残留着部分的废热，这些废热只有通过一定的装置冷却之后，才能继续进行工作，如果忽视废热的处理，机械运行中的产生的温度就会越来越高，无论是对机器还是内部的构件，都将是一大损伤。冷却塔是一种专门用于处理工业废热的设备，它通过水与空气的直接接触进行热交换，在冷却风机的作用下，将温度较低的空气与填料中的水进行热交换，以达到降低水温的目的。

冷却塔在日常使用的过程中，可防止杂物进入冷却管路系统和冷却介质的蒸发损耗。使用软水作为冷却介质，不结垢，不堵塞管路，故障少。采用风冷和喷淋水蒸发吸热双重冷却方式，冷却介质全封闭循环。冷却效率高。

第三节　玻璃钢水箱成型过程中问题排除
方法与难题解答

玻璃钢水箱因质轻、不锈、易于维修，已迅速替代水泥和铁制水箱，成为建筑，尤其是高层建筑贮水的主要制品。

一、组装玻璃钢水箱需要哪些材料，用手工法生产吗？

一般的非组装玻璃钢水箱，使用的是聚酯树脂，以及玻璃纤维增强材料，以整体的形式模制而成。如果安装排水连接件等，可在底部或侧面预先留开口。玻璃钢整体水箱，是在一个阳模上，由里向外制成的。首先喷涂胶衣树脂层，胶衣可与水接触，再加上 25mm、50mm 或 75mm 聚氨酯泡沫绝缘材料，然后使用维纳斯喷枪，在其上面喷射树脂和短切纤维，最后加一层着色的表面涂层，一般为蓝颜色的。

组装式水箱的平板，用手工法生产。由于玻纤能定位增强，因此可根据使用

情况来设定水箱强度，据此进行有效的厚度控制。

玻璃钢水箱对自来水业来说，十分理想。由于玻璃钢材料耐腐蚀，并且不像其他材料在制造过程中须使用加强筋来提高其贮水器的强度。一个玻璃钢模具可制造 200～300 个零件，寿命为 5～6 年。

二、生产的玻璃钢消防水箱有哪些优点

玻璃钢消防水箱一般是选用优质树脂为制作原料，加上优良的模压生产工艺制作而成。具有重量轻、无锈蚀、不渗漏、水质好、使用范围广、使用寿命长、保温性能好、外形美观、安装方便、清洗维修简便、适应性强等特点，广泛应用于宾馆饭店、学校、医院、工矿企业、事业单位、居民住宅、办公大楼，是作为公共生活用水、消防用水和工业用水贮水设施的理想产品。

三、玻璃钢水箱内部清理流程及污浊排除方法

清洗玻璃钢水箱，除杂物和清池时，先用铁铲铲出池内泥沙及各种沉积物，然后用扫把或尼龙刷按照玻璃钢消防水箱的顶部—四周墙壁—玻璃钢消防水箱底的顺序，依次反复刷洗。刷洗完毕用高压水枪整体冲洗一遍，排出污浊。

玻璃钢水箱的内部清理程序如下：

（1）首次清理作业

① 用药水、白洁布对装配式不锈钢水箱上体及设备（人孔、扶梯、透气管、进出水管等）的锈斑进行处理；

② 清除沉淀物：清除箱顶、底部的腐蚀点及沉淀物和废水；

③ 清除附着物：对第一次没有完全清理掉的附着物、铁锈等做一次全面的清理。

（2）其次清理作业

① 用高压水龙头再次全面清洗；

② 残留水处理：清理后把残留的水处理掉，清洁水箱内部。

四、玻璃钢水箱造价如何计算及难题解答

用户在使用玻璃钢水箱的时候都会忽略它造价的算法，那么玻璃钢水箱造价到底如何来计算呢？下面就给读者分析一下：

一般情况下，在计算玻璃钢水箱的价格时，习惯性地采用单位体积的价格乘以水箱的容积的计算方法。其实这种计算方法并不是很科学，或者说不是很合理。两个同样是 24 立方米的水箱，其中一个的尺寸是 4×3×2＝24 立方米，而另一个的尺寸是 6×2×2＝24 立方米。同样是 24 立方米的水箱但是价格不同，

原因是使用的整张板材的数量不同，所以玻璃钢水箱价格不同。

玻璃钢水箱的价格不是大家所想的那样，按每吨单价计算。例如，水箱规格①4×3×2＝24立方米；水箱规格②6×2×2＝24立方米。同样是24立方米的水箱但是价格不同，原因是使用的整张板材的数量不同，所以玻璃钢水箱价格不同。

玻璃钢水箱是继玻璃水箱之后的一代新型贮水工具，其产品采用全不锈钢板精工细作而成，造型美观、经济实用、主体经久不坏。

五、 玻璃钢水箱制作工艺/水箱结构/水箱规格/生产流程及质量检查标准

1. 玻璃钢水箱生产工艺简述

将备好的原材料依据规定的比例进行配料，然后搅拌料浆成树脂糊；将制成的树脂糊与玻璃纤维纱通过SMC片材机组浸渍制成SMC片材；经过48h加温固化后，检验片材，按照所需规格进行裁剪、称重、叠放、均匀铺置于已经清理并升温至120～140℃的模具中进行模压并按照技术要求保压一定的时间后开模；脱模形成成型的SMC单板，对SMC单板的飞边打磨修整后进行检验；检验合格的SMC单板按位置打好安装孔，进行包装、入库；将SMC模压单板、已按位置打好安装孔的橡胶密封条、不锈钢支架（拉筋）组合拼装成SMC组合式水箱，检验；检验合格为成品。

2. 玻璃钢水箱生产工艺流程图

原材料检验→配料→搅拌→SMC片材机→SMC片材→固化→检验→片材裁剪称重→装模→压制→脱模→SMC单板→修整→检验→打孔→包装→入库→现场组装水箱→检验→成品。常见的手糊成型整体式水箱结构见图6-9。主要由气孔、入孔、进水孔、外人梯、内人梯、排污孔、出水孔、水箱体、溢流孔等组成。气孔、入孔、内外人梯、排污孔、进出水孔及溢流孔均为镀锌金属件或不锈钢件制作，水箱体由不饱和聚酯树脂、玻璃布、玻璃毡经手糊工艺制作而成。

3. 水箱结构

水箱按形状可分为圆筒形（Y）、方形（F）、球形（Q）。

4. 水箱规格

水箱公称容积（单位 m³）系列为：0.5；1；5；8；10；15；20；25；30；40；50；60。

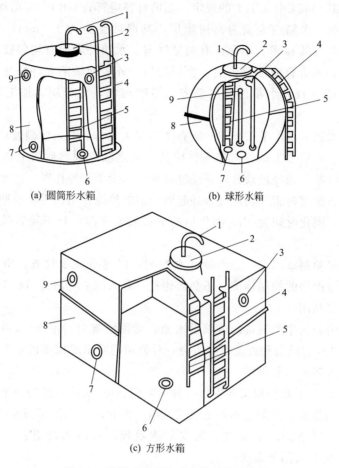

(a) 圆筒形水箱　　　(b) 球形水箱

(c) 方形水箱

图 6-9　手糊成型整体式水箱结构示意图

1—气孔；2—入孔；3—进水孔；4—外人梯；5—内人梯；

6—排污孔；7—出水孔；8—水箱体；9—溢流孔

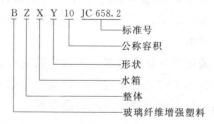

型号及标记　示例：BZX—Y—10　JC 658.2

表示公称容积为 $10m^3$ 的圆柱形玻璃纤维增强塑料水箱，执行 JC 658.2。

5. 水箱技术要求

（1）原材料　玻璃纤维应符合 GB/T 14354 中 3.1.2 的规定。富树脂层树脂应符合 GB/T 14354 中 3.1.1 的规定。辅助材料应符合 GB 9685 的规定。

（2）外观　水箱内表面为富树脂层，其厚度至少为 1.5mm，表面应光滑平整，不允许纤维裸露，不允许有明显气泡。水箱外表面有均匀胶衣层，表面光滑无裂纹，不允许有明显伤痕，色调均匀，外表面缺陷允许修补，但修补后的颜色应保持一致。水箱边缘应整齐，厚度均匀，无分层，加工断面应加封树脂。

玻璃钢水箱的制作手工车间一般有 4 名工人操作，1 人切割玻璃纤维，3 人将纤维浸湿，然后手工铺设。首先在模具上刷涂胶衣，然后涂上树脂和玻璃纤维，层叠玻纤布预先经过裁剪，并经过称重。一般手工操作时，还使用一种多孔泡沫材料，它能使树脂顺利流过，并起到一定的绝缘作用。手工成型后，平板送到固化车间。固化时间为 4h。固化后的平板表面光泽，且不须后抛光，只需修边和钻孔。

玻璃钢水箱制成后，一般尚须注水检测，以进行质量检查。所有的检修工作，都有十分严格的控制标准。还必须建有一套丙酮清洗液的回收系统，以便对废液进行回收利用。

一般国内公司生产制造的玻璃钢水箱，必须已被 ISO 9000 认可。如英国的 LOSS 防止事故委员会和英国标准协会，对公司的贮水罐用于洒水灭火系统认可后，从而进入防火用品市场。

如国外 Dewey 水公司又开发出一种太阳能 Atec 水箱。这是一个装有太阳能电池的玻璃钢装置，因为它不需电线或电缆，因此对英国国家河流协会（NRA）来说，是非常经济的。水箱顶上的太阳能盖板，可以随时更换。目前所有的 Atec 箱都装配有太阳能盖板。

六、玻璃钢水箱制作的质量控制的技术关键

一般玻璃钢水箱体必须进行结构强度计算及铺层设计，为了增加强度和刚度，可采用加强筋形成框架结构，必要时可制作金属框架，这样可满足强度和刚度要求，并可适当降低成本。

手糊成型的水箱，关键是保证不渗漏。因此模具制造、脱模剂、箱体防渗层糊制等都是质量控制的技术关键，必须控制手糊成型树脂的固化程度和游离苯乙烯含量，因为上述因素直接影响手糊成型的产品性能。

七、玻璃钢水箱有沙眼、漏水解决办法

板材质量有问题或者板材有沙眼漏水。解决方案如下：

（1）如果是板材裂缝漏水，缝很小的话，可以用密封胶或水不漏在水箱内部修补，方法是：要把水放完，烤干，密封胶或水不漏撒到漏水的部位即可。

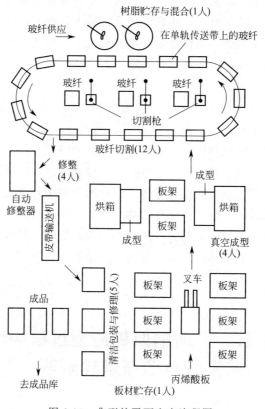

图 6-10　典型的平面生产流程图

（2）如果板材裂缝很大，说明板材质量有问题，这要找厂家更换或者退货。

（3）如果板材与板材接缝处漏水，说明中间胶条没有夹好或者螺栓没有上紧，修理方法就是紧一下螺栓。

（4）如果四个角及堵漏处漏水，说明胶条没有放好或者堵漏方向错位，修理方法就是把堵漏卸下来，再放一些胶条，重新装上就可以了。

（5）如果是冬天，就得看看玻璃钢水箱会不会因结冰冻裂而漏水。总的来说，小伤可以用玻璃胶抹，大的毛病就要换板块，甚至是换新水箱。

玻璃钢水箱漏水

玻璃钢水箱漏水处理方法第一步：找出水箱漏水的原因和位置；第二步：做出具体的施工解决方案；第三步：按照施工方案操作补漏。

首先要分清玻璃钢水箱是哪个地方漏水，一般出问题的地方主要集中在：板材、板材与板材接缝处、四个角及堵漏处。

（1）如果是板材漏水，说明板材质量有问题，这要找厂家更换或者退货；

（2）如果板材与板材接缝处漏水，说明中间胶条没有夹好或者螺栓没有上紧，解决方法就是紧一下螺栓（紧一头）；

（3）如果四个角及堵漏处漏水，说明胶条没有放好或者堵漏方向放错，解决方法就是把堵漏卸下来，再放一些胶条，重新装上就行了；

（4）如果是冬天的话还要看看是不是冻裂漏水。玻璃钢水箱在正常使用的情况下是不会结冰的，那是因为玻璃钢水箱里的水每天都在使用、更新，而玻璃钢水箱又是保温的。

玻璃钢材质水箱使用寿命一般都在 20 年以上，但是也听到很多人讲起玻璃钢消防水箱才使用了 5 年左右板材就裂了，漏水，导致电梯被淹，货物被水浸泡。这个和厂家的选材及制作工艺等都有密不可分的关系。

理论上来讲玻璃钢水箱选用食品级树脂，也就是说相同材质水箱，在国标图集的基础上采用的板越厚，制作工艺越精细，水箱使用寿命越长。使用年限的长短在于采购时水箱材质、板厚、制作工艺、安装方式、设备所在环境等的选定以及使用过程中的维护，总之采购方在选择玻璃钢水箱时，尽量要选择一家大的信誉度高的厂家，产品质量有保证，安装售后更贴心，玻璃钢水箱的使用寿命也就长一些。

第四节　玻璃钢风机成型过程中问题排除方法与难题解答

一、玻璃钢风机的分类与作用及成型过程中难题解答

玻璃钢风机在使用过程中，会出现各种问题，其中对于玻璃钢的省电问题给读者支招，节省风机运转过程中的开支，增加企业利润。

①尽量减小管网阻力，合理选择管道尺寸和安装位置，装设进口集流器。②控制风筒与叶片顶部的径向间隙值。③合理选择风机型号，不使风机在低效区进行。④如单独使用风机叶轮必须配合适的电机，否则会造成大马拉小车的现象。

玻璃钢风机的工程应用方面：

（1）玻璃钢风机的使用场所千差万别，例如有些工程要求连接部分短管，以达到更好的通风效果，有些用户要求更小的噪声，需要安装简单的消声器，这些外加设备均要求屋顶风机提供一定的余压才能保证正常运行，有些屋顶风机在保证额定风量的前提下，提供的余压较小，影响系统正常工作。

（2）在工程应用中，混凝土屋面宜采用圆形基础以减轻重量，钢结构宜采用圆形基础以便于施工，有些玻璃钢风机与基础之间的连接不够方便可靠。配电仅能单向线，接线盒设于室外，都给安装带来麻烦。屋顶风机室内接口未设置法兰，用户不能方便地连接风管。

（3）有些玻璃钢风机设置需要经常人工清理的空气过滤器，从使用效果看，指望操作管理人员经常爬到屋顶上清理过滤器是不现实的，因此其运行效果非常差。

（4）玻璃钢风机安装于高空，是理想的鸟巢，必须设置防鸟网。

工程应用是玻璃钢应用的一大领域，用的好、用的对在整个工程中，会造成不同的效果。善于发现风机的优点，才能更好地利用。

二、玻璃钢离心通风机施工特点与安装中的难题

（1）离心屋顶风机，其叶轮采用离心式叶轮，风机叶轮根据工作介质的腐蚀性不同而采用不同的材质，有 FRP（玻璃钢）和铝合金板材及不锈钢，对于压力要求较高、风机转速较大的屋顶式离心风机，叶轮表面经特殊的镀锌加喷塑耐腐蚀处理，不仅降低了整机重量，并具有优良的耐腐蚀性，可适用风量小而压力较高的场所。

（2）该屋顶离心风机按叶轮直径分 DWT-Ⅱ有 3♯～10♯九个机号，系列风量为 800～31000m³/h，全压为 120～1100Pa。

（3）根据不同环境需要，风机可制成防爆型，适用于非腐蚀的含有易燃、易爆气体的场所，防腐型适用于含有腐蚀性气体的环境中，不锈钢屋顶风机适用于各种场合通风。

三、玻璃钢屋顶风机在使用过程中常遇到的问题

玻璃钢轴流风机在使用过程中需要注意保养问题，首先要不定期地进行轴承维护或更换润滑油脂，以保证风机在运行过程有良好的润滑。因此加油不少于 1000h/次，即使是这样，在使用的过程中也可能会遇到其他的问题，今天来为大家解析一下玻璃钢轴流风机使用过程中的常见问题。

自然通风器利用室内外空气压差（温差和高层外风压等），使室内和室外的空气进行自然流通，或借助动力通风器（带马达）将室外新鲜的空气引入室内，形成正压，再通过自然通风器将污浊空气排出室外。窗式通风器在通风的同时能有效防止雨雪、噪声、风沙、昆虫等物质进入室内，即使在睡眠情况下，偏转向上的空气流动方式也不会使人体感到不适。优势：可随时开启，节能，使用方便。缺点：不能安装在推拉窗的推拉扇上。

对使用离心风机的用户来说，磨损问题时刻都存在，离心风机在使用过程中会出现多种磨损情况，主要是指轴承之间的磨损。再者就是如果叶轮、整机的磨损现象严重的话会直接导致风机的使用效果发挥不出来。由于磨损的方面比较多，在本章节主要以叶轮的磨损问题为出发点，为用户寻找几个能应对叶轮磨损问题的方法和技巧，以便能更好地使用风机。

玻璃钢轴流风机在运行的过程中会出现异常声、电机发热延长、不能启动、开关调整等问题，为了保证安全，一旦出现这些问题，应该立即停机检查，检修后应进行试运转 5min 左右，确认无异常现象再开机运转。玻璃钢轴流风机叶片同其他材料制成的叶片一样，对其线型、扭转角、气动效益、表面质量都有严格的要求，而叶片的成形又是以模具为依托的。玻璃钢轴流风机叶片由于具有重量轻、缺陷敏感性低、抗振性好、自振频率可设计性大、噪声低、防腐蚀性强等特点，已在许多通风设备上得到了广泛的应用。

四、玻璃钢风机的稳定区间，流量调节，噪声难题解答

1. 玻璃钢风机保持通风稳定性问题

要保持玻璃钢风机正常与合理地运转，必须在玻璃钢风机整个工作期间使其工况不越出合理的范围。这个合理工作范围是由通风机的稳定性和经济性的要求决定的。要满足稳定性，工况必须是玻璃钢风机压力性能曲线与管网特性曲线相交的唯一点，且工况必须位于压力性能曲线随着流量增加而下降的部分。当工况点移动时，玻璃钢风机的压力性能曲线与管网特性曲线将出现两个以上的交点，就使玻璃钢风机工作的稳定性受到破坏，发生"喘振"现象。

2. 玻璃钢离心风机流量的控制问题

玻璃钢离心风机在运转过程中，流量的控制尤为重要，那么对于玻璃钢离心风机，它是如何控制流量的呢？玻璃钢离心风机可采用普通钢制离心式通风机或专用排烟轴流式通风机，当输送介质温度在 280℃ 时能连续工作 30min，并在介质温度冷却至环境温度时仍能连续正常运转，用玻璃钢离心风机通风初期有可能会出现门窗、墙壁结露，甚至表层粮面轻微结露的现象，只要停止风机，打开窗户，开启轴流风机，必要时翻动粮面，将仓内的湿热空气排除仓外就可以。而用轴流风机进行缓速通风就不会出现结露现象，只会出现中上层粮温缓慢上升的现象。

3. 风机箱产生噪声原因难题解答

我们都知道风机箱产生噪声的原因很多，只有找到产生噪声的原因才能对症下药，从而解决问题。下面就来分析一下风机箱产生噪声的原因：

风机实际上是一种容积式的压气机，它由一对互相垂直啮合的腰形叶轮相对高速旋转以输送气体。风机组运转时，风机箱产生的噪声主要有空气的动力性噪声（即气流噪声）、传动齿轮噪声、电机噪声和调压阀噪声等，其中强度最高、影响最大的是空气动力性噪声。它包括风机叶轮旋转时周期性地向外排气所成造成的压力脉动而产生的周期性排气噪声，以及气体涡流在风机叶轮界面上分裂时

引起的涡流噪声两个部分。其中排气的强度主要与叶轮的转速、风机排气的流量和静压等因素有关，其噪声频谱常呈低中频性，并伴有一定噪声峰值。而涡流噪声则取决于风机叶轮的形状、气流相对于机体的流速及流态，一般均产生连续频谱的高频噪声。当在一定工况下运转时，高强度噪声分别从风机的进、排气口、机壳及管道等部位辐射出来。在实际使用条件下，风机的排气口经常是与输气管路连接而封闭的。因此，进气口辐射的噪声就显得最强烈，对环境的干扰也最严重。

五、玻璃钢电镀容易出现的问题及防止方法

1. 玻璃钢制造过程中出现的问题

玻璃钢电镀制品在电镀过程中出现的问题有相当一部分是与其加工过程的控制有关的。这是所有非金属电镀的共性。即材料本身的问题对质量的影响是最大的。对于电镀玻璃钢来说，常见的问题与解决方法如下。

① 树脂配比不当。树脂配比不当会使表面固化不足而发黏。解决的方法是严格按工艺规定的比例配制树脂。尤其是在树脂用量大时，要先做小样配，确定配比后再大量配制，同时要根据环境温度和天气情况调节固化剂的用量。

② 金属盐填料加入量不当或搅拌不均匀。金属盐的加入要按工艺要求称量加入，不可凭经验估算加入，并且在加入时分批加入，每次都充分搅拌均匀。

③ 浇制过程中的气泡气孔较多。造成这种现象的原因是各组分加入时没有分批和充分搅拌，且树脂黏度过大，可适当加入稀释剂以利气泡逸出。对有些制品，在浇制过程中可以进行振动以促进气泡逸出。

④ 造型过于复杂或大型镀件分割不合理。有些玻璃钢制品的造型很复杂，这是它在造型上比金属有利的一面，但是对于需要电镀的制件，复杂的造型会对电镀层的分布带来困难。有些大型构件需要分割成若干块来电镀，这时如果分割不合理，比如没有考虑到镀槽的尺寸大小，随意分割，就会使有些块的电镀有困难而达不到设计预定的效果。

因此，对于需要电镀的玻璃钢制品，在形状的设计上要考虑电镀加工的特点，避免盲孔、死角等不易电镀的部位。

2. 金属化过程中常见的问题

① 粗化不足。粗化是非金属电镀成功与否的关键工序。粗化不足的直接结果是使化学镀沉积不全。或者虽然沉积是全的，但结合力很差，容易起皮、起泡。尤其是虽然沉积有完整的镀层而结合力不好的制品，其危害更大。因为这种质量问题有一定的隐蔽性，往往是在完全加工以后才被发现。有些甚至是交付到用户以后才出现起泡等问题，给企业带来较大损失。因此，对粗化工序的管理非

常重要。

解决结合力不好的方法是注意粗化液的温度不要太低，并且保证有足够粗化的时间。当粗化液老化时，要即时调整或延长时间、提高温度。对于老化的粗化液，最好弃置不用，更换新的粗化液。

② 敏化液中毒。由于敏化过程是要使非金属表面具有还原能力，所以保持这种还原能力就很重要。如果敏化液本身被氧化或者敏化后表面局部被氧化，这就是敏化液中毒，也就是失去了还原活化过程的效力，将使化学镀不能进行，完全没有镀层出现或出现得很少、很稀薄。要严格防止其他化学物质混入敏化液，特别是氧化剂类杂质。对已经完成敏化的制品要即时转入活化工序，避免存放过长时间发生表面氧化而失去作用。即使是局部失效，也会使镀层沉积不全。敏化液不用时要加盖保存。

③ 活化失效。由于活化液采用贵金属盐配制，其浓度往往是不高的。因此，很多因素都会使活化液中的贵金属含量降到工艺要求的含量以下。特别是敏化清洗不干净或不小心将敏化液等还原性物质混入活化液，都会使活化液很快失效。而长期使用没有即时补充，也会导致活化作用下降。表现在化学镀层沉积不出来或者沉积不完全。因此，敏化后进入活化前要认真清洗表面，特别是银盐活化前，要经蒸馏水清洗之后，再进入活化槽，以防止氯离子进入消耗掉银离子。活化液不用时也要加盖。特别是银盐活化时还要防止光化学还原。要避光操作和保存。

3. 电镀过程中容易出现的问题

① 玻璃钢制品与挂具接触不良。玻璃钢电镀的制品往往是表面积比较大的产品，如果挂具使用不当，很容易造成导电不良而使电镀失败。防止出现挂具接触不良的办法是在挂具上增加接触点和辅助连接线，使制品与电源有尽量多的连接点，保证电流在制品各个部位的正常导通。对于有些量大而又相对固定的制品，要设计和制作专用的挂具。

② 电镀过程中发生局部镀层溶解。这种现象在面积制件上特别容易发生。除了由于导电接点少而导致接点电流过大发生烧坏结点、断电后化学溶解外，局部电流密度低的区域相对高电流密度区会呈现阳极状态，这是"双极现象"的一种，则处于阳极状态的表面如果达到镀层的溶解电位就会发生镀层溶解。防止的方法是保证制品与电极有足够的连接点，并且连接点的接触面积要大一些，不能是点接触。同时在开始电镀时一定要用小电流进行电镀，等全部有了电镀层后再逐步增加电流密度。电镀过程中还要经常观察被镀制品，一旦发现不良的苗头就采取措施，以免电镀失败。

③ 孔隙内残留电解液腐蚀电镀层。在电镀完成后，由于水洗不够，导致有些没有洗去的电镀液等残留液滞留在制品的孔隙内，有时候会从孔隙内流出来腐

蚀镀层，轻则使镀层出现花斑，重则使镀层发生溶解，露出玻璃钢底层。解决办法是在制作过程中要避免在制品中形成空洞。再者就是在电镀完成之后进行充分的水洗，最好是用温水多洗几次，以使所有残液都被清除干净。清洗完成后要尽快干燥。

4. 对局部电镀层出现问题的补救

从质量控制的角度看，不希望在电镀以后再发现问题，而是在每一道工序前都进行必要的检查，不让不合格品进入下道流程，但是玻璃钢制品特别是电镀制品确实有其特殊性，那就是有时只有一两件制品，而确实又有加工难度。这时，还是需要有补救措施的。

最常见的玻璃钢电镀质量问题是局部电镀层破坏。比如由于双极现象出现的溏解、化学镀沉积不全造成的漏镀、局部起皮造成的脱落等。如果制品的主要部位绝大部分都是合格的，对于局部的问题补镀后用户可以接受，就可以采用补救措施。补救方法其实很简单，就是对需要补镀的地方用水砂纸擦光后，用电吹风沥干，然后再在这个部位涂上用紫铜粉调制的金属漆，再用电吹风吹干后，继续进行电镀就可以了。这时涂过金属导电漆的地方会慢慢重新镀上镀层，在镀层达到一定厚度后几乎就看不出来了。当然当镀层较薄时，可以看见补镀的痕迹。

六、玻璃钢喷涂涂层起泡缺陷产生原因及防治措施

喷涂后在干燥的过程中或以后的时间里，涂层产生气泡状的肿起或孔，或在内部有气泡产生的现象。

产生原因：①由于原子灰、填眼灰或底漆的施工方法不当，导致空气陷入漆膜。②漆膜连接处的羽状边处理不当。③漆膜盖在缝隙或死角上，使漆膜下面形成空隙。④由于使用劣质稀释剂或使用的稀释剂不足，压缩空气的压力太高或者干喷涂等。⑤没有正确处理及封闭基底，特别是喷涂玻璃钢表面时。

预防措施：①保证正确地使用原子灰、填眼灰或底漆。②正确制作羽状边。③一定要使用厂家推荐的稀释剂，并按照正确的喷涂工艺操作。④在玻璃钢表面进行喷涂时，要注意封闭底材。⑤烘烤时，防止温度升得太快。

修补方法：根据气泡的深度将相应的漆膜全部磨掉，修补好下层缺陷后，重新喷涂油漆。

七、五种玻璃钢风机常见故障及解决方法

1. 风量不足

（1）管道内阀门未打开。

（2）吸风管不够大或风机进风口未安装变接口。

（3）皮带松弛。

（4）电源电压低或接反。

（5）吸风管过长，弯头多或配用风机风量过小。

（6）叶轮油污过多。

（7）风管连接口漏气。

解决方案

（1）打开阀门。

（2）更换吸风管及安装变接口。

（3）调整皮带轮中心距，张紧皮带。

（4）检查电源调换两相接线。

（5）更换风量大的风机。

（6）清洗叶轮。

（7）用胶片或玻璃胶封好接口。

2. 风机振动剧烈

（1）叶轮变形或不平衡。

（2）轴承磨损严重，叶轮同轴度偏差过大。

（3）基础螺栓松动，引起共振。

（4）叶轮定位螺栓或夹轮螺栓松动。

解决方案

（1）更换叶轮。

（2）更换轴承，调整同轴度。

（3）紧固地脚螺栓。

（4）紧固定位螺栓或夹轮螺栓。

3. 电动机温度过高

（1）风机输送气体密度过大，使压力增加，电动机超负荷。

（2）输入电压过高或过低。

（3）流量过大或负压过高。

（4）供电线路电线平方截面过小。

解决方案

（1）增大电动机功率。

（2）装设过载保护装置。

（3）重新设计安装风管。

（4）更换供电线路电线。

4. 轴承温度过高

（1）润滑油脂变质或缺油。

（2）轴与轴承不同心，安装歪斜。

（3）轴承磨损严重。

解决方案

（1）清洗轴承，更换油脂。

（2）调整轴承，提高同轴度。

（3）更换轴承。

5. 皮带跳动及打滑

（1）皮带过于松弛。

（2）两皮带轮位置偏斜，不在同一直线上。

解决方案

（1）调整皮带轮距离以张紧皮带。

（2）调整皮带轮位置，使其在同一直线上。

◀ 第七章 ▶

玻璃钢成型工艺和质量控制

第一节　概　述

一、玻璃钢成型质量控制问题分析

1. 手糊玻璃钢质量的控制

手糊成型玻璃钢法，由于其投入低、适用面广（特别是对一些形状复杂的玻璃钢）、工艺相对比较简单，因此，玻璃钢成型工艺发展到今天，它仍然占有很大的比例。然而，手糊成型玻璃钢法对操作者技能的依赖性较大，因而生产的玻璃钢质量的不稳定性也是最大的，正是由于这种原因，在所有的玻璃钢成型工艺中，手糊玻璃钢的发展速度是最慢的，解决手糊玻璃钢质量的稳定性的问题，也就成了解决手糊玻璃钢发展问题的一个当务之急。

2. 影响玻璃钢质量的几个因素分析

影响手糊玻璃钢质量的因素主要有以下几个方面：施工人员的技术水平和基本素质、施工工艺的合理性、原材料质量的好坏以及施工时的外界环境。

3. 提高玻璃钢质量的一些措施

（1）施工人员因素

手糊法施工制作玻璃钢，施工人员自始至终都在参与玻璃钢生产过程，是玻璃钢生产的直接执行者，施工人员的责任心、技术水平、工作情绪及素质的高低、好坏都将直接影响到玻璃钢的最终质量好坏，因此，在影响玻璃钢质量的因素中，施工人员对玻璃钢质量的影响是最主要的，同时因为施工人员的各个相异性，所以这个因素的问题最为复杂也是最为困难，因而解决这个问题，需要花费更多的精力从多方面来做工作。首先，经常和施工人员进行思想交流，多做宣传，多摆事实，让员工了解现在社会中所面临的市场竞争的激烈性，明白产品质量对企业的重要性，明白企业立足的根本就是要有过硬的产品质量，没有了质量，企业就会失去市场，企业也将无法生存，员工本人也将面临失去工作，失去生活的来源，明白产品质量的好坏实际关系到施工人员的自身利益。其次，就是要加强企业的内部管理，相应制定一些企业质量管理的规章制度，形成一套完整的质量管理模式，明确个人在施工过程中的职责和责任，明确奖优罚劣、优胜劣汰的准则，个人酬劳与个人所做的贡献的大小直接挂钩，激励员工形成积极向上的态势，在内部形成一种良好的竞争意识，也使企业的产品质量可以有基本的保障，保证企业具有较强的竞争实力。再有，施工前，给施工人员进行技术交底时，要做到尽可能详尽细致，让施工人员清楚工艺要求，明白在施工过程中应该达到的具体要求，而在进行工作安排时，还要根据施工人员的水平高低和不同的特长，对施工人员进行合理的安排搭配。尽可能地做到人尽其能，充分发挥他们的才能，同时对施工人员进行定期培训，组织员工学习现在的先进技术，开展技术比武活动，让员工在比较中看到自己存在的差距，从而帮助施工人员提高业务能力和操作技能。最后，还要多关心员工的思想动态，关心员工的生活，体贴员工，做好生产后勤工作，尽可能地为员工创造出一个平和良好的工作环境，让员工更安心地工作，可以把更多的精力投入到生产中。

（2）施工工艺的影响

施工工艺包括玻璃钢生产用的模具的设计和施工方法的制定。生产玻璃钢制品的模具的质量好坏以及模具的选用关系到玻璃钢制品质量的好坏。玻璃钢是在预先设计好的模具上成型制成的，因此，设计制作完成的模具的质量好坏直接关系到制品的外表的美观、物理尺寸的精确、施工过程质量控制的难易、施工方便与否和玻璃钢成型后脱模的难易，这些都会对玻璃钢制品的最终质量产生影响。玻璃钢生产使用的模具都应该满足以下一些要求：模具工作面光滑平整以使得制品获得光洁表面；有足够的刚度以保证模具成型面基准不变；较小的热容量以便有效地利用热能；质量轻且利于运输，成本低而易于制造；维护简便且使用寿命较长；尽量使用与工件热膨胀系数相近的材料以减少变形；足够的热稳定性以抵抗热冲击。因此，在选择玻璃钢生产使用的模具时，要根据所需生产的玻璃钢制品的具体需要，来确定选用何种材质，以及确定模具的制作方法，这样制作的模具才可以更好地适应手糊法生产玻璃钢的要求，从而更好地保证玻璃钢制品的质量。

一般地，不同的材质用于制作玻璃钢的模具的优缺点各不相同，对质量最有利的是电沉积镍，可是成本太高；最经济的是蜡一类，然而，对于制品质量的提高却是有限。

手糊玻璃钢生产的施工方法也可以分为连续法和多次法。连续施工法就是采用连续施工作业，一次就完成玻璃钢制品的制作。这种施工方法的施工周期短，一次就可以按要求完成制品，施工的工作效率比较高，玻璃钢的层间黏结力较好，不易出现由于污染而产生的分层现象，有利于获得要求较高的表面和节约成本，但对于一些厚度较大的玻璃钢制品，由于是一次成型，玻璃钢中的树脂进行聚合固化的放热反应同时发生，就会产生大量的反应热，使得玻璃钢的内部因为树脂发生暴聚产生很大的内力，导致玻璃钢制品出现扭曲变形，玻璃钢内部产生裂纹，从而影响玻璃钢的质量。而采用多次施工成型法，玻璃钢的成型是分几次施工才完成，玻璃钢树脂固化的放热分散，避免了由于玻璃钢暴聚而产生的集中内应力，减少内应力引起的裂纹，同时在进行后续施工时，对前面阶段施工产生的一些缺陷还可以消除一些，进行一定的弥补，不过进行多次成型施工时，每次都要对前一次施工的玻璃钢表面进行处理，清理灰尘杂物和补平，这就会增加额外的工作量，降低生产效率，增加产品的成本，而且还有可能在清理修整过程中，由于没有处理得彻底完全，两次施工的玻璃钢层间的粘接不好而出现分层现象，降低玻璃钢承力性能，影响玻璃钢的质量。

从上面的情况来看，在选择手糊玻璃钢施工工艺时，要进行多方面的考虑，根据玻璃钢具体使用情况来选择合适的工艺方法，这样才可以在保证玻璃钢的质量的情况下，既满足节约生产成本的要求，同时又可以提高工作效率。

（3）原材料的影响

合格的原材料是保证制品合格的首要条件，只有保证了生产中原材料的合格，玻璃钢制品的质量才有了最基本的保障，所以，对于选择的用于生产玻璃钢的材料必须有出厂合格证、产品检验合格报告、生产许可证、生产厂家的厂名和地址、产品技术指标说明书，并且尽可以地选择一些有影响的、知名厂家的产品用于生产，这些厂家生产历史时间长，生产规模大，他们的产品比较可靠稳定。同时对进厂的材料进行抽检，送检验部门进行检查化验，看产品是否合格，确保是合格的材料才可以用于生产中。

（4）施工环境的影响

玻璃钢的生产环境的湿度和温度对玻璃钢的质量也有着一定的影响。当生产环境的湿度大时，由于生产用的玻璃纤维吸湿性强，玻璃纤维表面就会吸附空气中的水分，在玻璃纤维的表面形成一层水膜，影响到树脂和玻璃纤维的结合，就会降低玻璃钢的强度和玻璃钢抗蚀性能。而当生产环境的温度过低时，不能够提供玻璃钢中的树脂反应所需要的足够多的活化能，树脂固化反应需要的时间过长，玻璃钢中的树脂就会因为流挂原因而变得不均匀，甚至还会出现分层现象。

而生产温度太高时，配好的树脂的待用时间过短，用于施工中时，很快就发生凝胶反应，这样也不利于施工操作，没有足够的时间用于完成生产任务，同时还会使玻璃钢出现分层。因此，生产玻璃钢时，要尽可能地选择合适的环境，一般情况下，玻璃钢生产环境的相对湿度不应超过 75％、温度应该控制在 15～25℃ 比较适宜。而在环境条件达不到所需要求，又必须进行施工时，就要采取一些必要的措施，比如加强施工场地的通风、加接红外灯和封闭施工场所等，以便来减低湿度和控制温度，给玻璃钢的生产创造更好的施工环境，以便保证玻璃钢的质量。

4. 保证玻璃钢的质量的评价

采用手糊成型玻璃钢工艺方法，只要在成型的过程中，从材料、管理、工艺和环境等多方面处理好，加强以上几方面的管理，那么，对于提高手糊玻璃钢的质量就一定可以取得成效，也可以使玻璃钢手糊成型法得到更广泛的应用。

二、如何增强树脂基复合材料的刚度和强度

树脂基复合材料的刚度和强度，即其力学性能是复合材料使用中最关心的地方。树脂基复合材料具有比强度高、比模量大、抗疲劳性能好等优点，树脂基复合材料用于承力结构利用的正是它的这种优良的力学性能。而利用各种物理、化学和生物功能的功能复合材料，在制造和使用过程中，也必须考虑其力学性能，以保证产品的质量和使用寿命。

1. 如何增强树脂基复合材料的刚度

树脂基复合材料的刚度特性由组分材料的性质、增强材料的取向和所占的体积分数决定。树脂基复合材料的力学研究表明，对于宏观均匀的树脂基复合材料，弹性特性复合是一种混合效应，表现为各种形式的混合律，它是组分材料刚性在某种意义上的平均，界面缺陷对它的作用不是很明显。

由于制造工艺、随机因素的影响，在复合材料中不可避免地存在各种不均匀性和不连续性，残余应力、空隙、裂纹、界面结合不完善等都会影响到材料的弹性性能。此外，纤维（粒子）的外形、规整性、分布均匀性也会影响材料的弹性性能。但总体而言，树脂基复合材料的刚度是相材料稳定的宏观反映。

对于树脂基复合材料的层合结构，基于单层的不同材质和性能及铺层的方向可出现耦合变形，使得刚度分析变得复杂。另一方面，也可以通过对单层的弹性常数（包括弹性模量和泊松比）进行设计，进而选择铺层方向、层数及顺序对层

合结构的刚度进行设计，以适应不同场合的应用要求。

2. 如何增强树脂基复合材料的强度

材料的强度首先和破坏联系在一起。树脂基复合材料的破坏是一个动态的过程，且破坏模式复杂。各组分性能对破坏的作用机理、各种缺陷对强度的影响，均有待于具体深入研究。

树脂基复合材强度的复合是一种协同效应，从组分材料的性能和树脂基复合材料本身的微观结构导出其强度性质。对于最简单的情形，即单向树脂基复合材料的强度和破坏的微观力学研究，还不够成熟。

单向树脂基复合材料的轴向拉、压强度不等，轴向压缩问题比拉伸问题复杂。其破坏机理也与拉伸不同，它伴随有纤维在基体中的局部屈曲。实验得知：单向树脂基复合材料在轴向压缩下，碳纤维是剪切破坏的；凯芙拉（Kevlar）纤维的破坏模式是扭结；玻璃纤维一般是弯曲破坏。

单向树脂基复合材料的横向拉伸强度和压缩强度也不同。实验表明，横向压缩强度是横向拉伸强度的 $4\sim7$ 倍。横向拉伸的破坏模式是基体和界面破坏，也可能伴随有纤维横向拉裂；横向压缩的破坏是因基体破坏所致，大体沿 $45°$ 斜面剪坏，有时伴随界面破坏和纤维压碎。单向树脂基复合材料的面内剪切破坏是由基体和界面剪切所致，这些强度数值的估算都须依靠实验。

杂乱短纤维增强树脂基复合材料尽管不具备单向树脂基复合材料轴向上的高强度，但在横向拉、压性能方面要比单向树脂基复合材料好得多，在破坏机理方面具有自己的特点：编织纤维增强树脂基复合材料在力学处理上可近似看作两层的层合材料，但在疲劳、损伤、破坏的微观机理上要更加复杂。

树脂基复合材料强度性质的协同效应还表现在层合材料的层合效应及混杂复合材料的混杂效应上。在层合结构中，单层表现出来的潜在强度与单独受力的强度不同，如 $0/90/0$ 层合拉伸所得 $90°$ 层的横向强度是其单层单独实验所得横向拉伸强度的 $2\sim3$ 倍；面内剪切强度也是如此，这一现象称为层合效应。

树脂基复合材料强度问题的复杂性来自可能的各向异性和不规则的分布，诸如通常的环境效应，也来自上面提及的不同的破坏模式，而且同一材料在不同的条件和不同的环境下，断裂有可能按不同的方式进行。这些包括基体和纤维（粒子）的结构的变化，例如由于局部的薄弱点、空穴、应力集中引起的效应。除此之外，界面黏结的性质和强弱、堆积的密集性、纤维的搭接、纤维末端的应力集中、裂缝增长的干扰以及塑性与弹性响应的差别等都有一定的影响。

三、影响玻璃钢缠绕容器的技术质量问题

下文介绍了玻璃钢缠绕制品生产中的几个问题：增股减层问题、逐层递减的张力制度、分层固化的工艺制度、真空固化方法。

1. 玻璃钢容器缠绕工艺中的增股减层问题

缠绕工艺中，适当增加纤维股数，减少缠绕层数，是提高容器生产效率的措施之一。但是，在应用时要全面考虑，不可一味追求生产效率。纤维股数增多后，在缠绕线型的交叉点和极孔切点处"架空"现象将随之加剧，使得在架空部位的纤维与内衬之间形成孔隙。容器充压时，铝内衬承受不了压力的作用将被挤入架空部位，严重影响容器的疲劳性能。纤维股数增多后，纵向缠绕层数相应减少，包络圆直径的数目也将减少，使得纤维在头部不能均衡分布，造成头部强度下降。因此增股减层的措施应该慎重采用，应用不当会造成制品质量下降。

2. 玻璃钢容器逐层递减的张力制度

纤维缠绕制品获得高强度的重要前提是使每束纤维受到均匀的张力，即容器受内压时，所有纤维同时受力。假若纤维有松有紧，则充压时不能使所有纤维同时受力，这将影响纤维强度的发挥。张力大小也直接影响制品的胶含量、比重和孔隙率。张力制度不合理还会使纤维发生皱褶、使内衬产生屈服等，将严重影响容器的强度和疲劳性能。

缠绕张力应该逐层递减。这是因为后缠上的一层纤维由于张力作用会使先缠上的纤维层连同内衬一起发生压缩变形，使内层纤维变松。假若采用不变的张力制度，将会使容器上的纤维呈现内松外紧状态，使内外纤维的初应力有很大差异，容器充压时纤维不能同时均匀受力，严重者可使内层纤维产生皱褶、内衬鼓泡、变形等屈服状态，这样将大大降低容器的强度和疲劳性能。采用逐层递减的张力制度后，虽然后缠上的纤维对先缠上的纤维仍有削减作用，但因本身的张力较小，就和先一层被削减后的张力相同，这样就可保证所有缠绕层自内至外都具有相同的变形和初张力。容器充压时，纤维能同时受力，使得容器强度得到提高，使纤维强度能更好发挥。

3. 玻璃钢容器分层固化的工艺制度

分层固化的工艺方法是这样进行的。在内衬上先成型一定厚度的玻璃钢壳体，使其固化，冷至室温经表面打磨再缠绕第二次。这样依此类推，直至缠到满足强度设计要求的层数为止。

厚壁容器的强度低于薄壁容器，这一事实已从理论上得到了证实。随着容器容积的增加，压力的提高，壁厚也随之增加，造成玻璃钢厚壁容器与薄壁容器的强度差异。除力学分析的原因外，从玻璃钢容器制造角度看还有以下几点原因：

（1）随着容器厚度增加，内外质量不均匀性增大；

（2）随着容器壁厚增加、缠绕层数增多，要求纤维的缠绕张力越来越小，使整个容器中纤维的初张力偏低，这将影响容器的变形能力和强度。

为有效地发挥厚壁容器中的纤维强度，分层固化是一个有效的技术途径。分层固化的容器，好像把一个厚壁容器变成几个紧紧套在一起的薄壁容器组合体。在内压作用下，它们有统一的变形，承受相同的应力，而又无层与层之间的约束，彼此能自由滑移。这样就充分发挥了薄壁容器在强度方面的优越性。

由于容器是分几次固化的，所以纤维在容器中的位置能及时得到固定，不致使纤维发生皱褶和松散，使树脂不致在层间流失，从而提高了容器内外质量的均匀性。

4. 玻璃钢容器真空固化方法

玻璃钢容器在真空环境中加热固化，可以提高强度 10% 以上，真空固化是提高容器强度的有效途径之一。容器在制造过程中，尚有部分残存的溶剂和其他低分子物质，在常压下不能完全除去，这些残存的低分子物质附着于树脂/玻璃纤维界面上，妨碍树脂与玻璃纤维的牢固黏结，因而影响容器强度。采用真空固化方法可使低分子物质挥发得较为完全，使玻璃钢更加致密，因此能提高容器强度。

真空固化对黏结剂有严格的要求。黏结剂中的固化剂在减压状态下应不易挥发，否则将会使固化剂挥发损失过大，使制品固化不完全，反而降低强度。采用树脂型固化剂或"B"阶树脂时，用真空固化方法能得到较理想的结果。

四、影响玻璃钢环氧树脂缠绕设计的几个质量问题

环氧树脂缠绕材料是复合材料应用领域的重要门类，该材料成型的优劣很大程度上取决于工艺设计，因此业界对工艺环节十分重视。据中国环氧树脂行业协会专家介绍，经过多年的实践其工艺设计继续呈现三足鼎立之势，产品设计、强度设计、缠绕张力制度计算不可偏废。

环氧树脂缠绕材料由纤维及其织物、树脂胶液组成。其中纤维及其织物应用最多的是无碱玻纤无捻粗纱，如 8-40/20 及 8-40/40 无碱玻纤无捻粗纱，这种纱强度高、浸润性好、与树脂黏结性好、价格低，但缠绕时易起毛、断头，张力控制较难。若对强度要求高时可用有捻纱、布带或无纬带，对军工用高质量制品则选用 s 玻纤、芳纶纤维和碳纤维。树脂胶液初期较多采用不饱和聚酯，近些年来

环氧树脂的比例增大，我国常用的环氧树脂品种是蓝星新材料无锡树脂厂研发的E-42，综合性能最好、应用最多。

环氧树脂缠绕制品缠绕成型的工艺设计，先根据产品使用要求，进行结构选型、缠绕线型和芯模设计。内压容器通常采用有封头的筒形容器，长径比为2～5，这是由于缠绕线型的可调性，筒形容器很容易实现等强度且成型工艺简单。缠绕类型可分为纵向缠绕、环向缠绕和螺旋缠绕3种，应根据制品的形状结构、载荷特性、强度要求、使用环境及设备情况综合考虑决定，筒形内压容器多采用螺旋缠绕、纵向缠绕与环向缠绕的组合或低缠绕角螺旋缠绕与环向缠绕的组合。

强度设计通过计算确定容器在所规定的载荷下能长期正常工作的最少纤维含量，为此必须使容器的两个主应力方向（环向及纵向）达到等强度，等强度可通过合理的环向和纵向纤维含量配比来实现，如采用螺旋缠绕与环向缠绕组合的方式，则应算出环向和螺旋向纤维的缠绕层数。最后是缠绕张力制度计算。纤维在受张力状态下进行缠绕，后缠上去的纤维势必对先缠上去的那层纤维产生径向压力，迫使已缠纤维层在径向产生压缩变形使内层纤维松弛，产生内松外紧现象。这会造成内外层纤维不能同时承载压力、外层纤维先断、制品总体强度下降，因此须采用逐层递减张力制度，通过计算求出每层的缠绕张力。

五、影响玻璃钢性能的因素和预制技术及质量问题分析

玻璃钢液压机配备的润滑系统，为系统需润滑部分（主要是导轨）提供润滑油，减少运动件的磨损。润滑回路的开启与关闭由 PLC 进行控制。

1. 玻璃钢的耐腐蚀性能

主要取决于树脂。树脂属于塑料和橡胶一类的高分子材料，具有很好的耐腐蚀性能。但是，不是所有的树脂都能既耐酸又耐碱溶液的腐蚀。如酚醛树脂耐稀酸性能很好，在硫酸浓度小于 50%、温度至沸点的条件下，其年腐蚀率为 0.05～0.5mm；但在氢氧化钙浓度小于 50%、温度高于 25℃ 的条件下，其年腐蚀率为 0.5～1.5mm，腐蚀严重。而呋喃（糠醇）树脂的耐碱性能很好，在氢氧化钙浓度小于 30%、温度低于 110℃ 的条件下，其年腐蚀率为 0.05～0.5mm；但在硫酸浓度 10%～70%、温度高于 25℃ 的条件下，其年腐蚀率为 0.5～1.5mm，腐蚀严重。所以对于不同的腐蚀环境，针对性选择合适的树脂类型，才能很好地满足设备和工艺的防腐要求。

2. 玻璃钢泡沫热力管道的预制技术

保温层所用的原料为耐高温聚醚多元醇和多异氰酸酯，两组料分别装在聚氨酯高压发泡机的两个贮料罐中，搅拌聚醚；调整计量泵，发小泡试验，测试性能

指标，确定料的比例、发泡时间和发泡速度，并为下道工序喷注泡沫提供工艺参数。

在玻璃钢管中间开工艺孔，使用聚氨酯高压发泡机，实现泡沫原料的高压喷射。泡沫原料的喷注时间由时间继电器控制。

在保温管的两端钢管留头部位、保温层端面和保护层上刷不饱和聚酯树脂，并手工缠绕玻璃布，这样就形成了端头防水帽，防止水分的侵入。

在喷注泡沫的工艺孔内放玻璃钢圆孔片，并涂刷不饱和聚酯树脂，粘贴玻璃布，以保证工艺孔处的强度，防止水分的侵入。保温管在生产过程中和产品出厂前应按照玻璃钢泡沫保温管检验规则的规定进行质量检验，严禁不合格管出厂。

3. 检测与质量指标分析

一般检测预制的玻璃钢泡沫防腐保温管外观是否成型均匀，产品性能是否优越，要经国家检测中心测试，产品质量达到指标的规定，满足了城市管网集中供热的特殊要求。

六、玻璃钢管道的缠绕运动质量控制系统分析

（1）采用电子齿轮，缠绕精度高　缠绕是纤维缠绕成型加工的关键工序，在进行玻璃钢制品缠绕时，缠绕机芯模绕自身轴线匀速转动，导丝头按一定的速度比要求沿芯模轴线方向往复运动。只要根据缠绕线型的要求控制这两个电机的速度比，纤维经多次缠绕后就能均匀连续地布满芯模表面。实际生产中，缠绕机主轴和小车在运行时要根据工艺要求不断进行加减速，而且小车和主轴负载随着缠绕胶量和管体缠绕厚度的变化而变化。因此，缠绕机系统是一个惯量变化很大的非线性变速度同步随动控制系统。

已有的夹砂玻璃钢管道的缠绕控制方式是采用工控机加运动控制器模式，即数控机床中常用的两轴协调运动的控制方式，将主轴和小车同时作为运动控制对象，这种控制方式将主要运算和处理都放在了上位机内，由于干扰、负载变化等原因会造成系统稳定性差，由于工控机的操作系统和通信接口原因造成实时性差，最终影响了缠绕精度，造成产品质量的降低和原材料的浪费。

电子齿轮模式实际上是一个多轴联动模式，其运动效果与两个机械齿轮的啮合运动类似。当前轴工作在电子齿轮模式下时，须设定电子齿轮传动比，当前轴将按照这个速度比值，跟随主动轴运动。主动轴的运动模式可以是任何一种运动模式。当前轴运动位移增量等于与之相联系的主动轴的位移增量乘以电子齿轮传动比。

缠绕机控制系统如果采用电子齿轮控制，不把主轴作为运动控制对象，而是根据主轴编码器反馈的位置通过电子齿轮完成小车跟踪主轴的运动。主轴采用配

有速度卡的矢量控制变频器实现速度闭环控制，由旋转编码器完成主轴转角和速度的检测。因此，采用基于电子齿轮的位置跟踪控制方式可以确保纱片搭接良好，使纱片以环向缠绕的规律均匀地布满芯模表面。

（2）运动控制精度高　由于单条玻璃纤维纱线强度有限，小车反复地减速、停留、加速，运行一段时间后，会出现断纱、纱线分布不均等现象。这时须及时停止缠绕，对纱线进行人工调整，然后重新启动。因此缠绕机要具有良好的启停特性。而 Trio 运动控制器有两种停止运动模式：急停和平滑停止。

（3）抗干扰能力强　Trio 运动控制器是一种嵌入式运动控制器，这种运动控制器在工控机死机后仍能控制缠绕机继续进行缠绕。即用户不正确操作不会对系统的正常运行产生较大影响，这在工程实践中具有非常重要的意义。

（4）成本低　国内外现在的微机缠绕机系统采用的控制系统没有统一的规范，大型缠绕机主轴所需驱动力很大，如果采用传统的运动控制装置，其价格极其昂贵，一般厂家很难承受，而且设计复杂、维护困难。而 Trio 运动控制器价格低廉，维护简便，可大大节约系统成本，提高设备的竞争力。

（5）使用方便　夹砂玻璃钢管道缠绕机属于较精密机械，其控制系统主要完成的任务是能接受用户的参数输入，并对输入参数进行解析，控制伺服系统按一定的速度和轨迹运行。

七、玻璃钢圆柱模板混凝土的质量控制

玻璃钢储罐圆柱模板混凝土振捣从柱中心向外振捣，距柱模板约 10cm。柱混凝土应分层浇筑、振捣，连续施工，浇筑层的厚度不大于振捣棒作用部分长度的 1.25 倍，即每层厚度为 50～70cm，振捣棒避免碰到钢筋，尤其注意不得触及模板。每层混凝土浇筑需要间隔 15～20min，浇筑混凝土柱子时，混凝土应高出梁底标高 20mm。

玻璃钢柔性圆柱模板是依据圆柱的周长及高度，用高强材料制作成具有一定柔性的平板。这种模板具有展开和闭合两种形态，即自然存放时为展开的平板，使用时围裹成近似的圆筒。运用流体力学的原理，当混凝土浇筑时将具有一定柔性的模板自然胀圆，造价比钢圆柱模低 30%～40%，施工简便，工效高，能保证圆柱表面的圆曲光滑，整个柱身无横向接缝痕迹，柱子的垂直度和圆度成型精度高。

玻璃钢柱模施工质量控制工作主要从以下几个方面着手。

钢筋工程调整竖向钢筋位置，使其满足设计和规范要求，钢筋位移控制在5mm 范围内。柱受力钢筋根据设计图纸柱主筋的间距焊制柱主筋定位框，分别放置在柱中部和浇筑混凝土上口端部，采用直径 12mm 的钢筋根据柱主筋的截面净尺寸加工而成，要求每条分档筋与柱主筋位置保持 2mm 的间距。

（1）控制重点：模板就位、垫块放置、斜拉索设置和模板垂直度初调及复调。

（2）作业条件：柱钢筋绑扎验收完毕、模板安装操作平台搭设、施工现场场地平整、锚环埋设牢固。

（3）工艺流程：锚环埋设→放置垫块→粘海绵条→柱模就位→拧闭口螺栓→钩斜拉索→初调垂直→根部堵浆→柱混凝土浇筑→复调复振→柱根清理→拆模刷油。

（4）操作方法。各工艺流程具体操作方法如下：沿轴线居中预埋钢筋（$d=10\text{mm}$）锚环，斜拉索一端钩住锚环，另一端钩住圆柱上端钢筋（角度30°～60°），用花篮螺栓初步调整模板的垂直度。

八、玻璃钢罐喷射成型的工艺参数和控制方法与质量控制

1. 喷射成型的工艺参数和控制方法

（1）树脂含量　喷射成型的制品中，树脂含量控制在90%左右。

（2）喷雾压力　当树脂黏度为0.2Pa·s，树脂罐压力为0.05～0.15MPa时，雾化压力为0.3～0.55MPa，方能保证组分混合均匀。

（3）喷枪夹角　不同夹角喷出来的树脂混合交距不同，一般选用20°夹角，喷枪与模具的距离为350～400mm。改变距离，调高速喷枪夹角，保证各组分在靠近模具表面处交集混合，防止胶液飞失。

① 环境温度或树脂温度应控制在（25±5）℃，过高，易引起喷枪堵塞；过低，混合不均匀，固化慢。

② 喷射机系统内不允许有水分存在，否则会影响产品质量。

③ 成型前，模具上先喷一层树脂，然后再喷树脂纤维混合层。

④ 喷射成型前，先调整气压，控制树脂和玻纤含量。

⑤ 喷枪要均匀移动，防止漏喷，不能走弧线，两行之间的重叠小于1/3，要保证覆盖均匀和厚度均匀。

⑥ 喷完一层后，立即用辊轮压实，要注意棱角和凹凸表面，保证每层压平，排出气泡，防止带起纤维造成毛刺。

⑦ 每层喷完后，要进行检查，合格后再喷下一层。

⑧ 最后一层要喷薄些，使表面光滑。

⑨ 喷射机用完后要立即清洗，防止树脂固化损坏设备。

2. 玻璃钢储罐质量控制

（1）玻璃钢储罐进货检验控制要点：

① 玻璃钢储罐原辅材料、配件选有资质的供应商定点采购。

② 无论是否采取到供货方处进行验证的措施，均应进行进货检验。

③ 玻璃钢储罐对玻璃纤维制品（含玻纤表面毡、玻纤针织毡、玻璃纤维纱）进行面密度及线密度测试，含湿量及有机物含量测试，符合原辅材料、配件验收指标方可放行。

④ 玻璃钢储罐对树脂进行黏度、固体含量及凝胶时间检验，满足要求，方可允许使用。

⑤ 除对原辅材料的理化性能检测外，还应对其外观、数量、包装进行检验，理化性能的检验采用抽样的方法进行，详见《统计抽样检验应用指导书》（HB-ZC-20-01）。

（2）玻璃钢储罐检验过程

检验实行自、互检验制度，产品在配料、制衬、缠绕、修整、脱模、装配各工序，由操作工实行自检，并且由下道工序对上道工序进行检验。检验内容主要是外观、尺寸，检验结果填写产品质量过程检验记录，每件制品一个记录，制品编号和过程检验记录编号相对应。

（3）玻璃钢储罐成品检验

严格按照 JC/T 587—1995《纤维缠绕增强塑料贮罐》进行检验。

玻璃钢储罐（见图 7-1）内表面应平整光洁，无杂质，无纤维外露，无目测可见裂纹，无明显划痕、疵点、白化及分层；外表面应平整光滑，无纤维外露，无明显气泡及严重色泽不均。

图 7-1　玻璃钢罐喷射成型的检验图

玻璃钢储罐表面的巴氏硬度：不饱和聚酯树脂不小于 36。

玻璃钢储罐各部位的厚度均不小于设计厚度的 95%。

玻璃钢储罐内壁锥度应不大于 10，内径偏差不大于 ±1%。

玻璃钢储罐总高度偏差不大于设计值的 ±0.5%。

在玻璃钢储罐上封头外表面任意 100mm×100mm 的面积上施加 1110N 的载荷，封头不得有永久性变型和裂纹。

渗漏试验：将贮罐注满清水，贮罐经 48h 静水压，观察无渗漏。

第二节　玻璃钢制品生产过程的在线测量与质量测试

一、质量测试融于过程中

把测试技术融入到注塑过程中而不会影响周期时间，Billion 公司提供这样的方法。由长玻纤增强 PP 注塑而成的两个车用过滤器零件是通过注塑在模内装配而成。一个操纵装置传送做出的部件进行泄漏测试，同时另一个部件还在被注塑。Ateq 公司出品的测试装置被安装在模具上。测试在一个周期内完成，所以当打开模具时，部件已经被测试过了。

玻璃钢制品注塑过程中部件的性能在很大程度上是由模腔压力情况所决定的。德国亚琛的塑料加工研究院（IKV）开发出了热塑性塑料模腔压力用控制器，它的新版本利用了基于人体中枢神经网络的过程模式，而不是参数模式。控制器通过自动补偿干扰和工艺波动，连续地调节工艺。Thomas 机器公司专注于多层气管的生产。该公司已经在新型激光焊接机械手上安装了光学检测系统，用于在焊接过程中检查焊缝。该系统支持工厂起动，确保在仅生产几米的管子后就有极佳的焊接效果，从而降低废品率。它显示出不规则形状，例如内含物、多孔、开裂以及焊缝的深度和宽度。通过软件来分析缺陷，并记录下来。

潮湿检查防止了挤出膜中的孔眼和水纹等问题的产生，或者提高了单丝的拉伸强度。Aqutrim 是 Giottoindustrial 网络公司的首款湿气测量台的名字。获得了专利的这种测试方法确定出材料内部的水分，而不依赖于密度、颜色和表面组成。因为其款式紧凑，所以感应器可以被安装在生产线的不同位置上，例如干燥料斗的排料口。过程温度可以达到 200℃。

二、连续的玻璃钢制品测量

在制造玻璃钢制品及装饰平直的塑料或橡胶片材时，厚度测量是极为重要的，因为生产质量和原材料消耗量的节省与片材厚度的精确测量有着关系，材料厚度的差异必须尽可能小。Micro-Epsilon 公司的 Filmcontrol 8100 系统为不同类型的材料提供了不同的测量技术。根据这家制造商介绍，对于厚度大于 $30\mu m$ 的卷材，激光测微计与漩流感应器的组合是高度精确的。两种类型的感应器被集合到测量头中。4kHz 的测量频率即使在快速传输速度下也可实现不错的局部分辨率。组合工艺甚至以高准确度测量多层（共挤）膜。

玻璃钢制品材料性能或环境因素能影响非接触型测量系统，例如激光或电容方法。磁导感应器的操作与密度、待测材料的含水量或色彩波动没有关系。测量精度不会受到来自周边的振动、往返测试辊的偏差以及温度波动和测试材料摆动所引起感应点距的变化的影响。专门针对评定的硬件与软件提供具有公差范围的横向轮廓、具有公差范围和时间轴的趋势、各个测量值和统计数据。为输出被测结果和扩大警报，TCP/IP 界面和工艺界面可供使用。系统可以被连接到内部网络或互联网上。自动模头控制可以对工艺做出反应，并把它调节到公差下限。以这种方式可以实现 5% 的原材料节省。

用极柔软或有黏性的薄膜，接触感应器能导致膜泡的撕裂。一些公司提供了非接触型测量的解决方案，用于在挤出过程中测量吹塑膜的厚度特性。Isis Optronics 公司推出新一代的 Stradex 感应器。感应器被安装在环型横断上，将层厚值传送到外部控制装置中。两种吹膜生产线用电容式厚度测量装置，K-100 Ecoprofiler 和 KNC-200 Clingfree，是 Kuendig Hch. & Cie 公司最为畅销的产品。Octagon 过程技术公司是吹膜生产线用仪器和控制系统的制造商，其 "ScenEx" 已经采用了模块化理念。

三、质量控制和工艺优化

一般检查系统以质量控制和工艺优化对设备制造商给予支持。这种系统的中心部件是数据传输速率在 80~120MHz 的拍照系统。Erhardt＋Leimer 公司提供了即时工艺和质量优化的系统平台。"Elscada" 由数字控制系统、高分辨率感应器和精确激活器组成。在模块数字控制系统（DCS）中，各个组件能通过 CAN 总线与另一个组件灵活相连。界面对将由开环闭环控制元件组成的 DCS 系统与主电脑相连。模块化质量管理软件（"Elscad"）记录、分析、储存和显示大概的工艺数据。所有与工艺有关的数据在一个数据库中被管理。想生产质量稳定、精确卷绕、具有最大实用宽度的筒形产品，如没有可靠高效的卷材引导系统，加工商就不能控制好。一般就是 Erhardt＋Leimer 出品的这种新型卷材引导系统。数字系统在狭窄空间内能进行无故障的位置控制。超声波感应器自动记录下边缘位置。当改变生产作业时，具有改进扫描点的"感应定位支持"自动地把感应器安置到新宽度卷材上。通过 CAN 总线，所有的控制回路元件被联网在一起，可以通过系列/平行界面或自制用户界面来进行控制。

玻璃钢制品或塑料卷材产品中的光学扭曲由 Isra Vision 公司的新型表面检查系统进行探查。它适用于挡风玻璃、电视屏幕和电脑显示器、手机屏、平板显示器等产品的质量控制。高速相机与新型极亮闪亮一起，在极高工艺速度下识别出极小的缺陷。一台工业用主电脑收集、储存和显示出错数据。该系统基于 Windows 平台。它预先警告操作者，从而能促进其优化工艺。

玻璃钢制品在聚合生产过程中，Brabender Messtechnik 公司的 Auto-Grader

在几秒钟内连续确定熔体流动指数、膜纯度、透明度或密度与雾度。该系统与其从前款式相比的进步是挤出机和模头的放置和它们被集合到箱子里。普通机型结合了流变性与光学支持的测量系统，用于检查凝胶颗粒、鱼眼、斑点和非导光性颗粒（外来和燃烧颗粒）。光学测量系统由高分辨率相机、强大光源和结合有Windows软件的影像处理系统组成。所有相关数据被储存在数据库中，可以通过以太网界面被转移到工艺控制系统中。通过连续界面，该系统可以与主机联网在一起。这让所有的测试数据能在生产控制间内被显示和监控。

四、记录形状

超声波系统被用于玻璃钢管材挤出生产线中，在生产过程中可快速非接触式测量壁厚、同心率、直径和椭圆度。Beta LaserMike 公司推出了具有"抽查技术"的超声波系统，它能迅速和自动地建立起它自己的超声波，这在过去是由人工完成的。这确保所有的传感器可被同样地调节。如果产品或工艺条件变化，那么自动调整可以适用于信号处理。所有传感器的连续自动调整提高了壁断面和同心度测量的一致性和准确度。

Zumbach 电子公司的 ProfileM 是一种模块化非接触型测量系统，可对被挤出玻塑料、橡胶或玻璃钢制品复合材料的型材进行即时监控。它产生出对有关形状的连续记录，例如高度、宽度、角度、半径等，同时降低启动时间和不合格率。该系统利用了结合有高分辨率 CCD 相机的激光分光工艺。一个、两个或四个激光/相机组件可以被组合起来，测量产品的所有重要形状。每种产品的详细资料被储存在一个丰富的资料库中，包括带标称值的数字绘图和必须被测量和显示出来的重要参数。

五、常用塑料性能参数意义及共混改性方法

玻璃钢制品生产过程的常用塑料性能参数意义及共混改性方法非常重要，玻璃钢制品生产过程的在线测量与质量测试往往对整个塑料性能监控提供分析依据。

1. 拉伸强度

在拉伸试验中，试样拉伸直至断裂为止所受的最大拉伸力与截面积的比值。

屈服强度

在拉伸试验中，试样在屈服点处所受的拉伸力与截面积的比值。屈服是高分子发生取向的时候，即在电脑屏幕上看到的应力-应变曲线上升到第一个高峰时，可以明显看出试样逐渐变细，说明杂乱的高分子开始变得有序。测试仪器为LDX-300 万能材料试验机。

2. 冲击强度

（1）材料承受冲击负荷的最大能力。

（2）在冲击负荷下，材料破坏时所消耗的功与试样的横截面积之比，可以用 N/m^2 表示，对于固定试样如悬臂梁缺口冲击，也可以用焦耳表示。

冲击强度根据测试方式的不同，分悬臂梁冲击强度和简支梁冲击强度，一般国内使用的多为缺口冲击强度。测试仪器为 XBC-4 摆锤梁缺口冲击机。

3. 弯曲强度、弯曲模量

弯曲强度指材料在弯曲负荷作用下破裂或达到规定挠度时能承受的最大应力，可以用 kg/cm^2 或者 Pa 表示。弯曲模量又称挠曲模量，指材料在弹性极限内抵抗弯曲变形的能力，单位为 N/m^2 或 Pa，一般说来，材料的弯曲强度大，弯曲模量也大。但也有例外，如发泡聚苯乙烯弯曲强度不大，弯曲模量却很大。测试仪器为 LDX-300 万能材料试验机。

4. 维卡软化点试验

评价热塑性塑料高温变形趋势的一种试验方法。该法是在等速升温条件下，用一根带有规定负荷、截面积为 $1mm^2$ 的平顶针放在试样上，当平顶针刺入试样 1mm 时的温度即为所测的维卡软化温度。

5. 熔融指数

熔融指数（MI）也称熔体流动速率（MFR）或者熔体流动指数（MFI），是表征塑料在热状态下的流动性能，是成型加工的主要依据。一般用熔体在一定温度下每 10min 通过规定的标准口模的质量，即用 g/10min 表示。测试仪器为 LDR-33 型熔融指数仪和电子天平。

熔融指数可以间接表征塑料的分子量及分布、交联程度等。同一种塑料，熔融指数低的，分子量较高或者分布窄，因此，掌控熔融指数十分重要。

第三节　玻璃钢制品部件的环境检测与质量控制

对玻璃钢制品或塑料部件的环境检测正在成为阻止材料出现潜在的缺陷的重要方法之一。由于越来越多的原始设备制造商开始生产材料设计和选择的处理设备，在设备工作期间的环境缺陷也可能导致供应链的失灵。这对于自动化塑料生产很适用。原始设备制造商、制造商、出资方以及附加设备提供商通常在产品将要存放的环境等问题上缺少沟通。对产品应用的方式以及地点的误解是生产失败的一个重要原因。

制造商们的压力来自改善产品性能以及降低成本。他们选择了研究新的材料以及添加剂来作为解决方法。但是开发这些新材料的同时缺少足够的环境检测程序也许可以解释为什么与环境相关的产品缺陷越来越多。一套完善的环境检测程序可以很好地解决这些问题，不幸的是，多数生产商以及他们的顾客对如何检测产品对环境的适应性却没有很好的解决办法。

一、导致玻璃钢制品生产失败的原因

如下的三条是导致玻璃钢制品生产失败的主要原因：失败的设计，包括不适用于终端应用环境的原料配比；应用设计标准之外的产品；影响产品性能的对工艺以及原材料的调整。失败意味着颜色以及性能的改变，包括发黄、退色、变色以及失去光泽。对其他产品而言，失败意味着力学性能以及物理性能的变化，例如放入洗衣机中的尼龙会变得易碎并出现裂纹。

顾客们希望他们的玻璃钢制品既能够表现出良好的性能，在整个使用过程中外观也没有太大的变化。尽管如此，生产失败的概念还是应该由顾客根据产品性质变化的程度做出判断。

二、生产失败中的新因素

玻璃钢制品原料和产品正在逐步应用到全球的市场中，其中有些领域在最初的设计检测中并没有考虑到。交通控制产品最大的制造商之一正在为其他国家的室外检测提供样本，因为根据公司管理层的说法，"有时候一种产品在不同的环境下的性质会不同，而这些我们根本无法预测"。

新型聚合物、传统聚合物的改进产品（例如金属茂合物接枝）以及新型共聚物、混合物以及合金的市场受它们性价比以及利润的影响很大。尽管如此，如果缺乏足够的检测，这些新型材料的耐用性仍然是一个很大的问题。与此类似，基于新型有机颜料以及颜料混合物的新型着色剂系统正在被重金属着色剂取代。这些新型的着色剂在颜色稳定性以及耐光性上的表现还有待检测。

举一个现实生活中的例子，一种染色的玻璃钢制品或塑料家具部件短时间暴露在透过玻璃窗的太阳光下之后，就会出现严重的褪色以及颜色改变现象。着色剂系统包括白色和黑色的无机颜料以及红色、蓝色和黄色的有机颜料。产品一开始表现出整体的褪色是由于有机着色剂不同程度的变性，颜色开始变成褐色，随后又变成绿色。

室内紫外线影响并不总被认为是一个非常重要的降解因素。这在聚丙烯荧光灯固定装置中得到证实，这种设备由于受附近的荧光灯发出的紫外线照射而变色并且变得模糊和易碎。

很多新型的着色剂系统都被接枝到聚合物载体上。将这种载体添加到其他的基本聚合物中可以改变系统的耐环境因素。同时，在这种载体中稳定的颜料可能在其他基本聚合物中并不稳定。这种现象对于刚性以及塑性化之后的聚氯乙烯来说尤其如此，很多颜料由于聚氯乙烯在室外逐步脱去氯化氢而形成的比较高的酸度而与聚氯乙烯不能相溶。

从不同的工厂，甚至相同工厂中不同的反应器中相同批号的树脂都会在交联度、分子量分布以及侧链支化度、小球尺寸上有所不同，当然也包括耐环境因素。对于类似聚丙烯的半晶质聚合物尤其如此。举个例子，有时候一种好的产品与一种不合格的产品之间的差别只有原料中钙元素含量的不同，通过调查，发现这是由于原料来自不同的工厂，而在微粒化操作中由于各地水中钙元素含量的不同而导致产品性能的差别。这种差别会影响产品对环境的适应性。

填充物以及其他体积添加物的价格会经常变化，但是如果一个不懂得相关技术的买家为了节省成本而更换供货商或是批号的话，就有可能影响到产品的性能。举例来说，云母可以吸收 HALS 紫外线稳定剂并降低它们的效果。如果没有得到充分的固定，在很多种硅填充物中的金属成分可以加速聚丙烯的降解。

三、稳定剂还是非稳定剂

从某种程度上来说，所有的聚合物添加剂都可以被认为是一种杂质。除了积极作用，它们也有很多副作用。举例来说，二氧化钛被用于保护刚性的乙烯基免受紫外线的影响。尽管如此，在紫外线照射和一定湿度的条件下，二氧化钛同样可以引起聚合物的降解，在有乙烯基侧链的情况下导致粉化。幸运的是，通过应用一种环境适应的二氧化钛以及合适的表面涂层工艺，可以避免这种粉化现象。

炭黑是另一种常用于紫外线防护的颜料。尽管如此，炭黑也有很多的等级和类型，其中有些类型的表面上可以吸收抗氧剂的官能团很多，反而降低了整体的稳定性。

类似钙和锌的硬脂酸盐的金属螯合物经常被用作稳定剂。尽管如此，它们对其他的添加剂有可能产生不好的效应，例如阻碍胺光稳定剂（HALS）。这种效应可能影响环境稳定性。

阻碍酚抗氧化剂被用作稳定剂。但是，它们可能会和空气中的氮氧化物反应，同时产品会泛黄或者变红。还需要应用另一种稳定剂来解决遇空气褪色的问题。

当材料被暴露在高温条件下时这种效应尤其明显。举例来说，一个野餐冰柜制造商发现他的一个装满冷却器的仓库的聚氯乙烯内部衬垫变形和变红。原因就是仓库的温度在夏天达到了 37.8℃。在汽车的 TPO 中也频繁地遇到类似的颜色问题。

四、循环利用增加了风险

添加重新利用的玻璃钢制品边角余料以及消费者的回收利用会严重影响产品的稳定性，尤其是物理性能。这些玻璃钢制品材料之前的热历史可能已经耗光了起保护作用的抗氧化添加剂。最终的结果就是更高的紫外线敏感性以及分子量的增加，同时伴随着泛黄现象出现，机械性能也会有所影响。举个例子，高密度聚乙烯塑料板材的生产商发现抗氧化剂在重新加工过程中已经耗尽，产品的环境稳定性大幅度下降。

当没有试用过的时候，添加已经使用过的材料比添加未使用过的材料的风险更大，一些生产商只会在边角余料的加入量很高的时候才会进行重新研磨。有时候二次粉碎物料的含量可能高达百分之百。同时，生产商对于二次粉碎物料的干燥的关注程度通常没有对原始物料的关注程度高。这种湿度的增加可能对类似尼龙、聚乙烯醇以及聚碳酸酯等聚合物产生显著的影响。这种湿度的增加，连上加工过程中的热量以及空气中的氧气可以生成过氧化氢，这种物质可以加速热降解以及增加塑料对光的敏感性。

政府的法案，例如欧盟对汽车材料新的材料回收管理条例，也将很快对美国的制造商产生影响。随着二次粉碎物料含量的增加，对产品寿命的要求也要有所调整。

五、检测对工艺做出判定

对产品进行环境检测还有另外一个原因，就是确定工艺不会危及产品的寿命。乙烯基接枝工艺过程中的泛黄仅仅是一个例子。很多产品的失败都与工艺的改变有关，比如升高模具温度来生产更特殊的产品，或者提高初级速率以及模头的温度来提高产量。这些步骤通过引发自由基氧化和自催化降解机理对聚合物产生消极的影响，耗尽抗氧化剂以及使聚合物对紫外线变得敏感。

第四节　玻璃钢制品模具测量技术
及其成型产品质量保障

随着现代制造技术的飞速发展，模具成型技术以其高精、高效等特点而得到越来越广泛的应用。数字设计与制造技术的发展使得零件的形状与精度都有了极大的提高，这就对模具及模具成型产品的成型精度及生产过程中的质量保障提出了更高的要求，要保障零件成型的精度，高精高效检测技术的应用是必然的，它也是模具成型产品质量控制的根本。

由于模具成型过程的特点，使得对其检测及质量控制有着与常规产品检测不同的特点，具体体现在以下几个方面：

（1）模具成型的零件一般都比较复杂，无论在外形和结构上都给测量带来了难度；

（2）由于某些成型产品的材料和结构等原因，如注塑件和薄壁零件，使得测量成为一项非常困难的工作。成型产品的精度与成型过程有关，这就对成型产品的测量、模具的调整及后续批量加工的精度控制都带来了难度。

以上这些原因，使得模具及其成型产品的检测与质量控制有着相应特点，下面针对模具的特点，结合现代数字测量技术，介绍有关模具及其成型产品的检测技术和相关应用。

一、数字检测技术

与模具及成型产品相关的检测主要涉及空间几何尺寸与空间形位等几何方面的测量，由于涉及空间测量，因此最常用的空间数字测量技术为坐标测量技术。

坐标测量基本原理就是通过探测传感器（探头）与测量空间轴线运动的配合，对被测几何元素进行离散的空间点位置的获取，然后通过一定的数学计算，完成对所测得点（点群）的分析拟合，最终还原出被测的几何元素，并在此基础上计算其与理论值（名义值）之间的偏差，从而完成对被测零件的检验工作。图7-2为直角坐标固定式的三坐标测量仪外形示意图。

在模具与成型产品中，被测零件除了有常规的几何尺寸测量和形位尺寸测量外，还存在着大量的曲面与曲线的测量，从数字测量技术来看，对曲面与曲线的测量就是对被测对象进行离散化，通过对点云的测量与分析计算来完成相关的测量工作。这类曲面测量有时用扫描测量仪器完成，那样会有更高的效率。

图7-2　直角形固定式的三坐标测量仪

图7-3是另外一些常见的坐标测量仪器，它们有着不同的坐标体系，尽管其坐标形式不同，但其测量原理是一样的，只是功能与应用的场合有所区别。

图7-3　球坐标激光跟踪仪（左）和点云扫描测量仪（中）及多关节式测量臂（右）

（1）激光跟踪仪：这是一种球坐标形式的坐标测量仪器，一般具有几十米的高精度测量范围，用于大型模具及大尺寸产品的测量工作，图 7-3 所示的是 LE-CIA 的激光测量仪，当配上 T-Probe 和 T-Scan 等附件后，它将成为能在大范围空间中移动的坐标测量仪与点云扫描测量仪。

（2）点云扫描测量仪：一般有光学条纹测量、激光扫描测量等形式，即采用点云的扫描测量方法完成对曲面的扫描测量工作。这类测量工具还能用于海量点云数据的快速获取。

（3）测量关节臂：这是一种多关节坐标形式的坐标测量仪器，目前已在国内得到了相当的应用。

以上三种坐标测量仪器都是便携式的，因此它们在模具测量中，特别是大型模具和现场测量与应用中较之常规固定式的坐标测量机将有更广泛的应用。

二、模具及成型产品检测技术

从表面看，对模具及成型产品的测量同样是对空间几何元素的测量，这与一般机械零件的测量区别不大，但如前所述，模具行业中的数字测量有着其非同一般的空间几何测量特点。从零件精度要求及其精度控制要求来看，控制零件最后成型的精度才是最终的目标，从这一点来看，简单的模具测量意义不大，但调整成型产品的精度又与模具测量分不开，因此在实际应用中，必须有效地将这二者的测量结合在一起，这不但对成型产品的质量控制有好处，同时也将有助于模具设计与模具制造过程设计，并最终提高模具设计与制造技术。

下面对几种主要的模具及成型产品的方法做简单的介绍。

（1）钣金零件测量：钣金零件一般都比较薄，在常态下很难保持图纸要求的状态，因此这类零件的测量首先应该使其保持合理的工况，必要时需要制作专用的夹具使其保持在正常的工作状态，这有点类似使用样架进行测量时的做法。此外钣金零件在实际测量时要注意被测零件的光亮带，这在自动测量时将具有相当大的技术难度。至于曲面与外形的测量，如果有 3D 数模将能十分方便地完成相关工作。在这类零件测量中，对模具的测量往往不能直接反映零件的情况。

（2）注塑零件测量：塑料件一般有着与钣金件同样的工况问题，同时当零件壁厚较薄时，还会有测量时的测点变形问题，因此除了在测量时注意保持被测零件的工况外，还要注意保持被测点的实际状况。同时由于注塑成型一般具有脱模斜度，因此在实际测量时要注意由于脱模斜度带来的影响，在这类零件测量中，对模具的测量也往往不能直接反映零件的状况。

（3）金属铸造零件：金属铸造零件一般比较厚实，因此在一般情况下能自己保持工况，但在精密铸造零件的测量过程中，往往会被要求在毛坯情况下进行相关测量，这时测量基准的建立将具有相当的难度，这跟由样架与测量夹具进行零件的工况定位并测量完全不同。在这种情况下，往往会采用叠代的方法建立测量坐标系，此时用于叠代计算的关键几何元素的精度将成为整个测量的关键。此类零件的测量中，对模具中相关定位几何元素的测量将直接关系到测量工作及其测量数据的准确性。

从以上叙述可以看出，对模具成型零件的测量，不光涉及数字化测量仪器，还涉及测量辅助与定位装置，特别是用于重现零件工作状况的工装夹具的制备，有时还会涉及模具中关键几何元素的测量与调整工作，因为这些都将直接影响到测量基准及测量结果。从某种角度讲，模具及模具成型产品的测量是一个系统问题。

三、模具成型产品的质量控制

测量的最终目的是为了保障被测零件的精度。对于模具成型的零件而言，要保障零件的精度，就得调整模具。但事实上，由于模具成型过程的复杂性，特别是成型工艺对零件精度的影响，使得对模具成型零件的精度控制较之一般的精加工零件而言具有更大的难度。因此，模具及成型产品的测量将只是整个模具精度调整中的一部分，基于模具成型工艺的测量数据分析及调整技术的应用将成为模具成型产品精度保障的关键。

所谓基于成型工艺，就是要将数字测量所得到的数据与零件成型的工艺过程与工艺参数关联起来，而不是简单地将测量结果直接应用于模具的调整。

事实上，由于零件的形变，特别是钣金零件中的回弹、注塑零件中的收缩与变形等，都使得测量结果与调整量之间的关系变得非常复杂，因此必须对测量数据做相应的基于成型工艺的分析与处理。

在对测量结果的分析过程中，统计分析方法是常用的数学工具，为了使得统计分析的结果正确有效，要求测量方法、零件定位方法、工艺过程具有相对稳定性，所有这些最终也要求从系统的角度来对待整个测量、调整与质量保障过程。因此系统地建立模具成型产品测量、分析、调整与质量保障工艺过程是必需的。

对于高精度的模具成型产品而言，对模具成型产品的质量控制将不光在试模阶段，更重要的是在产品的大批量高速生产过程中，这将使对模具状况及成型工艺的监控变为动态，在此过程中，建立完整的检测、调整与质量控制工艺过程将成为保障产品质量的关键所在。

要完成对高精度模具成型零件在整个生产过程中的质量控制，将会应用到以下相关技术：

模具成型零件质量控制工艺设计技术；

零件质量信息快速数字化技术，包括参数化模块化的数字测量技术等；

基于加工工艺过程的质量信息分析技术；

模具状况动态监控与调整技术。

总之，有关模具及其成型产品数字化测量及生产过程质量控制方面的内容，希望能够抛砖引玉。

从数字检测技术的发展来看，目前数字测量工具在几何信息的获取方面已基本能满足模具行业的要求，但从模具及成型产品的精度控制，特别是高精度模具成型产品质量动态控制技术方面来看，其技术研发和应用都还存在着一定的问题，这既是一个系统问题，同时也将是个案问题，但在方法上仍具有相当的共性，并将在一定程度上成为一种专门的技术。

第五节 PLC在挤出机温度与玻璃钢制品挤出的质量控制

一、概述

在塑料挤出中，熔融物料温度控制的效果直接影响了挤出制品的质量，例如制品表面的残余应力、收缩率及制品质量的稳定性。现有一台单螺杆挤出机，由于较早购置，挤出机的温控系统采用分离仪表控制方案。其加热方式为加热瓦分区加热。根据工艺要求，各区设定不同加热温度，采用温控仪表加继电器的温控方式。由于温控电路结构复杂，故障率较高，此外，温控表为断续控温方式，因此各加热区温度波动较大，塑料制品的加工质量难以稳定。

针对上述情况，设计了以PLC为控制核心的多回路不等温塑料挤出机温度控制系统。经试验，该系统控温精度高，硬件简单可靠，塑料制品加工质量稳定。

设备概况如下：单螺杆挤出机，$d=120$mm，$L/d=25$，最大产量450kg/h，12个加热段，固体输送段3个，熔融段4个，熔体输送段3个，机头2个。采用风冷方式冷却。

二、系统硬件配置

本系统采用德国SIMENS公司的S7-3002可编程控制器为控制核心，可实现温度的采集与自动调节。系统要求实现12路温度控制，每一回路均为设定固定值控制。根据实际要求选用相应的功能模块。

其中CPU模块选用CPU-314IFM，其带有一个MPI接口，集成有20个数字输入端、16个数字输出端、4个模拟输入端、1个模拟输出端，内部集成PID控制功能块，可以方便地实现PID控制。

数字量输出模块选用 SM322，DO8×230VAC，模拟量输入模板选用 SM331，AI8×12 位，参数通过模板上的量程和 STEP7 设定；通道按两路一组划分。

温度传感器选用 K 型热电偶，其测温范围适中，线性度较好，将 SM331 模块量程置于"A"。采用内部补偿温度补偿方式。

电源模块选用 PS307。

上位机通过适配器与 PLC 组成 MPI 连接。PLC 与上位机之间可相互通信，实现对温度的实时监控。

系统硬件配置如图 7-4。

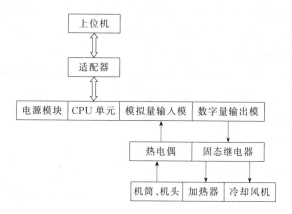

图 7-4　系统硬件结构组成

三、系统工作原理

本系统是一个闭环反馈控制系统。在一个采样周期内，温度传感器（热电偶）将检测到的料筒与机头温度信号，经模拟量输入模块 SM331，由 CPU 读取。CPU 将读取的数值 PV 与设定值 SP 进行比较，得到偏差 $e=SP-PV$。根据偏差的大小和温度控制策略进行计算，得到控制输出，即继电器在一个采样周期中的导通比，经过脉宽调制，最后得到继电器在一个采样周期中的导通时间。通过控制继电器在一个采样周期中的导通时间即可控制加热器的加热时间，或者冷却风机的工作时间，从而达到控制温度的目的。

四、温度控制策略

在进行 PID 调解时，比例调节反映系统偏差的大小，只要有偏差存在，比例调解就会产生控制作用，以减少偏差。微分调节根据偏差的变化趋势来产生控制作用，它可以改善系统的动态响应速度。积分调节根据偏差积分的变化来产生控制作用，对系统的控制有滞后的作用，可以消除静态误差。增大积分时间常数可提高静态精度，但积分作用太强，特别是在系统偏差较大时会使系统超调量较大，甚至引起振荡。因此，本系统中采用智能 PID 温控策略。

图 7-5 中，T_m 为机筒或机头某一段的设定温度，$\pm\Delta T1$、$\pm\Delta T2$ 为第一、第二温度区间值。

由于物料在挤出机的不同区段状态不同，所设定的温度也不同，因此不同的区段控制精度也不同。

在固体输送段，物料为固态颗粒，物料与机筒之间的作用力是摩擦力。在摩擦力作用下，电机的机械能转化为热能，物料被挤压成固体塞。物料温度升高，软化，该段的设定温度低于物料的熔融温度，温度控制精度较低。

在熔融段，与机筒内壁接触处的物料达到熔融温度区域，物料开始熔融。物料逐渐由固态熔融为液态。该阶段物料需要吸收大量的热，同时又要防止物料温度过高分解，因此该段温度控制精度较高。

在熔体输送段，该段又被称为均化段。在这一段既是要保证物料成分均匀混合，同时也要保证物料温度均匀分布。该段的温度控制结果决定了最终的温度控制结果，因此这一段的温度控制精度最高。

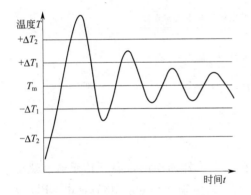

图 7-5　温度变化示意图

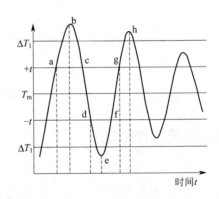

图 7-6　温度自适应控制

五、PLC 编程

本系统采用 STEP7 5.3，选用梯形图编制温度控制程序。由于本温控系统中每一回路采用的控制策略及所完成的功能均相同，因此采用结构化程序设计方法设计温度控制程序。比例调解功能块 FB 用于计算，每一个加热段对应一个相应 DB 数据块。程序运行时，FB 调用相应的 DB 块进行计算，得出各加热段相应的输出量。

(1) 比例调解功能块 FB3，它主要由功能块 FB41 和 FB43 组成。由 FB41 根据温度偏差进行 PID 运算，计算出输出量（即继电器在一个采样周期中的导通率），再由 FB43 将其转化成脉冲信号，完成脉宽调制。程序在一个采样周期中多次调用功能块 FB 来实现各回路的温度控制计算。本系统中比例调解功能块 FB 通过 OB35 中断调用。OB35 是定时中断组织块，在程序中设定 20s 间隔运行。

（2）功能块 FB41 完成 PID 控制算法。FB41 中 P、I、D 以位置式验算参与工作。比例（P）、积分（I）、微分（D）作用以并行结构的形式相连接，通过激励软件跳选开关可组态成为 P、PI、PD 和 PID 控制器。FB41 中的用户参数如设定值、过程变量、操纵变量、比例增益、积分时间、微分时间、采样时间、量化处理、功能选择等存储在各加热段相应的 DB 数据块中，可在线或离线修改。

（3）功能块 FB43 完成脉宽调制，脉冲输出时间采用如下计算公式：

$$t = \frac{INV}{100} PER\_TM$$

式中，PER_TM 为脉冲输出周期，等于功能块 FB41 的采样时间 20s；INV 为功能块 FB43 的输入参数，等于 FB41 的输出值。

（4）与上位机通信的设计与实现

PLC 与上位机的通信主要通过读取和改变 PLC 的 DB 来实现，包括实际温度数据块、设定温度数据块、加热继电器信息数据块、冷却继电器信息数据块、各中间继电器报警信息数据块等。

（5）PID 参数的整定

先采用 Ziegler-Nichols4 方法获得系统的 P、I、D 参数，然后在现场用试凑法加以修正。

Ziegler-Nichols 方法整定 PID 参数的具体方法如下：

给系统施以阶跃激励（全功率加热），根据阶跃响应曲线测量出系统的放大系数 K、等效时间系数 T、纯滞后时间 t，然后按 Ziegler-Nichols 公式计算出 PID 算法中所需的比例参数、微分参数 T_i、积分参数 T_d，见表 7-1。

表 7-1　Ziegler-Nichols 整定公式

项目	K_p	T_i	T_d
PI	$0.9 T_p / K_t$	$t/0.3$	
PID	$1.2 T_p / K_t$	$2t$	$0.5t$

六、上位机监控系统

人机监控界面采用西门子组态软件 WinCC6.05。通过读取 PLC 的 DB 块，在上位机上可显示各加热段实际温度、加热器或风机的开闭状态等。下面阐述监控系统的功能及实现方法。

（1）主屏功能与实现　主屏主要显示各加热区实际温度、加热器及冷风机的开闭状态等，通过图形编辑器和相应的标签管理来实现。

（2）温度趋势图的设计与实现　温度趋势图主要显示各加热区的历史温度和当前温度，通过 WinCC 将时间取样数据和事件记录在数据库，通过曲线的变化反映温度的历史记录。

总之，根据挤出理论，分析挤出机各段的温度分布情况，根据各加热段所处的不同位置，采用不同的温度控制精度来设计智能 PID 温度控制系统，降低了控制难度。用 PLC 做控制核心，WinCC 作监控软件，实现温度控制的要求。经试验，在新的温控系统控制下，挤出机工作平稳，取得良好的控制效果，温度超调量小于 3℃，静态误差小于 ±1℃。

第六节　玻璃钢管材质量检测系统与玻璃钢制品工艺及质量控制

一、高效可靠的管材检测系统

1. X-RAY 2000 系列测量装置具有精度高、功能性强的特点

在 Chinaplas 上，SIKORA 展出了已批量生产的成功机型 X-RAY 2000 系列。该 X-RAY 2000 系列中所有的不同款式拥有满足最苛刻质量标准的潜力。这种装置突出的创新之处是高精确度、易于操控及对三层以上产品的连续在线质量控制。X-RAY 2000 适用于直径 3～300mm 的所有软管和硬管，并在复合类型的测定、压力软管和汽车领域应用纤维增强的各种用途中证明了自己的可靠性。

X-RAY 2000 系列的显示与控制装置为 ECOCONTROL 2000，这种强大的处理器系统始终不变地显示所有测量值，确保最高的质量标准和正确地控制挤出机产量或线速度。它提供一个与长度或时间有关的被测尺寸的图表，并显示测出的尺寸的静态分布曲线。借助最小值、最大值、平均值、标准偏差、Cp 和 Cpk 值的数据 SPC，质量检查人员可以获得其工作所需的所有必要信息。

2. 高稳定性冲击试验机

CEAST 公司推出的 IMPACTOR II 冲击试验机，具有多样性功能，可用于 Charpy，Izod，Dynstat 和拉伸等强度测试。该仪器采用独特的整块铸铁结构提供绝对的强度和结构稳定性，符合国际标准，也产生由装配式结构无法获取的尺寸准确度。

IMPACTOR II 冲击试验机具有多样功能性，可进行多种不同强度测试。

在摆锤任一侧面上的完全防护装置提供测试过程中的安全性。专为这种仪器开发的获专利的扁锤设计有人性化的快速更换机制：无须用工具或螺丝，创新的楔形系统保证只要稍微上紧就可固定牢靠。成熟的红外线系统可以鉴别所用摆锤，防止因为不同能量级别或测试条件可能产生的差错。专门设计的碟刹以双制动面为特色，保证低动力下的高制动扭矩和顺畅的操作。通过一个非接触的新磁性编码器，实现对角度的测量，从而实现无与伦比的准确度。为了获得冲击曲线起始点的最佳重复度，并使数据输入易于同步，配备有一种可编程的输出引发信号。为避免摆锤连接电缆的不均衡与反弹效应，仪器可以装备微型滑环，以最小的摩擦传递电气信号。

IMPACTOR II 装备有先进的内嵌式个人电脑和高分辨率彩色显示器。这种新型触屏界面能令操作者管理整个测试环节，并将最终结果储存到内存、闪存卡或局域网连接的个人电脑中。一旦测试参数和数据被存下来，就能迅速和简便地执行新的测试或重复旧的测试，只需要调出被储存的数据即可。两种不同水平的存取避免未经授权者操作使用仪器。可供选择的 VisualIMPACT 软件被设计用于控制 CEAST 冲击测试仪器的所有功能，Impactor II 提供了一种用户易于操作但又功能强大的界面。此外，用户还可获得大量的附件和几种样板控制选择如cryomatic 盒，具有自动或手动摆锤重新配置，能量水平达到了 50J。

二、影响 PE-Xa 管材性能与使用寿命的因素分析

地暖管材有很多种，如玻璃钢管材及 PE-Xa、PE-Xb、PE-Xc、PE-Xd（含超薄地暖管材）、PE-RT（含超薄地暖管材）、PB、PE-RT/EVOH、PB/EVOH、PP-R、PP-B、PP-R/AL/PP-R 和 PE-RT/AL/PE-RT 等都可以作为低温采暖管材。

其中，PE-Xa 过氧化物交联聚乙烯管材是首选，其优点包括：价格最优惠；产品柔软，弯曲半径为 5D，便于地暖盘管；耐酸、耐碱、耐腐蚀、耐老化、使用寿命长。

根据国家相关标准中的预测强度曲线图，可以得出如下结论：拐点出现的真正原因是地暖管材在一定温度、压力、时间的条件下就会出现疲劳老化现象，物理力学性能快速下降，从而出现拐点。PE-Xa 过氧化物交联聚乙烯管材则是在110℃、8760h（100 年）、2.5MPa 条件下都不出现拐点的地暖盘管产品。

所谓地暖辐射采暖，就是将能量以波长为 $8\sim13\mu m$ 的远红外线形式传递给供暖空间中的人和物体。地暖管材一旦铺设完成，若无法达到使用年限，再拔出来维修或更换，不仅费时费工费钱，而且严重影响人们的正常生活，为此保证地暖管材的质量不容忽视。那么，影响地暖管材 PE-Xa 的性能与使用寿命的因素有哪些？

1. 原材料的性能

材料性能是保证质量的先天之本。树脂分子量的大小及其分布范围对产品性能有很大的影响，分子量越低，分布范围越宽，体现的 MI（熔体流动速率）就越大，表明生产加工时流动性越好，则产品的压缩密度、剪切塑化赋予管材的强度越差，使用寿命更短，容易出现爆管、老化快等诸多质量问题。

因此，国内知名地暖企业一般采用高品质进口 XL1800、8100X 等 PE-Xa 专用树脂，MI（190℃，21.6kg）在 2g/10min 左右。

如果采用国内 LLDPE7042 生产 PE-Xa 管材，成本虽然低，但由于 MI 太大、分子量低、密度小，导致强度差、老化快、使用寿命短，使用后很容易出现爆管，以至于返工抠管重新安装在所难免。

2. 温度、压力、时间与长拐点之间的关系

树脂挥发分高，在管材的表面或隐蔽之处就会有小孔，形成不同程度的应力集中，影响产品的耐高温性能，缩短使用寿命。

因此，除了要求树脂加工企业的挥发分合格外，在运输储存过程中也不能被水淋湿或其他东西污染。

同时，必须保证原料混料的时间和均匀度，一般控制在 15min，而且要注意投料的顺序及技巧，使树脂与各种助剂分散均匀，才能保证产品性能稳定，使用寿命才会长久。

交联剂的添加量须准确，且交联度必须达到一定程度，既符合标准要求，同时交联剂的质量也要稳定。

如果交联剂性能差，添加量很大才能保证交联度，交联后的残余单体会影响产品的性能，进而影响使用寿命。因此，国内优秀地暖企业一般坚持使用价格高但优质的进口交联剂。

交联是自由基的产生过程，为了捕获交联完成后的残余的自由基，消除不稳定的原子，可加入主辅抗氧剂，控制热老化，同时也有效防止管材在使用过程中，高温下的老化与氧化，从而保证材料的使用性能下降缓慢，延长使用寿命。

正因为如此，行业内部分重视质量的地暖管材企业，从建厂开始就一直使用质量好、价格高的进口主辅抗氧剂，如德国德固赛、荷兰阿克苏诺贝尔、瑞士汽巴等公司的产品。

3. 加工工艺

PE-Xa 管材的交联与塑化过程通过电加热与挤出压缩来完成，速度越快，温度越低，则波纹越明显，交联度越低，产品性能越差，使用寿命越短。因此，严格遵守工艺制度，采用控制精密的温度仪表，是保证产品质量、延长使用寿命

的必要条件。

4. 设备模具

PE-Xa 管材由于交联后流动性有变化，交联过程中有自由基产生，交联时温度较高（可达到 250℃）。如果设备模具粗糙，死角多，不光滑，就容易出现滞流物，时间长了会出现炭化现象，在管材表面出现不易发现的小黑点或杂质。

因此，选择先进而精度高的设备模具，是保证产品质量稳定的重要条件，也是保证管材使用寿命的基础。

5. 质量管理与检测

严格的质量管理制度、先进的检测仪器、素质较高的员工队伍，也是保证产品质量的重要条件。

（1）原料入厂必须严把质量关，按抽样母数与子母的比例关系标准抽样，认真测试 MI、挥发分、表观密度、卫生质量等指标。

（2）采用集中混配料自动上料系统，保证混料质量并防止生产过程中的二次污染。

（3）设备运行记录的工艺参数每 1h 记录一次，15min 检查一遍，预防因工艺变化而影响产品质量。

（4）产品逐捆打气压，逐捆测壁厚。

（5）即使同批料也要根据不同机台轮流测试交联度，确保万无一失。

（6）冷热水液压试验，即使同批料也要根据严格的抽样比例进行冷热水打压，确保产品质量。

（7）每捆产品都必须具有可追溯性，严格按照 ISO 9000 质量管理体系要求控制。

管材等级选用非常重要。

材质质量、使用温度、使用压力、管材壁厚、管材外径与使用年限之间都有着必然的联系。假如使用温度为 60℃，压力为标准中的最低压力，那么可选用 S6.3 系列的管材，50 年内在 80℃ 水温条件下使用时间最好不要超过一年，95℃ 水温条件下使用时间最好不要超过 100h，50 年内努力将水温控制在 60℃ 左右。

如果压力高应该选用 S 系数更小的管材。S 系数越小管壁越厚，耐压能力越高，使用寿命越长。

6. 运输、安装

国内许多地暖管材企业，都非常爱惜产品质量，采用聚丙烯编织袋包装管材，以防弄脏或者损坏产品。

此外，如果产品本身没有质量问题，在运输、储存、安装、使用过程中出现下列问题，也会影响产品使用寿命。

（1）划伤管材，使管材的实际有效使用壁厚减少，等于把管材的耐压等级降低。

（2）长期日晒使管材产生一定程度的光氧老化。

（3）安装间隙过大，管路过长，冷热不均或不热，人为提高系统温度。

（4）安装时不小心使管材弯折形成死角，影响使用效果与使用寿命。

（5）地面不平，管材高低不一致，强制挤压，受外压不一样。

（6）安装后标识不明显，任意钻孔损坏管材。

（7）管材钻洞或经过门框下方时有杂质进入。

（8）试压时未将气体排干净，形成气锤或水锤。试水压后，未及时使用，又未把水排尽，如果在冬天，有水存则可能使管材冻坏。

（9）未定时清理过滤网。

在运输、安装使用过程中，影响产品质量的情况还有很多。

总之，优质的材料、先进精密的设备模具与检测仪器、严格的工艺管理与质量控制，才能生产出优质的管材。此外，维护好产品、规范安装、规范使用，才能保证管材的使用寿命达到50年以上。

三、动态填充提高玻璃钢制品注塑部件表面质量

看得见的流涎、应力银纹和其他留下的痕迹通常是使注塑制造商头疼的事情，而他们通常或者是视而不见或者用涂料覆盖住。

葡萄牙 Inteplastico S. A 公司现在找到了一个新的解决办法。在生产保险杠支撑架嵌入物时，这家南欧公司开始使用圣万提注塑工业有限公司的动态填充注塑系统。由于有了这种动态填充系统，支撑架嵌入物可以直接在机床上装配，而不需要任何进一步的表面处理。这是圣万提的针阀式顺序注塑法在全球范围的首次应用中的一个成功案例，用它生产的部件没有任何流涎或锯齿状的压痕。

这些部件有 1 米长，35mm 宽，其壁厚为 2.5mm。它们是由一个有 5 个热嘴的装置，使用无流涎的顺序注塑法制成。相反，传统的阀针式技术不可避免地在部件表面产生应力银纹：从中间热嘴开始，模腔压力推动熔融塑料缓慢向前流动。当下一个浇口随后打开时，注塑压力突然极速下降，物料填入起初毫无摩擦力的区域，这个过程重复发生在后面的每一个热嘴上，结果给注塑件表面留下很多清晰可见的痕纹。

通过动态填充，热流道里的熔融压力调节器不仅能确保每个热嘴里最佳的压力增减，而且能精确控制整个压力顺序（见图 7-7），这样熔融物在整个模具内能匀速流动，就不会产生应力银纹。其独有的加工工艺能使其出产的部件达到最佳效果：高度的空间稳定性，极佳的产品再现精度。

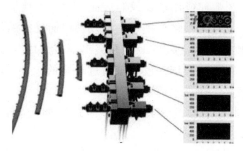

图 7-7　圣万提注塑解决系统

四、玻璃钢制品电镀质量及工艺因素影响分析

玻璃钢制品电镀是随着塑料的广泛应用发展起来的一种电镀工艺。它不仅能节省大量的金属材料，减少繁杂的加工工序，减轻设备重量，还能有效地改善塑件的外观及电、热等性能，提高其表面机械强度等。因此在电子工业、国防科研、家用电器乃至日用品上获得了日益广泛的应用。玻璃钢制品电镀质量的好坏，不仅与电镀工艺及操作密切相关，与塑件设计、选材、模具设计、塑件成型工艺、塑件后处理等因素也有很大的关系。下文主要论述了影响玻璃钢制品电镀质量的工艺因素。影响玻璃钢制品电镀质量的塑料工艺因素很多，如玻璃钢制品塑件选材不当、造型设计不合理、模具设计不合理、注射机选用不当、成型工艺条件不正确等。各种因素还有可能交织在一起对玻璃钢制品电镀质量产生影响。

（1）玻璃钢制品塑件选材

塑料的种类很多，但并非所有的塑料都可以电镀。有的塑料与金属层的结合力很差，没有实用价值；有些塑料与金属镀层的某些物理性质如膨胀系数相差过大，在高温差环境中难以保证其使用性能。目前用于电镀最多的是 ABS，其次是 PP。另外 PSF、PC、PTFE 等也有成功电镀的方法，但难度较大。

（2）玻璃钢制品塑件造型设计

在不影响外观和使用的前提下，塑件造型设计时应尽量满足如下要求。

① 金属光泽会使原有的缩瘪变得更明显，因此要避免制品的壁厚不均匀状况，以免出现缩瘪，而且壁厚要适中，以免壁太薄（小于 1.5mm），否则会造成刚性差，在电镀时易变形，镀层结合力差，使用过程中也易发生变形而使镀层脱落。

② 避免盲孔，否则残留在盲孔内的处理液不易清洗干净，会造成下道工序污染，从而影响电镀质量。

③ 电镀工艺有锐边变厚的现象。电镀中的锐边会引起尖端放电，造成边角镀层隆起。因此应尽量采用圆角过渡，圆角半径至少 0.3mm 以上。平板型塑件难电镀，镀件的中心部分镀层薄，越靠边缘镀层越厚，整个镀层呈不均匀状态，

应将平面形改为略带圆弧面或用橘皮纹制成亚光面。电镀的表面积越大，中心部位与边缘的光泽差别也越大，略带抛物面能改善镀面光泽的均匀性。

④ 玻璃钢制品塑件上尽量减少凹槽和突出部位。因为在电镀时深凹部位易露塑，而突出部位易镀焦。凹槽深度不宜超过槽宽的 1/3，底部应呈圆弧。有格栅时，孔宽应等于梁宽，并小于厚度的 1/2。

⑤ 镀件上应设计有足够的装挂位置，与挂具的接触面应比金属件大 2～3 倍。

⑥ 塑件的设计要使制件在沉陷时易于脱模，否则强行脱模时会拉伤或扭伤镀件表面，或造成塑件内应力而影响镀层结合力。

⑦ 当需要滚花时，滚花方向应与脱模方向一致且成直线式，滚花条纹与条纹的距离应尽量大一些。

⑧ 塑件尽量不要用金属镶嵌件，否则在镀前处理时嵌件易被腐蚀。

⑨ 塑件表面应保证有一定的表面粗糙度。

（3）玻璃钢制品模具设计与制造

为了确保塑料镀件表面无缺陷、无明显的定向组织结构与内应力，在设计与制造模具时应满足以下要求。

① 模具材料不要用铍青铜合金，宜用高质量真空铸钢制造，型腔表面应沿出模方向抛光到镜面光亮，不平度小于 0.2m，表面最好镀硬铬。

② 塑件表面如实反映模腔表面，因此电镀塑件的模腔应十分光洁，模腔表面粗糙度应比制件表面表面粗糙度高 1～2 级。

③ 分型面、熔接线和型芯镶嵌线不能设计在电镀面上。

④ 浇口应设计在制件最厚的部位。为防止熔料充填模腔时冷却过快，浇口应尽量大（约比普通注射模大 10%），最好采用圆形截面的浇口和浇道，浇道长度宜短一些。

⑤ 应留有排气孔，以免在制件表面产生气丝、气泡等疵病。

⑥ 选择顶出机构时应确保制件顺利脱模。

（4）注射机选用

注射机选用不当，有时会因为压力过高、喷嘴结构不合适或混料使制件产生较大的内应力，从而影响镀层的结合力。

（5）塑件成型工艺

注塑制件由于成型工艺特点不可避免地存在内应力，但工艺条件控制得当就会使塑件内应力降低到最低程度，能够保证制件的正常使用。相反，如工艺控制不当，就会使制件存在很大的内应力，不仅使制件强度性能下降，而且在储存和使用过程中出现翘曲变形甚至开裂，从而造成镀层的开裂，甚至脱落。所以工艺参数的控制应使制件内应力尽可能小。要控制的工艺条件有原材料干燥、模具温度、加工温度、注射速度、注射时间、注射压力、保压压力、保压时间、冷却时间等。

（6）玻璃钢制品塑件后处理对电镀的影响

由于注塑条件、注射机选择、制件造型设计及模具设计的原因，都会使塑件在不同部位不同程度地存在内应力，它会造成局部粗化不足，使活化和金属化困难，最终造成金属化层不耐碰撞和结合力下降。试验表明，热处理和用整面剂处理都可有效地降低和消除塑件内应力，使镀层结合力提高 20%～60%。

此外，成型后的塑件应专门包装、隔离，严禁碰伤、划伤表面，以免影响电镀外观。检验时检验员应戴脱脂手套，防止污染镀件表面，影响镀层结合力。

五、玻璃钢缠绕机的控制的难点

玻璃钢缠绕机是玻璃纤维丝缠绕管道和罐体的专用机组，具有反应速度快、抗干扰能力强、使用方便、调整方便、组装灵活、一机多用的长处和特点。玻璃钢缠绕机深受国内玻璃钢业内同仁的青睐。

（1）玻璃钢缠绕机

玻璃钢缠绕机主要用于缠绕保温管道外部防护层及钢管外壁防腐层，是生产玻璃钢储罐及管道的设备。

（2）控制类型

玻璃钢缠绕机控制类型：

①机械类型控制；②微机类型控制；③可编程微机类型控制。

玻璃钢缠绕机控制系统采用华北工控系列工控机，主轴采用变频器控制电机转速，小车采用日本松下伺服驱动系统控制伺服电机。

（3）玻璃钢缠绕特点

玻璃钢缠绕机是玻璃纤维丝缠绕管道和罐体的专用机组，其中数控玻璃钢缠绕机系列产品具有定位精度高、抗干扰能力强、操作调整方便、组装灵活、生产效率高、一机多用的特点；设备自动运行中，暂停后搭接自然，不但扩充了微机的功能，而且向用户提供了一个使用方便、有效和安全可靠的工作环境。

（4）玻璃钢缠绕机结构

缠绕机主要由三部分组成。一是主轴系统，由主轴电机拖动。不同的缠绕机其输出结构不同，以带动不同的制品芯模。二是小车系统，由小车电机拖动小车在床身上沿轴线使导丝头做直线往复运动。二者按一定速比要求同时运动，完成纤维在芯模上的缠绕，达到制品的技术要求。三是控制系统，微机控制系统通过参数的设定，完成整个生产过程的自动控制。

① 环向缠绕：即沿芯模圆周方向的缠绕。缠绕时，芯模绕自身轴线做匀速转动，导丝头在平行于轴线方向的筒身区间运动。芯模每转一周，导丝头移动一个纱片宽度，按此循环，直至纱片布满芯模筒身段表面为止。

环向缠绕的特点是：缠绕只能在筒身段进行，不能缠封头。相邻纱片之间相接而不相交，其缠绕角在 $5°\sim15°$。

② 交叉缠绕：芯模绕自身轴线匀速转动，导丝头按一定的速比要求沿轴线方向往复运动。于是，芯模的筒身和封头上就实现了交叉缠绕。其缠绕角一般为 $45°\sim85°$，交叉缠绕的特点是每条纤维都对应于极孔圆周上的一个切点，相同方向邻近纱片之间相接而不相交，不同方向的纤维则相交。这样，当纤维均匀缠满芯模表面时实际已构成了双层。

③ 速比要求：根据缠绕规律，芯模转动与导丝头往返次数有严格的速比关系。在缠绕过程中，不论是筒身段的缠绕，还是封头两端的停车与启动，上述速比关系应严格保持不变，这样生产出的玻璃钢制品才是合格的

（5）折叠控制系统功能

根据上述要求，控制系统具有下列功能：①在任何条件下，严格保持芯模与导丝头的速比关系。②设定参数简单，易懂。③设有手动/自动切换功能，方便用户操作。④可完成环向缠绕，交叉缠绕。⑤采用彩色中文触摸屏界面，参数设定简便灵活，并具有报警及保护功能。

（6）可编程控制微机控制系统的构成

①小车电机采用交流伺服，控制系统根据工况的具体要求给出相应的脉冲频率控制信号。本控制系统为随动控制系统，小车位置控制。②控制系统主要由以下硬件组成：a. 界面采用工业触摸屏；b. 可编程控制器；c. 小车伺服驱动系统；d. 主轴变频驱动系统。

第七节　玻璃钢格栅材料的质量控制与效益管理

一、玻璃钢格栅材料的问题

格栅板的耐腐蚀性高低有没有一定的标准？

格栅板的耐腐蚀性和上一章中提到的阻燃性一样，是没有相关的规定的，但是用于生产格栅板的原材料树脂有标准的规定。

这里简单介绍几种常用的树脂：乙烯基型树脂、高阻燃乙烯基型树脂、间苯型树脂、食品级树脂、邻苯型树脂、酚醛树脂。

其中最常使用的是邻苯型树脂和酚醛树脂这两种，这两种树脂的耐腐蚀性一般，但是能够适应大多数场合，如一般的电镀设备厂、发电厂、水厂、海上石油操作平台等。如果对抗腐蚀性要求比较高，一般选择第一种乙烯基型树脂，这种树脂的耐腐蚀性是最高的。一般使用在化工厂、污水处理厂、造船厂等一些腐蚀

性环境或是要求比较高的场合。所以，客户在选择格栅板的时候，本公司会在具体了解使用的场合之后，给客户提出良好的建议。

在腐蚀性较高的场合，格栅板一般都怎么使用？

格栅板在一般的工厂、社区、建筑工程中多被用作格栅走道、楼梯踏板等。在一些腐蚀性高的场所，一般比较常用的是玻璃钢格栅操作平台，还有就是也可以作为走道。如化工厂内的防腐操作平台、防腐格栅支架、防腐格栅连接件；污水处理厂中的防腐过滤格栅网、格栅走道、格栅护栏、格栅踏板；海上的操作平台、防腐护栏、防腐支架、防腐连接件、防腐地坪、防腐方管等。

这时使用在化工厂内的具体格栅板该怎么选择？上面也简单提到了在化工厂内格栅板的用途，一般以格栅操作平台为主，操作平台也可根据要求选择格栅板或者是格栅盖板。平台自然需要支架、连接件、管件的支撑，还有就是可以作为地坪、走道、护栏等。

格栅板要根据具体的情况来选择，一般化工厂使用的格栅板要求比较高。多选用 3.8cm 厚度的格栅板，承载能力强且防腐蚀性高。如果操作平台较小，且不需要机器在上面行走也可选择 2.5cm 厚度的格栅板。

格栅板的耐腐蚀性是最突出的性能，这一点是其他板材不能比拟的。

二、质量控制的问题

玻璃钢格栅产品具有极其优越的耐酸、耐碱等耐腐蚀性能。同时，其轻质高强，便于切割安装，具有很好的阻燃性和安全性。玻璃钢格栅的尺寸灵活多样，方便切割。质量优越的玻璃钢格栅，其使用寿命可达到 50 年以上。玻璃钢格栅产品的生产环节十分重要，在其生产环节控制好，可以有效提高玻璃钢格栅的性能，同时也能在一定程度上增加其使用寿命。

（1）玻璃钢格栅企业的管理员要对产品进行数据管理、工艺数据管理、图纸文档管理；

（2）保持模具图纸、加工工艺和实物数据的一致性和完整性，方便日后查找；

（3）每套模具的设计、制造成本必须要做到及时汇总，这样既能控制生产成本，又能控制质量；

（4）将计划、设计、加工工艺、车间生产情况、人力资源等信息有机地组织、整合在一起进行统筹，这样可有效地协调计划生产，保证质量并如期交货；

（5）制定一套完整的、实用的模具生产管理系统；

（6）建立失效模式和影响分析库；

（7）建立加工工艺编制；

（8）建立质检部门，严格规范检测手段，消除"差不多"的侥幸心理，确保模具加工各零配件的精度；

（9）根据客户的要求和尺寸，生产出符合客户要求的模具；

（10）规范采购、库房、物资出入库、工具报损、发货管理，理顺物料供应链，预防生产脱节；

（11）建立考核制度，定期培训考核相关模具设计、模具制造人员，发现、培养公司的骨干精英队伍；

（12）规范各岗位的职能，做到人尽其职，人尽其才，预防人浮于事；

（13）建立完善的生产流程，使生产规范化。

三、新型格栅工程材料发展的问题

新型格栅工程材料是一种用玻璃纤维作增强材料，不饱和聚酯树脂为基体，经过特殊的加工复合而成的带有许多空格的板状材料，具有优越的耐腐蚀性，耐高温，色彩鲜艳，可设计性强，而且使用的寿命高达50年以上，因此被人们普遍地喜爱，并广泛应用于各种领域。玻璃纤维、合成树脂和界面是玻璃钢格栅有着超强性能必不可少的因素。

（1）玻璃纤维

玻璃钢纤维可以提高玻璃钢格栅盖板的强度和弹性模量，而且能够减少收缩变形，提高热变形温度和低温冲击强度，因此是玻璃钢格栅中的主要承力部分。

（2）合成树脂

合成树脂作为玻璃钢的基体，是将玻璃纤维粘贴成整体必不可少的物质。由于树脂是基体材料，它对玻璃钢的弹性模量、耐热性、电绝缘性、透电磁波性、耐化学腐蚀性、耐气候性、耐老化性等都有影响。

（3）界面

玻璃钢格栅的高性能与纤维和树脂之间界面黏合的好坏及耐久性有关。界面对玻璃钢格栅的性能影响很大。众所周知，玻璃纤维是一种圆柱状玻璃，表面也像玻璃那样光滑，而且表面还常牢固地吸附着一层薄的水膜，这当然要影响玻璃纤维和树脂的粘接性能。尤其是玻璃纤维在拉丝纺织过程中，为了达到集束、润滑、消除静电等目的，常涂上一层浸润剂，这种浸润剂多数是石蜡类物质，它们存留在玻璃纤维表面上，对合成树脂与玻璃纤维起隔离作用，妨碍两者粘接。

因此，玻璃纤维、合成树脂、界面对于玻璃钢格栅的影响十分重要。正是由于这三个要素相互作用，才使得玻璃钢格栅有着超强的性能。

玻璃钢格栅可以替代许多传统材料，不但能代替钢材、不锈钢、铝材等金属材料，而且也能代替某些非金属材料。玻璃钢格栅能替代钢材等材料，是建筑、项目改造首选新型建材。

抗拉强度

材料	相对密度	拉伸强度/MPa	比强度
高级合金钢	8	1280	160
A3钢	7.85	400	50
铸铁	7.4	240	32
缠绕玻璃钢	1.6	160～320	100～200

玻璃钢格栅的性能指标：巴氏硬度大于36，树脂含量在45%～55%，抗拉强度大于200MPa，弯曲强度大于150MPa，抗冲击韧性大于20J/cm^3，固化度大于85%。

四、使用玻璃钢格栅的效益问题

安装成本

玻璃钢格栅的重量仅为碳钢的1/4，所以运输、起吊、移动、组装十分方便，同时安装时不用动火，易燃易爆区域不必停产，因而它的安装成本只及碳钢的20%～40%。

寿命成本

这是最主要的成本因素，在允许使用的介质条件下，FRP格栅的设计寿命为二十年，而碳钢的平均寿命为3～5年。一般来说，使用十年以后，使用碳钢的成本就要比使用FRP格栅高一倍以上。

维护成本

钢材每年须除锈维护，玻璃钢格栅基本不须维护。

基础成本

与钢材相比，使用FRP格栅重量可减轻3/4，因而基础、支承构件都可减少，基础成本相应下降。

综上所述，使用玻璃钢格栅的初次投资要高于普通碳钢，但综合经济效益比使用钢材优越许多倍，这是国外大面积使用FRP格栅的主要原因之一。

五、玻璃钢格栅设备的问题

玻璃钢格栅设备主要用于玻璃钢格栅的生产制造，玻璃钢树脂通过玻璃钢树脂搅拌机在玻璃钢树脂搅拌桶中混合之后，倒入设备格栅槽，通过人工重力使玻璃钢树脂压紧在格栅槽中，然后使用冷、热水处理使玻璃钢格栅凝固定型，通过液压泵等动力使玻璃钢格栅脱模，然后通过磨光机等辅助设备修正玻璃钢格栅，最后成为合格的玻璃钢格栅产品。

一般根据客户要求定做各种玻璃钢格栅。生产有H25、H30、H38等常规规格格栅模具，也可以定制非标模具以及相应规格的十字槽、井字槽模具。一般生产的玻璃钢格栅设备具有性能稳定、脱模快、操作简单等特点。

玻璃钢格栅设备生产的模块及边框采用 45♯钢，上面板为 14mm 的 45♯钢，其余骨干材料采用 Q235C 型钢板。模块按行业标准加工，精度符合行业要求，模块尺寸公差控制在 ±0.1mm 以内。模块表面经磨光、抛光之后电镀硬铬，大大提高了模块的光洁度和耐磨性，更易脱模。国内一般公司的设备采用最优化的铜管密布方案，在扁铜管中进行水循环，传导加热与制冷，大大提高了热的传导效率。

六、玻璃钢格栅变白的原因与解决方法

（1）格栅变白的原因：

① 色浆本身没有做好，就会在染色的时候使产品出现白斑。

② 树脂的固化时间较短，容易产生像这样纤维浸润不透的玻璃钢白斑现象。

③ 受到了不适当的机械外力的冲击造成局部树脂与玻璃纤维的分离而形成玻璃钢白斑。

④ 进料速度过快，最后把树脂都抽出去了，会产生玻璃钢白斑。

⑤ 原材料团的黏度过高，影响了分散搅拌。

⑥ 局部板材受到含氟化学药品的渗入而形成对玻璃纤维布织点的浸蚀，形成有规律性的白点（较为严重时可看出呈方形）。

⑦ 玻纤和粉体填料的分散问题，也很容易造成玻璃钢白斑。

⑧ 受到了不当的热应力作用也会造成玻璃钢白斑。

（2）解决方法：

① 从工艺上采取措施，尽量减少或降低机械加工过度的振动现象以减少机械外力的作用。

② 检查材料的水分，另外在压制过程中减少放气次数。

③ 特别是热风整平、红外热熔等如控制失灵，会造成热应力导致基板内产生缺陷。

④ 特别是在退锡铅合金镀层时，易发生在镀金插头片与插头片之间，须注意选择适宜的退锡铅药水及操作工艺。

⑤ 改变导流管或导流网的铺制。

七、格栅工艺上的问题

玻璃钢格栅的生产工艺有很多种方式，最为常见的有三种。第一种就是在玻璃钢格栅的内部做无数次来回的循环运动，玻璃钢丝在其中起到了控制好它们的速度比例的作用，产品随之运动，时间久了就会慢慢固化，然后把产品拿出来，这种工艺叫做往复式纤维缠绕工艺。

第二种生产工艺叫做连续式纤维缠绕工艺，它主要是给管子在运动的过程中

提供一个好的环境，玻璃钢完全可以和其他的物品混在一起，就是在这种连续的过程中做好了管子。

第三种称为离心浇注工艺，固定在轴承上面的玻璃钢在离心力的作用下，使管材内壁变得光滑，管材在温度较高的情况下再次固化。

虽然生产工艺不止一种，但是大多数厂家在综合考虑条件以及成本的情况下，一般选择的都是第一种工艺。

为什么会出现玻璃钢格栅断裂的现象呢？

（1）有可能是由于选用的原材料不合格，玻璃钢格栅的生产原材料主要包含两种，即树脂和玻璃纤维纱。而其中的玻璃纤维纱又可以简单分为中碱和无碱两种类型。在这两种类型玻璃纤维纱中要属无碱的玻璃纤维纱质量好一点，正是因为用中碱玻璃纤维纱制造出来的玻璃钢格栅容易出现断裂的现象。

（2）一般制造玻璃钢格栅有很多道工序，最后一道工序就是非常关键的加热，产品在加热的条件下凝固，但是如果在这个工序过程中没有很好地控制温度，制造出来的玻璃钢格栅也容易出现断裂的情况，因为只有达到特定的温度，树脂才能完全和玻璃纤维纱相结合。

第八节　影响玻璃钢性能的因素及预制技术及质量问题分析

一、提高玻璃钢耐腐蚀的原因分析

玻璃钢储罐内衬层由内表面层和次内层组成，基体应采用双酚 A 型不饱和聚酯树脂、乙烯基酯树脂等耐腐蚀性能优良的树脂。玻璃钢的增强材料为玻璃纤维表面毡、玻璃纤维短切原丝毡及玻璃纤维无捻粗纱布等。

玻璃钢由耐候性能优良的不饱和聚酯树脂作基体，玻璃纤维表面毡或玻璃纤维无捻粗纱布作增强材料，树脂含量大于 55%，该层厚度为 0.2～0.5mm。在制造衬里的树脂中加进适量填料则是增强衬里稳定性能的有效措施，由于加进填料可以减少水分活动速度，从而降低了玻璃钢的渗透率。玻璃钢的腐蚀过程实际上就是被介质渗入、浸蚀和剥离的过程。玻璃钢的界面浸润性越好意味着树脂基体与有机纤维的结合越稳固，在腐蚀过程中越不容易发生脱离，则玻璃钢制品的耐腐蚀能力也就越高。

二、玻璃钢泡沫热力管道的预制技术

保温层所用的原料为耐高温聚醚多元醇和多异氰酸酯，两组料分别装在聚氨

酯高压发泡机的两个贮料罐中，搅拌聚醚；调整计量泵，发小泡试验，测试性能指标，确定料的比例、发泡时间和发泡速率，并为下道工序喷注泡沫提供工艺参数。

在玻璃钢管中间开工艺孔，使用聚氨酯高压发泡机，实现泡沫原料的高压喷射。泡沫原料的喷注时间由时间继电器控制。

在保温管的两端钢管留头部位、保温层端面和保护层上刷不饱和聚酯树脂，并手工缠绕玻璃布，这样就形成了端头防水帽，防止水分的侵入。

在喷注泡沫的工艺孔内放玻璃钢圆孔片，并涂刷不饱和聚酯树脂，粘贴玻璃布，以保证工艺孔处的强度，防止水分的侵入。保温管在生产过程中和产品出厂前应按照玻璃钢泡沫保温管检验规则的规定进行质量检验，严禁不合格管出厂。

三、检测与质量指标分析

本次预制的玻璃钢泡沫防腐保温管外观成型均匀，产品性能优越，经大庆油田工程有限公司检测中心测试，产品质量达到指标的规定，满足了城市管网集中供热的特殊要求。产品使用寿命长，保证了居民的正常生活，而且经济效益显著。

第九节　玻璃纤维无捻粗纱（布）概况和测试方法与生产过程中的质量控制

一、玻璃纤维无捻粗纱的分类与特性

玻璃纤维无捻粗纱由玻璃经拉丝制成的单纤维，用浸润剂集束制成所需支数的玻璃纤维，然后均匀地落纱卷成圆筒形。

根据制作玻璃钢的成型方法、用途及特性不同，无捻粗纱进一步分类如下：

1. 喷射成型用无捻粗纱

这种无捻粗纱应具备的特性：①切断性良好；②不产生静电；③浸渍性好，易脱泡；④附模性良好；⑤脱模性良好；⑥使增强塑料不容易泛白。

2. 预成型用粗纱

这种无捻粗纱应具备的特性：①产生静电少；②集束性好；③切断性良好；④能很好地分散附着在筛网模上；⑤浸润性好。

3. 平板、波形瓦用无捻粗纱

这种无捻粗纱应具备的特性：①切断性良好；②分散性良好；③产生静电少；④树脂的浸渍好，脱泡性好；⑤做成的玻璃钢透光性良好；⑥做成的玻璃钢耐候性良好。

4. 缠绕成型用无捻粗纱

这种无捻粗纱应具备的特性：①产生静电少；②浸润性好；③原丝张力均匀；④起毛少；⑤纱中杂质少；⑥短纱少。

5. 拉挤成型用无捻粗纱

这种无捻粗纱特性与缠绕成型纱相同。

6. 片状模塑料（SMC）用无捻粗纱

这种无捻粗纱应具备的特性：①分散性良好；②原丝不松散，集束性良好；③模制品物理性能好；④产生静电少；⑤硬挺性好；⑥浸渍性良好；⑦切断性良好。

对集束性及硬挺性要求的理由是片状模塑料在压制成型时，玻纤在模具中要流动，如果玻纤束松开或卷缩成一团，直接影响玻璃钢制品的外观和强度。

二、玻璃纤维无捻粗纱悬垂性测试方法

悬垂性是衡量玻璃纤维无捻粗纱质量的一个重要性能指标，目前尚没有成熟的测试方法和国家标准。本文通过大量的研究和试验，提出了玻璃纤维无捻粗纱悬垂性的测试方法，并分析影响测试结果的主要因素。

悬垂性主要是用来反映无捻粗纱中原丝的张力均匀性和长度的一致性，它是衡量织造、缠绕和拉挤用无捻粗纱质量的一个重要指标。对于织造用无捻粗纱来说，构成无捻粗纱的原丝张力均匀性好，原丝的长度短差小，这样一方面易于织造，同时提高了织物的平整度（对于缠绕和拉挤用无捻粗纱来说，只有原丝张力均匀），一方面在玻璃钢的实际生产过程中，可以正常连续作业，同时使玻璃钢制品中各纤维承受的负荷均匀，充分发挥纤维的增强作用，并且使玻璃钢制品的外观更平整。

除机械设备外，影响无捻粗纱悬垂性的主要因素有合股的股数、络纱速度、原丝筒在纱架上的位置和络纱距离。在实际生产中应增加原丝线密度，减少合股的股数，对于相同的工艺股数越少，其悬垂性越好。络纱速度快慢，直接影响纱线的张力及断头，因而应根据漏板直径选择相应的络纱速度。原丝从绕丝筒纱架

上引出，由于纱线所经过的路程不同，使每个原丝筒到集纱器的距离都不一样，于是在络纱时产生了张力。纱架到锭子间的距离差异会造成上下层线对集束导纱包角的差异，导致无捻粗纱中玻璃纤维原丝长度的差异。

三、玻璃纤维无捻粗纱生产过程中线密度控制

随着我国玻璃纤维行业的发展，玻璃纤维生产技术也在不断进步。对于无捻粗纱的生产，线密度控制是重要的质量指标，国标也有一定的要求，各个厂家对线密度控制也是十分重视。作为一个无捻粗纱生产的老话题，它永远是个主题。

液位波动

窑炉玻璃液的液位波动产生了玻璃液的内部压力波动，而这个压力波动会传递给漏板上各个漏嘴中的玻璃液。而漏嘴中玻璃液的压力波动会直接导致流量的变化。

$$Q = \frac{\pi}{128} \frac{\Delta P D^4}{l\eta}$$

式中，Q 为单位时间内漏嘴的流量；ΔP 为玻璃液静压力差；D 为漏嘴直径；l 为漏嘴长度；η 为玻璃液黏度。

显然，线密度会受到影响。也就说窑炉玻璃液的波动产生线密度的波动。但是在实际工业生产中液位的控制一般比较精确，就目前我国池窑拉丝而言，基本上都控制在 0.5% 以内的波动范围。和国标 5% 线密度波动相比，液位波动一般不作为线密度的控制手段，但是如果出现较大的液位波动，线密度必然会产生影响，可以作为日常管理的参考参数。

（1）玻璃液黏度 在其他作业条件不变的情况下，黏度的变化也会直接导致线密度变化，原因是漏嘴的流量的变化。根据前面的流量公式可以看出：黏度的变化直接影响流量，进而使线密度变化。因此，玻璃纤维生产厂家要定期对玻璃进行温度-黏度曲线的测定，以保证黏度的一致性。

（2）玻璃液密度 线密度是一定长度的纤维的重量，如果密度变化，在相同条件下生产的纤维体积是一样的（或者漏板流量是一样的），重量＝密度×体积，因此线密度必然也会变化。一般情况下，玻璃液密度的变化较小（通常小于0.3%），而国标要求的线密度波动是 5%，所以，在实际生产控制中，玻璃液密度不作为线密度调整的手段。

（3）冷却片的影响

① 冷却片的位置在实际生产中是影响线密度波动的关键因素。如果位置太高，它将使漏嘴侧壁及部分玻璃液受到冷却，但是漏板温度的读数不会变化。正常情况下冷却片的上部与漏嘴底部对齐，如果冷却片位置上移 1～2mm，玻璃液流量将减少 3% 左右，也就是说线密度会减小 3% 左右，这个影响对于实际生产来说是重要关注和调整因素。

② 更换冷却片对线密度影响很大，因为冷却效果改变很多。一般来说，池窑拉丝厂家对冷却片都非常重视，尤其是冷却片的冷却效果和寿命。近年来，很多厂家不断改进冷却片镀层以期达到更长的寿命，尽量延长更换周期。

③ 冷却片用水的温度也是影响冷却效果，进而影响线密度的一个因素。大多拉丝厂家的冷却水都是循环水，因此水的温度在一天之内变化不大。但是，长时间观测，温度是有区别的，在南方温度变化很小，在北方的生产厂家则要注意冷却水温度的变化。这个因素对实际生产中线密度的控制意义不大，但是，技术部门应考虑此因素。

（4）漏板温度对线密度的影响

① 在对线密度的控制手段中，大多厂家采取调整漏板温度的方法。这是一个非常有效的控制手段。实际上，漏板温度的变化直接表示了玻璃液温度的变化，也间接说明了玻璃液黏度的变化，如果提高漏板温度，结果会使玻璃液温度升高。根据前面的公式可以知道：黏度减小，流量增加，线密度增大。但是，在实际生产中，一般要求流量恒定，所以，漏板温度一般不会大幅调整。但是漏板温度总是处于一定范围内波动，因此，如何保证漏板温度恒定是线密度稳定的一个重要因素。

② 漏板温度的波动。漏板是一个大功率的耗电装置，变压器功率一般都在30kW以上，因此电压的波动必然引起漏板温度的变化，实际上就是漏板加热玻璃液效果的变化。漏板温度变化带来的直接结果就是玻璃液温度的变化，进而玻璃液黏度变化、流量变化，结果导致线密度波动。正是由于漏板电压的重要性，因此，一般池窑拉丝厂家都在设计时对这个因素非常重视，使用专门的控制柜对漏板温度进行控制。目前，漏板温度波动都在1℃以内。如果漏板温度波动大，则需要对控制系统进行检查。

（5）拉丝速度

① 在其他条件都不变的条件下，漏嘴的流量是恒定的。$Q = vtex$，Q 为单位时间内漏嘴的流量；v 为拉丝线速度；tex 为线密度。

拉丝速度增大，线密度减小。因此调整拉丝速度也是调整线密度的重要手段，在实际拉丝生产中也经常使用这种调整。比如不同的品种可能要求不同的线密度，这时一般采取调整拉丝速度而不是调整漏板温度。

② 要想获得稳定的线密度，拉丝速度必须稳定。拉丝速度要求是等线速，但是不同的拉丝机，精度略有不同。目前，大多池窑拉丝厂家的拉丝机转速精度都较高。但是实际拉丝过程中，拉丝线速度并不是恒定的，总是有一定的波动，而且有些波动是无法避免的，比如在缠绕过程中线速度的周期变化，因此，定期检查拉丝机的精度是必要的。

（6）飞丝对线密度的影响

很多人对飞丝后再次上车都习以为常，一般不考虑对线密度的影响，但是实际上，如果停机时间超过 10min 的话，再次上车时，玻璃液的温度在一段时间内一直处于波动状态，有的漏板可能需要 30min 才能恢复正常控制。因此，飞丝后应尽量缩短停机时间。这和操作者水平有关，一个熟练的操作工可能在 1min 内上车，一个新工人则可能用几分钟或者更长时间，两个人的操作对线密度的影响程度是不一样的。

(7) 密度控制评价

① 线密度是漏嘴流量和拉丝速度的函数，因此两者也是线密度调整的重要手段。

② 冷却片的冷却效果是影响线密度的重要因素。

③ 漏嘴流量和玻璃液的黏度、静压差、密度等有关。

④ 操作水平对开始拉丝一定时间内的线密度有影响。

四、玻璃纤维无捻粗纱的质量控制

玻璃纤维无捻粗纱是由平行原丝（多股原丝无捻粗纱）或平行单丝（直接无捻粗纱）不加捻而合并的集合体。它既可作为一种产品直接用于制作玻璃钢制品（如缠绕、拉挤等），又是一种制作无捻粗纱布和部分玻璃纤维毡的中间原料。

(1) 织造玻璃纤维布：玻璃纤维无捻粗纱经织机织造成玻璃纤维无捻粗纱布。

(2) 拉挤：连续单向的玻璃纤维无捻粗纱在外力的牵引下，经浸胶、挤压成型、加热固化、定长切割，制成玻璃钢线型制品。根据所用设备的结构形式拉挤成型工艺可分为卧式和立工两大类。卧式拉挤成型工艺由于模塑牵引方法不同，又可分为间歇式牵引和连续牵引两种。由于卧式拉挤设备比立式拉挤设备简单，便于操作，故采用较多。

拉挤产品有多种用途，国外广泛用于电子电气、娱乐或运动器材、耐腐蚀制品、建筑、汽车和国防等，在我国主要产品有帐篷杆、格栅和各种器材。

(3) 缠绕：利用玻璃纤维无捻粗纱或预浸渍带在张力受控下按预定的排列方式缠绕到一放置芯轴上可以制得管状或其他中空形状的制品。无捻粗纱可被液体树脂浸渍（湿法工艺），也可事先为树脂浸润并经加热，令树脂达过渡阶段，随后树脂再完全固化（干法工艺）。在湿法缠绕工艺中，有两种形式。第一种形式为玻璃纤维纱架和树脂浴槽装在一起共同往复运动，第二种形式纱架固定不动，退解出来的无捻粗纱通过一往复运动的树脂浴槽。

采用缠绕工艺所生产的玻璃钢产品，性能卓越，它们因具有高强度、耐腐蚀性已广泛应用于石油、化工、轻工、航空、采矿、电气等工业领域。纤维缠绕的贮罐及管道用于贮存和运输各种气体和液体，特殊情况下还用于输送干物料。

（4）喷射：一般是将分别混有促进剂和引发剂的不饱和聚酯树脂从喷枪两侧（或在喷枪内混合）喷出，同时将玻璃纤维无捻粗纱用切割机切断并由喷枪中心喷出，与树脂一起均匀沉积到一定厚度，用手辊滚压，使纤维浸透树脂、压实并除去气泡，最后固化成制品。喷射成型按胶液喷射动力可分为气动型和液压型，气动型是靠压缩空气的喷射将胶液雾化并喷涂到芯模上，液压型是靠液压将胶液挤成滴状并喷涂到模具上。喷射成型按胶液混合形式分为内混合型、外混合型和先混合型，内混合型是指树脂与引发剂在喷枪头部的混合器内混合，外混合型是指引发剂和树脂在喷枪外的空中相互混合，先混合型是将树脂、引发剂和促进剂先分别送至静态混合器充分混合，然后再送至喷枪喷出。

采用喷射工艺生产的产品有：游艇、渔船、冷藏室、游乐设备、卫生间设备、冷藏室内衬板、农用设备、容器、游泳池、自动售货亭等。

（5）连续层压：适合于制造板材和波形瓦，波纹板增强材料大多使用连续的玻璃纤维无捻粗纱，也有使用织物和毡。树脂使用液状热固性聚酯，为使具有耐气候老化性和阻燃性而加以改性。热塑性聚丙烯、酚醛树脂和三聚氰胺树脂等也有被采用。

（6）预塑成型：这是一种塑坯准备的方法。把玻璃纤维无捻粗纱短切成预定长度沉降到网带上，形成最终部件的雏形。短切原丝与某种树脂黏结剂同时喷出，以便使原丝固定，产生塑坯形状，直到采用树脂传递或对模成型法模制成型。最终层合材料的基体树脂传递到或添加到模内的塑坯上。由于玻璃纤维已被黏结剂固定就位，因而只有基体树脂的流动。预塑成型的优点是可以先让玻璃纤维固定就位，因而可以产生均匀的层合性能。但花样少，通常限于仅有单一截面的产品。

（7）离心法制管：离心法制管是将树脂、玻璃纤维和填料按一定比例加入到旋转的模具内，依靠高速旋转产生的离心力，使物料在模内挤压密实，固化成型。离心法成型管分为压力管（又分为内压管和外压管）和非压力管两大类。

（8）料粒：将热塑性塑料与短切原丝或无捻粗纱进行预先复合。分散十分均匀的玻璃纤维和树脂熔体的融混物可以制成料粒提供给注射成型机，混合物中玻璃纤维含量被准确控制，通常为 $10\% \sim 55\%$（重量比）。

（9）模塑料：将玻璃纤维无捻粗纱短切后，与已加入增稠剂、填料、引发剂等组分的树脂糊混合，辊压成片状模塑料（SMC），或者在捏合机内捏合后制成不规则形状或块状的模塑料，称团状模塑料（BMC 或 DMC）。这些材料适用于模压法或注射法，在模压或注射过程中进一步加热、固化成型。

五、各种成型工艺对玻璃纤维无捻粗纱的质量要求

根据用途的不同，无捻粗纱基本可分为两大类，一类是用于喷射、预塑成

型、连续层压法和模塑料等的硬质无捻粗纱（短切无捻粗纱），另一类是用于织造、缠绕和拉挤等的软质无捻粗纱。各种成型工艺对无捻粗纱的要求不尽相同，但总的来说对于硬质无捻粗纱要求：单丝直径较细，一般为 $10 \sim 11 \mu m$，这样切断负荷较低，可以赋予较好的短切性能；原丝有较好的集束性、硬挺性和分散性，保持粗纱在加工过程中的整体性，而在短切以后能够较好地分散为单根原丝，以便成型过程中原丝能均匀分布，提高制品的外观质量和力学性能；选择浸润剂时，一般选用硬质或中硬质的含硅烷偶联剂的浸润剂；要求浸润剂有较好的防静电性，使短切过程中因摩擦而产生的静电易于消除，短切原丝就不易黏附于成型室上，有利于制品的成型。

对于软质无捻粗纱要求：无捻粗纱的成带性好，在成型过程中，能保持完整的粗纱带而不散成单根原丝；构成无捻粗纱的原丝必须张力均匀，各根原丝的长短无差别，以使制品中各纤维承受的负荷均匀，充分发挥增强作用，并且使外观也更平整。

六、玻璃纤维直接无捻粗纱的成型与常见问题分析

玻璃纤维直接无捻粗纱广泛应用于玻璃纤维增强热固性塑料产品的生产中，通过拉挤工艺和缠绕工艺制作的玻璃钢棒材和管材具有强度高、重量轻、耐腐蚀、抗老化等优点，已广泛应用于石油、化工、轻工、建筑等行业，市场前景广阔。

从漏板流出的玻璃纤维丝经过浸润剂涂覆处理后缠绕在直接纱拉丝机旋转的机头上，经烘干、质量检测不经络纱合股而直接包装的圆柱形丝饼就是直接纱。拉丝成型工序是直接纱成型的重要环节，为了提高经济效益，应严格控制此工序，防止异形纱、珠网纱等次级品纱的出现。

七、无捻粗纱玻璃纤维用浸润剂与专用乳液问题分析

作为性能优越、用途广泛的复合材料，玻璃钢被广泛地应用于汽车、建材、化工、船舶、运输和环保等领域。目前世界玻璃钢产品品种已达 3 万种。

由于玻璃钢发展迅速，所以与此相关的玻璃纤维也有较大发展。2000 年世界范围内玻璃纤维需求量为 270 万吨，2014 年达到了 320 万吨。估计 2020 年将达到 450 万吨。目前国内用于生成玻璃钢的玻璃纤维年产量已超过 120 万吨。

玻璃钢技术装备及先进成型方法的建立及发展，对玻璃纤维提出了更高的技术要求。玻璃钢的性能与玻璃纤维表面的性质密切相关。

目前玻璃纤维用浸润剂多达 20 多个系列 38 个品种。尽管如此，我国玻璃纤维行业浸润剂品种仍然偏少，现有品种无法适应玻璃纤维行业的要求，在一定程度上制约了玻璃纤维制品和玻璃钢工业的发展。

1. 拉挤、缠绕用玻纤无捻粗纱浸润剂

20世纪80年代以来，随着拉挤、缠绕FRP产品的开发，拉挤、缠绕成型已成为我国机械化生产玻璃钢制品的两种主要成型方式，不同制品的生产工艺对玻纤无捻粗纱提出了不同的性能要求，用于玻纤粗纱生产的浸润剂经历了从无到有、从低性能到高性能的发展阶段，目前正在国内玻纤生产中发挥着举足轻重的作用，本文拟介绍经过诸多同仁数年的共同努力，方研制成功并得到大规模工业应用的拉挤、缠绕浸润剂。

2. 无捻粗纱性能要求

（1）成带性好、张力均匀。
（2）柔软耐磨、覆膜性好。
（3）与基体、树脂浸润性好。
（4）纱线强力高，应用时毛丝、毛团少。
（5）FRP制品性能优良。

3. 研究方法

对浸润剂中各组分进行原料的专门化合成、改性或筛选、设计多个浸润剂配方进行数轮玻纤生产、应用试验，在取得各种精确可靠的试验数据及工艺参数后进行了推广应用。

4. 喷射无捻粗纱浸润剂专用乳液

下文介绍了喷射无捻粗纱浸润剂专用MC-2043聚酯乳液的生产方法、性能和应用，用喷射粗纱浸润剂制得的粗纱完全满足喷射成型的使用要求，并与国内外同类产品做了比较，各项性能达到国外先进水平。

喷射成型工艺要求无捻粗纱除了具备良好的集束性、切割性、分散性和抗静电性外，要求更加严格的是快速浸润性和快速浸透性，由喷射枪将玻璃纤维切割成一定长度并与增强基材一同喷在模具上后，玻璃纤维能够迅速地趴倒在增强基材中，容易被滚压。也就是说纤维表面的浸润剂涂层被增强基材快速溶解，由原丝表面进一步浸入单丝之间，并结合为一体，完成制品加工后，原丝的饱合状态消失，不产生白化现象，使FRP制品获得良好的性能。

喷射纱的性能关键在于浸润剂技术，浸润剂的基本组分为：成膜剂、润滑剂、抗静电剂和其他辅助材料，浸润剂中最重要的组分是成膜剂，它除了对玻纤原丝起集束、黏结作用外，还决定了玻纤在FRP成型时的工艺性能，它在浸润剂中用量也最大。因此，国内外的专业大公司、科研机构对成膜剂进行了大量研究。

目前用于喷射纱的成膜剂有聚酯树脂、环氧树脂、聚氨酯和PVAc，在国外，多采用聚酯树脂和环氧树脂，国内，大多采用 PVAc 乳液和环氧树脂复合成膜剂。生产 PVAc 乳液时往往加入聚乙烯醇作乳液稳定剂，聚乙烯醇的存在严重影响纤维的浸透性，我国的喷射纱主要因浸透性问题失去国际市场上的很多机会。

为了解决喷射纱的浸透问题，我们对聚酯型成膜剂进行了几年的探讨和研究，成功地合成出满足喷射纱性能及成型工艺要求的专用聚酯乳液，代号为 MC-2043，并对其进行了性能考察和生产应用，陕西玻璃纤维总厂使用 MC-2043 乳液生产的喷射纱远销美国、澳大利亚、科威特等多个国家，获得良好效果。

八、玻璃纤维无捻粗纱布手糊成型工艺用途与质量要求

玻璃纤维无捻粗纱布是由无捻粗纱交织的织物，俗称方格布，它主要是由剑杆织机或有梭织机织造而成。我国生产的玻璃纤维无捻粗纱布分为中碱和无碱两大类，无碱布多为池窑企业生产，采用增强型浸润剂，内在质量和外观质量均较好，主要规格为 $570g/m^2$ 和 $800g/m^2$，而大多中碱布质量状况不尽如人意，大多采用 711 型浸润剂，主要规格为 $200g/m^2$ 和 $400g/m^2$。无捻粗纱布有多种组织形式，其中以平纹无捻粗纱布为主，也有缎纹、斜纹和单向布。

1. 无捻粗纱布应用

无捻粗纱布主要用于手糊成型工艺。用手糊法制做玻璃钢时，其主要原料有玻璃纤维及其制品、合成树脂、辅助材料等，制作时，需要根据玻璃钢制品设计和使用要求合理地选择：所用的增强材料要容易被树脂浸渍，具有一定的变形能力，以满足形状复杂的玻璃钢制品的成型需要；施工过程中气泡要容易消除等。以无捻粗纱布为原料经手糊工艺制作的玻璃钢制品的特点是抗冲击性好，操作简单，能有效地增加玻璃钢制品的厚度，变形性能好，价格低廉，但 45°方向上的弯曲强度低（只有 0°方向的 30%），容易形成微小气泡，制品中树脂分布不易均匀，且容易产生分层。

中碱无捻粗纱布主要用作一般玻璃钢和工程塑料制品的增强材料，无碱无捻粗纱布主要用作电绝缘玻璃钢和工程塑料的增强材料。

2. 手糊工艺对无捻粗纱布质量的要求

用于手糊成型工艺的玻璃纤维无捻粗纱布应具有：适当的厚度与平整度；有较高的拉伸断裂强度；玻璃纤维无捻粗纱布在树脂中应有好的浸透能力；和树脂应具有良好的界面结合强度，使基体（树脂）能够将应力传递给玻璃纤维；玻璃纤维在树脂中的几何排列要理想，最大限度地发挥玻璃纤维无捻粗纱承受载荷的作用。